宝玉石检测基础与应用

郭杰　廖任庆 ◎编 著

上海人民美術出版社

图书在版编目（CIP）数据

宝玉石检测基础与应用 / 郭杰，廖任庆编．--上海：上海人民美术出版社，2018.8
（珠宝首饰职业技能系列丛书）
ISBN 978-7-5586-0978-7

Ⅰ．①宝… Ⅱ．①郭… ②廖… Ⅲ．①宝石－鉴定②玉石－鉴定 Ⅳ．①TS933

中国版本图书馆 CIP 数据核字（2018）第 155219 号

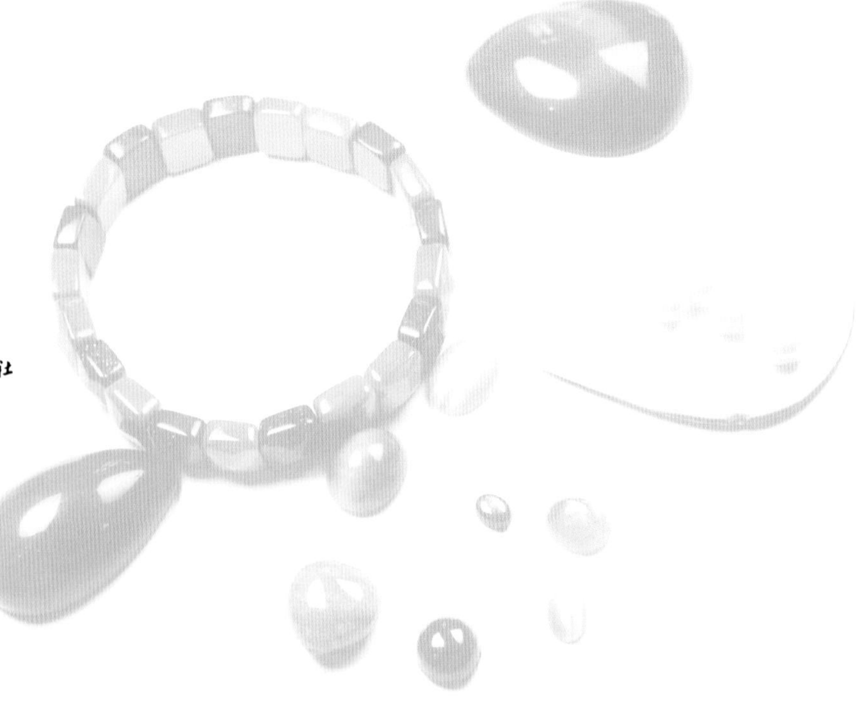

宝玉石检测基础与应用

编　　著　郭　杰　廖任庆
策　　划　张旻蕾
责任编辑　张旻蕾
技术编辑　季　卫
图片调色　徐才平
出版发行　上海人民美術出版社
社　　址　上海长乐路 672 弄 33 号
印　　刷　上海丽佳制版印刷有限公司
开　　本　889×1194　1/16
印　　张　12
版　　次　2018 年 8 月第 1 版
印　　次　2018 年 8 月第 1 次
书　　号　ISBN 978-7-5586-0978-7
定　　价　78.00 元

序 言

珠宝是万物之精灵，凭借其美丽、耐久、稀有等自然属性及人为加工赋予的二次生命，让无数人为之倾倒。

随着改革开发与经济的高速发展，珠宝从旧时王谢堂前燕，飞入寻常百姓家。我国珠宝产业蓬勃发展的同时，与之对应珠宝检测业务逐步发展健全，国家、行业、企业标准不断完善，对规范整个检测行业与市场起到了很好的作用。尤其是由国家珠宝玉石质量监督检验中心（NGTC）起草制定的最新的《GB/T 16552 珠宝玉石名称》与《GB/T 16553 珠宝玉石鉴定》两份国家标准，于2017年10月14日发布，2018年5月1日正式实施，历经1996年至2017年共四个版本，直接反映出珠宝检测行业发展历程与变革，逐步与国际接轨，共同发展繁荣。

行业发展对应的珠宝职业教育从20世纪80年代起步，截止到2017年，已经全面开花，长足发展，日趋规范与成熟。珠宝职业教育的迅速发展，逐渐形成了适合中国市场的职业教育体系。以中职中专、高职高专与技工院校全日制珠宝职业教育为主，各类珠宝职业技能培训为辅的教育模式，为珠宝行业培育大量的一线职业人才。尤其是今年5月，全国职业院校技能大赛暨首届珠宝玉石鉴定大赛在兰州成功举办，不仅展示珠宝职业教育的风采，更促进珠宝行业产教融合、推动珠宝检测专业人才成长。

伴随着珠宝职业教育的长足发展，与之配套的珠宝职业教材相对缺乏。目前职业院校与技工院校珠宝专业课程主要还是沿用本科院校开发的珠宝类教材，尤其是一些基础专业课程甚至还沿用传统地质学方面教材，与职业教育培养技能性人才为目标的教育模式完全不相吻合。

《宝玉石检测基础与应用》这本教材是在作者开发出版一系列珠宝职业教育教材的基础上，进一步深化探讨职业技能教育模式下，实施教学改革而编写的一本全新理念的珠宝职业教育教材。该教材融合了宝于石检测基础理论知识与常规珠宝检测仪器实际操作、应用两个方面内容，以基础理论知识点对应的常规珠宝检测仪器或检测方法穿插展开阐述，在应用操作过程中理解相关原理与知识点，反过来理论知识的理解又能进一步加强学生对仪器操作的准确性与相关功能的拓展。全书分为四个章节，从宝石基本定义分类到常规珠宝仪器操作应用，都列举相关珠宝检测实例及详尽仪器操作流程，并配有大量高清的宝石、仪器及相关现象的图片，多角度加深学生的记忆与理解。最后还将常见宝玉石特征参数分类以二维码的形式附于相应的章节后，便于查询与对比。

全书层次分明，概念清晰，内容充实，图文并茂，既可作为职业院校、技工院校宝石学专业的相应教材，也可作为珠宝技能培训用教材，还可以作为珠宝鉴定、珠宝商贸等从业人员的专业参考书和工具书。

编 者

2018年8月写于深圳

目 录

第一章 绪 论

第一节　宝石的定义及分类

一、宝石的定义

珠宝玉石是对天然珠宝玉石和人工珠宝玉石的统称，可简称宝石。

传统意义上的宝石指的是由自然界产出，具有美观，耐久，稀少，具有工艺价值，可加工成饰品的晶体（图1）、集合体（图2、3）、非晶体或有机宝石（图4），例如钻石、翡翠、欧泊、珍珠等，因此通常提到宝石会将其名字和价格划等号，并认为其价格是极其昂贵的。

随着材料科学的不断发展，在实验室中我们更容易造出宝石饰品材料，会更加关注固体材料美丽和可加工性，例如造型色泽各异的玻璃，塑料等。通常提到这类材料的时候，会认为是非宝石系列。

目前，自然界中已发现的矿物超过4000种，但能作为宝石的材料的仅有230余种，而国内外珠宝市场上流行的主要宝石品种不超过50种。在实际市场上流行的宝石中，并不是美丽，耐久，稀少和可加工性同时并存。对于某些宝石有一两点比较突出就可以称为宝石，例如珍珠，其色泽通常很吸引人，但是其硬度很低，只有2.5—4.5。

图1　晶体

图2　集合体

图3　非晶体

图4　珍珠

二、宝石的分类

我国珠宝玉石首饰行业的国家标准《珠宝玉石·名称》（GB16552-2017）对珠宝玉石给出了明确的定义和分类（表1）。在表1宝石分类名称外，GB16552-2017《珠宝玉石·名称》中还有一类不代表珠宝玉石具体类别的珠宝玉石或其他材料，它们被称为仿宝石，是指用于模仿某一种天然珠宝玉石的颜色、特殊光学效应等外观特征的珠宝玉石或其他材料。

表1 宝石的分类

宝石种类及定义	宝石的亚类及定义	实例
天然珠宝玉石：由自然界产出，具有美观、耐久、稀少性，具有工艺价值，可加工成饰品的矿物或有机物等。	天然宝石：由自然界产出，具有美观、耐久、稀少性，可加工成饰品的矿物单晶体（可含双晶）。	钻石、水晶等
	天然玉石：由自然界产出，具有美观、耐久、稀少性和工艺价值，可加工成饰品的矿物集合体，少数为非晶质体。	集合体如翡翠，软玉等，非晶质体如玻璃，欧泊等。
	天然有机宝石：由自然界生物有直接生成关系，部分或全部由有机物质组成，可用于饰品的材料。养殖珍珠（简称“珍珠”）也归于此类。	珍珠，珊瑚等
人工宝石：完全或者部分由人工生产或制造用作饰品的材料（单纯的金属材料除外）。	合成宝石：完全或部分由人工制造且自然界有已知对应物的晶体、非晶质体或集合体，其物理性质、化学成分和晶体结构与所对应的天然珠宝玉石基本相同。在珠宝玉石表面人工再生长与原材料成分、结构基本相同的薄层，此类宝石与属于合成宝石，又称再生宝石。	合成钻石，合成水晶、合成欧泊、合成翡翠等。
	人造宝石：由人工制造且自然界无已知对应物的晶体、非晶质体或集合体。	人造钇铝榴石等
	拼合宝石：由两块或两块以上的材料经人工拼接而成，且给人以整体印象的珠宝玉石。	拼合蓝宝石，拼合钻石、拼合合成欧泊等。
	再造宝石：通过人工方法将天然珠宝玉石的碎块或碎屑熔接或压结成具整体外观的珠宝玉石，可辅加胶结物质。	再造琥珀，再造绿松石等

第二节　珠宝玉石的定名规则

由于历史、地域差异、文化差异，宝石定名方法多种多样，概述起来大致有以颜色、特殊光学效应、产地、矿物或岩石名称、古代传统名称、生产厂家、生成方法及方式等定名的几种情况。

为了科学、准确的描述宝石品种，更好的规范市场，保护消费者利益，同时考虑市场和中国传统的名称习惯（表 2）以及国际通用名称和规则，国家制定了《珠宝玉石·名称》等一系列国家标准，在国内所有鉴定检测机构出具证书给宝石定名的时候，都必须参考中国国家标准 GB/T16552《珠宝玉石·名称》（图 5）。

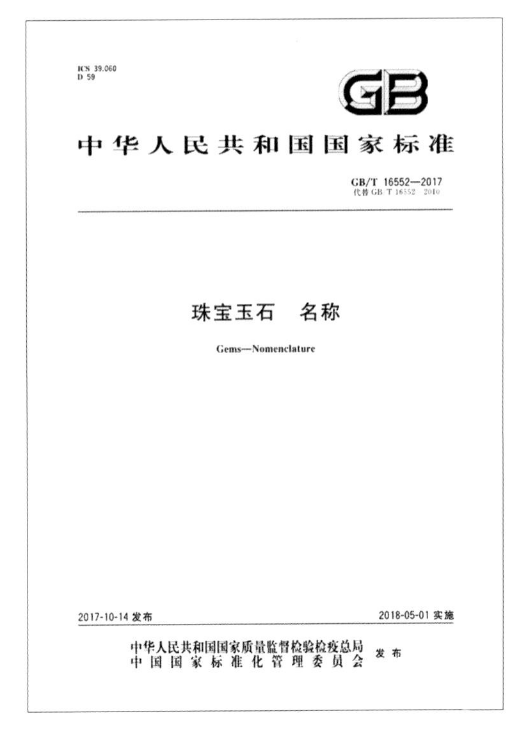
ICS 39.060
D 59
GB
中华人民共和国国家标准
GB/T 16552—2017
代替 GB/T 16552—2010

珠宝玉石　名称
Gems—Nomenclature

2017-10-14 发布　　2018-05-01 实施

中华人民共和国国家质量监督检验检疫总局
中国国家标准化管理委员会　发布

图 5　《珠宝玉石·名称》（GB/T16552—2017）封面

表 2　中国传统宝石矿物定名的习惯

传统定名习惯	定义	举例
XX 矿	呈金属光泽或主要用于提炼金属的矿物	黄铜矿、黄铁矿等
XX 石	具有非金属光泽的矿物	正长石、方解石等
XX 玉	具有特殊色泽的集合体	和田玉、岫玉等
XX 晶	通透、具有几何外形的晶体	水晶等
XX 砂	常以细小颗粒产出的矿物	硼砂、辰砂等
XX 华	地表次生的并且呈松散状的矿物	钴华、钼华等
XX 矾	易溶于水的硫酸盐矿物	明矾、胆矾等

一、天然珠宝玉石定名规则

在珠宝玉石流通领域中，衍生出各种广泛使用和普遍认可的，除了珠宝玉石品种对应的矿物学、岩石学、材料学及传统宝石学名称以外的名称，例如蛇纹石玉，也被称为泰山玉、蓝田玉等。在珠宝玉石商贸名称在珠宝玉石定名规则中，不能作为单独的名称使用，可在相关鉴定证书等相关质量文件中，附注说明“商贸名称、xxx”，例如山东地方标准中的泰山玉、应定名为蛇纹石，可在鉴定证书等相关质量文件中附注说明“商贸名称：泰山玉”。

除上述情况外，其他宝玉石定名应遵守如下规定。

（一）天然宝石定名规则

① 直接使用天然宝石基本名称或其矿物名称，不必加“天然”二字。

② 产地不应参与定名，如：“南非钻石”、“缅甸蓝宝石”。

③ 不应使用由两种或两种以上天然宝石名称组合定名某一种宝石，如：“红宝石尖晶石”、“变石蓝宝石”。“变石猫眼”除外。

④ 不应使用易混淆或含混不清的名称定名，如：“蓝晶”、“绿宝石”、“半宝石”。

（二）天然玉石定名规则

① 直接使用天然玉石基本名称或其矿物（岩石）名称，在天然矿物或岩石名称后可附加“玉”字；不必加“天然”二字，“天然玻璃”除外。

② 不应使用雕琢型状定名天然玉石。

③ 带有地名的天然玉石基本名称，不具有产地含义。

（三）天然有机宝石定名规则

① 直接使用天然有机宝石基本名称，不必加“天然”二字，“天然珍珠”“天然海水珍珠”“天然淡水珍珠”除外。

② “养殖珍珠”可简称为“珍珠”，“海水养殖珍珠”可简称为“海水珍珠”，“淡水养殖珍珠”可简称为“淡水珍珠”。

③ 产地不应参与天然有机宝石定名，如“波罗的海琥珀”。

二、人工宝石定名规则

（一）合成宝石定名规则

① 应在对应的天然珠宝玉石基本名称前加“合成”二字。

② 不应使用生产厂、制造商的名称直接定名，如“查塔姆（Chatham）祖母绿”“林德（Linde）祖母绿”。

③ 不应使用易混淆或含混不清的名称定名，如“鲁宾石”“红刚玉”“合成品”。

④ 不应使用合成方法直接定名。如“CVD 钻石”“HTHP 钻石”。

⑤ 再生宝石应在对应的天然珠宝玉石名称前加“合成”或“再生”二字。如无色天然水晶表面再生长绿色合成水晶薄层，应定名为“合成水晶”或“再生水晶”。

（二）人造宝石定名规则

① 应在材料名称前加“人造”二字，“玻璃”“塑料”除外。

② 不应使用生产厂、制造商的名称直接定名。

③ 不应使用易混淆或含混不清的名称定名，如“奥地利钻石”

④ 不应使用生产方法直接定名。

（三）拼合宝石定名规则

① 应在组成材料名称之后加“拼合石”三字或在

其前加“拼合”二字。

② 可逐层写出组成材料名称，如：“蓝宝石、合成蓝宝石拼合石”。

③ 可只写出主要材料名称，如：“蓝宝石拼合石”或“拼合蓝宝石”。

（四）再造宝石定名规则

应在所组成天然珠宝玉石基本名称前加“再造”二字。如：“再造琥珀”、“再造绿松石”。

三、仿宝石定名规则

（一）仿宝石的定名规则

① 应在所仿的天然珠宝玉石基本名称前加“仿”字。

② 尽量确定具体珠宝玉石名称，且采用下列表示方式，如：“仿水晶（玻璃）”。

③ 确定具体珠宝玉石名称时，应遵循本标准规定的所有定名规则。

④ “仿宝石”一词不应单独作为珠宝玉石名称。

（二）使用“仿某种珠宝玉石”表示珠宝玉石名称时，意味着该珠宝玉石：

不是所仿的珠宝玉石。如：“仿钻石”不是钻石。

所用的材料有多种可能性。如：“仿钻石”可能是玻璃、合成立方氧化锆或水晶等。

四、具有特殊光学效应的珠宝玉石定名规则

（一）具有猫眼效应的珠宝玉石定名规则

在珠宝玉石基本名称后加“猫眼”二字。只有“金绿宝石猫眼”可直接称为“猫眼”。

（二）具有星光效应的珠宝玉石定名规则

在珠宝玉石基本名称前加“星光”二字。具有星光效应的合成宝石，在所对应天然珠宝玉石基本名称前加“合成星光”四字。

（三）具有变色效应的珠宝玉石定名规则

在珠宝玉石基本名称前加“变色”二字，只有“变色金绿宝石”可直接称“变石”，“变色金绿宝石猫眼”可直接称为“变石猫眼”。具有变色效应的合成宝石，在所对应天然珠宝玉石基本名称前加“合成变色”四字。“合成变石”“合成变石猫眼”除外。

（四）具有其他特殊光学效应的珠宝玉石定名规则

除星光效应、猫眼效应和变色效应外，其他特殊光学效应不参与定名，可在相关质量文件中附注说明。

注：砂金效应、晕彩效应、变彩效应等均属于其他特殊光学效应。

五、优化处理宝石定名规则

（一）优化宝石定名规则

直接使用珠宝玉石名称，可在相关质量文件中附注说明具体优化方法。

标注为“优化（应附注说明）”的方法，应在相关质量文件中附注说明具体优化方法，可描述优化程度，如“经充填”或“经轻微 / 中度充填”。

（二）处理宝石定名规则

1. 处理的表示方法应符合下述要求：

在珠宝玉石基本名称处注明：

名称前加具体处理方法，如：扩散蓝宝石，漂白、充填翡翠；

名称后加括号注明处理方法，如：蓝宝石（扩散）、翡翠（漂白、充填）；名称后加括号注明“处理”二字，如：蓝宝石（处理）、翡翠（处理）；应尽量在相关质量文件中附注说明具体处理方法。

2. 不能确定是否经过处理的珠宝玉石，在名称中可不予表示。但应在相关质量文件中附注说明“可能经××处理”或“未能确定是否经××处理”或“XX成因未定”。

3. 经多种方法处理或不能确定具体处理方法的珠宝玉石按以上1或2进行定名。也可以在相关质量文件中附注说明“XX经人工处理”，如“钻石（处理）”，附注说明“钻石颜色经人工处理”。

4. 经处理的人工宝石可直接使用人工宝石基本名称定名。

六、珠宝玉石饰品定名规则

珠宝玉石饰品按珠宝玉石名称＋饰品名称定名。珠宝玉石名称按本标准中各类相对应的定名规则进行定名；饰品名称依据QB/T1689的规定进行定名。如：

非镶嵌珠宝玉石饰品，可直接以珠宝玉石名称定名，或按照珠宝玉石名称＋饰品名称定名。如：“翡翠”，或“翡翠手镯”。

由多种珠宝玉石组成的饰品，可以：逐一定名各种材料；如：“碧玺、石榴石、水晶手链”；以其主要的珠宝玉石名称来定名，在其后加“等”字，可在相关质量文件中附注说明其它珠宝玉石名称。

天然产出的多组分珠宝玉石材料，特别是天然玉石，应以其主要组分的矿物（岩石）名称，由各自所占比例，按少前多后的原则进行定名，如：“角闪石－硬玉”或“含角闪石硬玉”。

贵金属镶嵌的珠宝玉石饰品，可按照贵金属名称＋珠宝玉石名称＋饰品名称进行定名。其中贵金属名称依据GB 11887的规定进行材料名称和纯度的定名。（图6）

贵金属覆盖层材料镶嵌的珠宝玉石饰品，可按照贵金属覆盖层材料名称＋珠宝玉石名称＋饰品名称进行定名。其中贵金属覆盖层材料名称按照QB/T2997的规定进行定名。（图7）

其它金属材料镶嵌的珠宝玉石饰品，可按照金属材料名称＋珠宝玉石名称＋饰品名称进行定名。

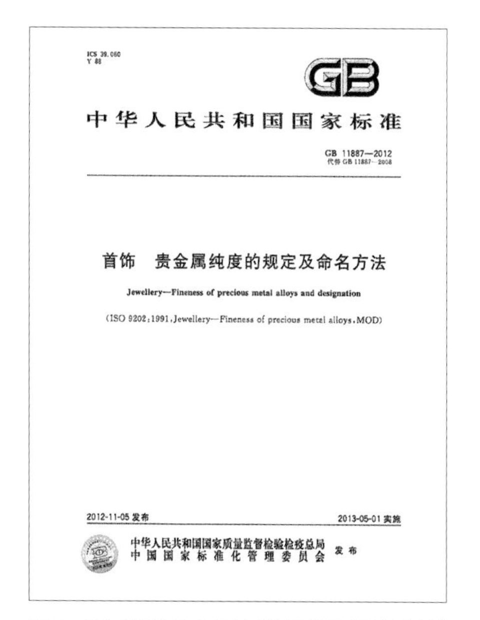

ICS 39.060
Y 88

GB

中华人民共和国国家标准

GB 11887—2012
代替 GB 11887—2008

首饰　贵金属纯度的规定及命名方法

Jewellery—Fineness of precious metal alloys and designation

(ISO 9202:1991,Jewellery—Fineness of precious metal alloys,MOD)

2012-11-05 发布　　2013-05-01 实施

中华人民共和国国家质量监督检验检疫总局
中国国家标准化管理委员会　发布

图6　GB《首饰贵金属纯度的规定及定名方法》（GB11887–2012）封面

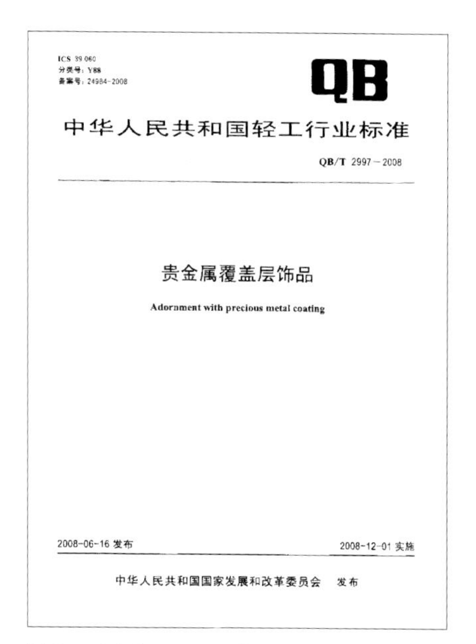

ICS 39.060
分类号：Y88
备案号：24984-2008

QB

中华人民共和国轻工行业标准

QB/T 2997－2008

贵金属覆盖层饰品

Adornment with precious metal coating

2008-06-16 发布　　2008-12-01 实施

中华人民共和国国家发展和改革委员会　发布

图7　《贵金属覆盖层饰品》（轻工行业标准 QB T 2997–2008）封面

课后阅读：晶体、非晶体、集合体和优化处理

一、晶体

晶体是质点（原子、离子、分子）在三维空间重复、规则排列形成的结晶质。自然界发现的晶体多具有几何多面体形态的固体，例如钻石的晶体（图8），海蓝宝石的晶体（图9）等。这种几何多面体不一定需要完整，哪怕只保留一个天然几何多面体的面，几何多面体因后期地质作用棱面被磨蚀圆滑，也可以称为晶体。

图8　表面不平整的钻石晶体

图9　海蓝宝石晶体

二、集合体

集合体是天然产出的具有一定结构、构造的多晶矿物组合体（图10、11）。可以是单矿物多晶组合，也可是多矿物多晶组合。集合体化学成份不定，多晶矿物体的大小不定，但对于同种集合体而言晶体的聚合方式是固定的。

图10　玉髓的集合体形态

图11　葡萄石的集合体的形态

三、非晶体

非晶体是质点（原子、离子、分子）在三维空间无周期性规则排列形成固体。非晶体没有一定规则的外形，物理性质在各个方向上是相同的，即各向同性。

天然宝石品种有欧泊（图 12）、透明—半透明的琥珀、玳瑁在偏光镜下可以观察到与非晶体相同的现象。

人工宝石品种有玻璃（图 13—15）、塑料。

图 12　欧泊

图 13　各种颜色的欧泊

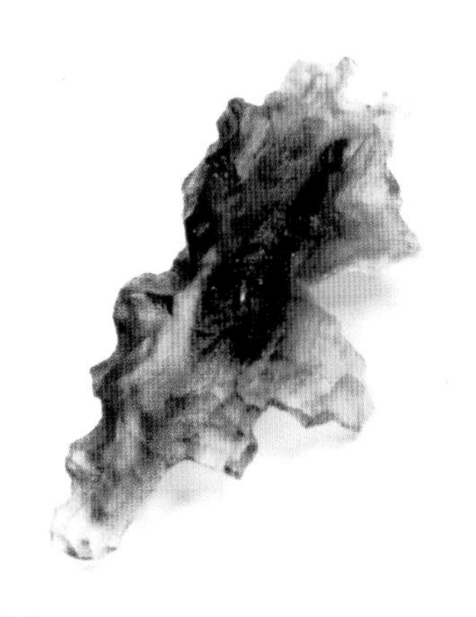

图 14　天然玻璃

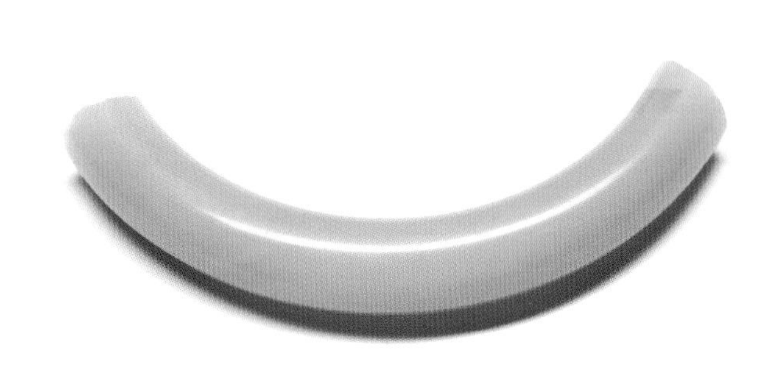

图 15　用来仿翡翠的玻璃

（一）玻璃

玻璃一直是最常用的宝石仿制材料。尤其现在，玻璃的品种千变万化，几乎可用来仿任何珠宝玉石，特别是在仿大多数无机宝石时，具有相当的迷惑性。

玻璃制品生产有悠久历史，公元前 16 世纪埃及就已制造单色的玻璃珠，公元前 10 世纪后，镶嵌珠（蜻蜓眼）已经很流行了，美国卡谢公司生产的玻璃猫眼，大量地用于装饰品中，几乎各种颜色都有。大多为鲜艳的红、绿、蓝、黄、橙、紫或白色，尤其黄褐色玻璃猫眼的颜色与金绿宝石猫眼、石英猫眼的颜色十分相似。

我国在春秋战国时期出现了玻璃表面镶嵌有几种不同颜色花纹“蜻蜓眼”的玻璃珠、云纹壁等，楚国的铅钡玻璃壁、珠、管等在外观和使用性能上已达到仿玉的效果。

玻璃的制作工艺已经十分成熟。尽管如此，玻璃作为仿宝石不能做到化学稳定性、物理指标（密度、折射率、硬度、热敏感性）、结构特性、断口与天然宝石相似，只能做到外观、色泽相似，形貌上做到尽可能的逼真。

（二）塑料

塑料是一种人造有机材料，主要由碳氢原子组成的高分子聚合物物。塑料的可塑性强，可加热或铸造加工成任何形状，同时又可以通过添加染色剂的方法制成各种颜色，塑料与大多数无机宝石的物理性质相去甚远，除欧泊外，其他透明的无机宝石较少用塑料仿制。由于塑料的光泽、比重、硬度、导热性等许多物理性质与有机宝石相近，因而常用于仿有机宝石，且具有较强的迷惑性，例如仿制珍珠、琥珀，煤精等。塑料有时也用于宝石的优化处理，如贴膜、背衬和表面涂层。

四、优化处理

绝大多数自然界出产的宝石颜色较差、透明度低，且裂隙较多，不能满足市场需要，所以宝石的优化处理技术被广泛应用来改善宝石的颜色、透明度等外观特征。优化处理统称“改善”，目前改善宝石方法用于宝石最多的品种是钻石、红蓝宝石、祖母绿、碧玺、绿松石等。这些改善宝石若商家不声明，普通消费者极难辨别。

优化处理是指除切磨和抛光以外，用于改善珠宝玉石颜色、净度、透明度、光泽或特殊光学效应等外观及耐久性或可用性的所有方法，分为优化和处理两类。

优化是指传统的、被人们广泛接受的、能使珠宝玉石潜在的美显现出来的优化处理方法。

处理是指非传统的、尚不被人们广泛接受的优化处理方法。

表 3　常见珠宝玉石优化处理方法及类别

优化处理方法	优化处理类别	备注
热处理	优化	——
漂白	优化	——
激光钻孔	处理	——
漂白、充填	处理	——
充填	优化	用无色油、蜡充填珠宝玉石 用少量树脂充填珠宝玉石缝隙，轻微改善其外观。祖母绿的此种方法为净度优化，归为优化（应附注说明）
	优化（应附注说明）	用玻璃、人工树脂充填珠宝玉石少量裂隙及空洞，改善其耐久性和外观
	处理	用含 Pb、Bi 等玻璃、人工树脂等固化材料灌注多孔及多裂隙珠宝玉石，改变其耐久性和外观
覆膜	优化（应附注说明）	在天然有机宝石表面覆无色膜，改变光泽或起保护作用
	处理	在天然宝石和天然玉石表面覆无色膜，或在珠宝玉石表面覆有色膜，改变其颜色或产生特殊效应
高温高压处理	处理	——
染色处理	处理	玉镯的此种方法归为优化
精确处理	处理	水晶的此种方法归为优化
扩散处理	处理	——

第二章 肉眼观察特征及应用

宝石肉眼观察是指使用透射光或者反射光，多角度仔细观察宝石材料特征与现象，并按照一定的记录规则记录，并将记录结果与前人研究的宝石材料名称和常见的特征与现象进行对比，使用筛选排除法到达判断宝石材料名称的一个过程。

肉眼观察通常包括颜色、光泽、透明度、特殊光学效应、力学性质、外形等几个方面，准确的使用专业术语记录及规范的描述现象，是一个需要长期练习的过程。

第一节　光学性质的肉眼观察及应用

宝石矿物的光学性质包括了颜色、光泽、透明度、色散、多色性以及一些特殊的光学效应等，它们是宝石对可见光的吸收、反射、透射、折射、干涉、散射、衍射等作用所致，并与宝石的化学成分、结构或特殊性质等密切相关。

一、颜色

（一）颜色的定义

颜色是光作用于人眼引起除空间属性以外的视觉特征（图 16）。这种视觉特征取决于观察者对颜色的识别程度和光照条件（图 17）。

宝石学中的颜色通常表述为可见光作用于宝石后到人肉眼形成的感觉。也可认为宝石对自然光中可见光选择性吸收后的补色。

在实际肉眼鉴定中，明确宝石的色调可以帮助我们快速区分宝石及其仿制品，也可以帮助我们区分某些天然宝石及其改善宝石。

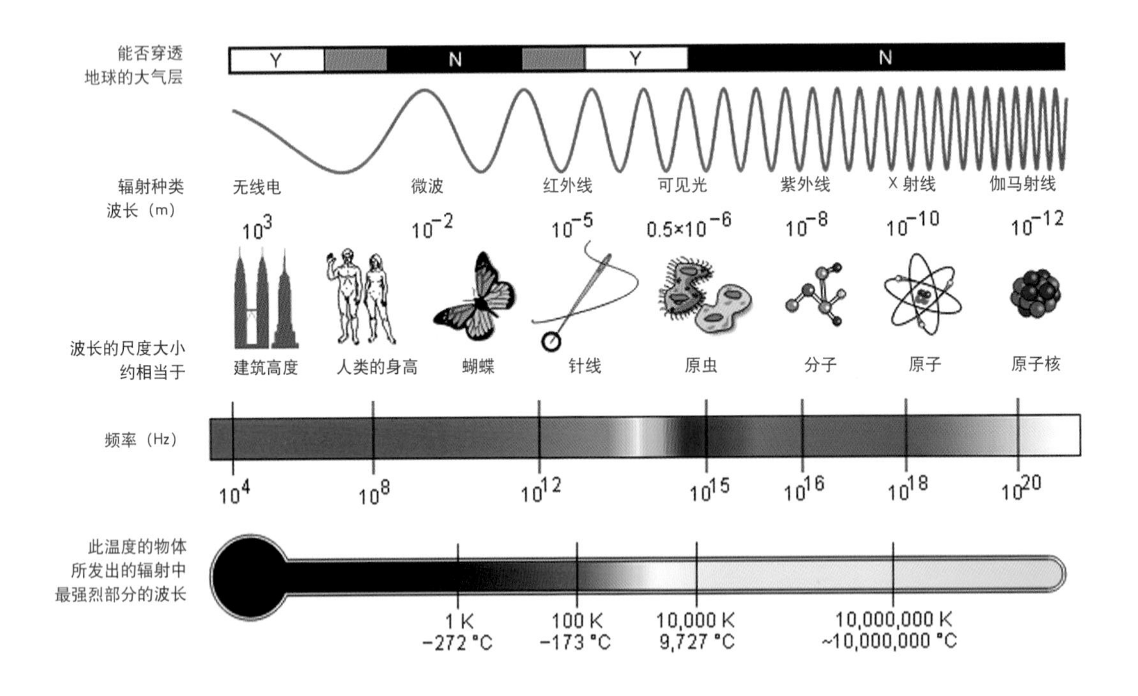

图 16　电磁波的波谱与性质

（二）颜色的观察要点

使用反射光观察颜色，有人工光源的话可以在恒定色温的专业比色灯下进行，如果有没人工光源可以在晴天背阴处观察。一般建议上午观察，晚上因为光线较弱，最好不要观察宝石颜色；

黑、白、灰的观察环境；

未提及其他要素不影响颜色观察结果。

图 17　不同光源下同一翡翠颜色差别（左为白天自然光，中间为晚上室内光源，右边为珠宝店黄光照明条件下）

（三）颜色描述方法

宝石学是一门综合学科，宝石颜色描述常借鉴矿物颜色描述的方式。常用的描述方法有标准色谱法、二名法、类比法等，对于某些颜色分布不均匀的宝石还需要单独指出颜色不均匀这个现象。通常对颜色呈条带状交错、平行或环带分布的现象称之为色带（图 18、19）。

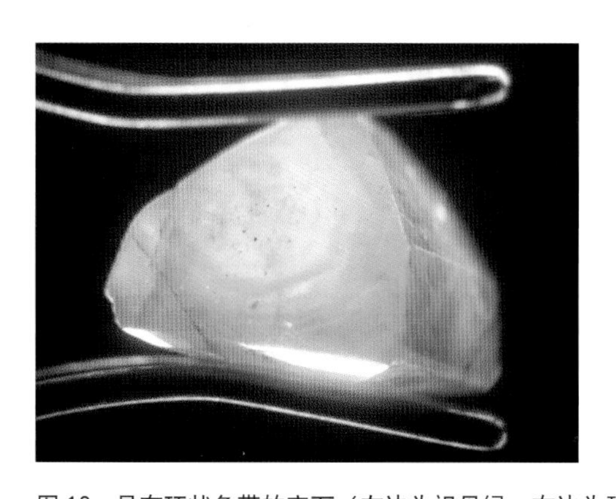

图 18　具有环状色带的宝石（左边为祖母绿，右边为碧玺）

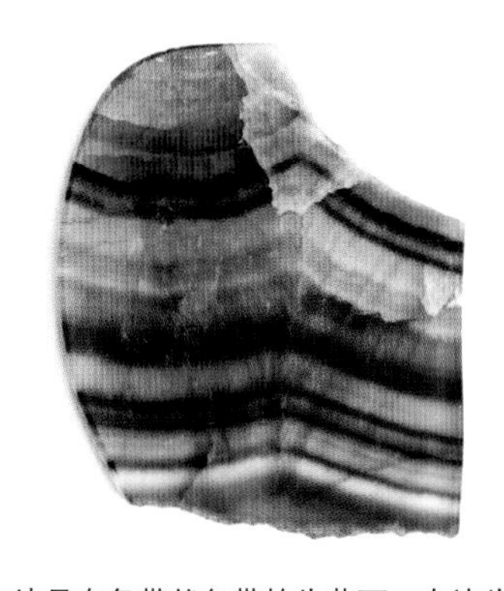

图 19　左边具有条带状色带的为萤石，右边为由于集合体矿物组成不同，造成的颜色分布不均匀现象

1. 标准色谱法

利用标准色谱（红、橙、黄、绿、青、蓝、紫）以及白、灰、黑、无色来描述矿物的颜色（图 20—30）。

图 20　标准红色对照矿物辰砂

图 21　标准橙色对照矿物铬酸铅矿

图 22　标准黄色对照矿物雌黄

图 23　标准绿色对照矿物孔雀石

图 24　标准蓝色对照矿物蓝铜矿

图 25　标准紫色对照矿物紫晶

图 26　标准褐色对照矿物褐铁矿

图 27　标准黑色对照矿物电气石

图 28　标准灰色对照矿物铝土矿

图 29　标准白色对照矿物斜长石

图 30　标准无色对照矿物冰洲石

2. 二名法

矿物的颜色较复杂时，可用两种颜色来描述。如紫红色，以红色调为主，紫色调为辅（图 31）。对于颜色不均匀的宝石也可以使用二名法进行每一类颜色的描述，但是必须注明颜色存在不均匀分布现象（图 32）。

图 31　紫红色（帕德玛蓝宝石）

图 32　蓝绿色，玫红色，颜色不均匀分布（碧玺）

3. 类比法

把宝石和常见实物进行对比来描述矿物颜色。如橄榄绿（图 33）等。

类比法是宝石交易市场中常用的颜色描述方式，如依据对天空蓝色的印象，托帕石蓝色（图 34、35）有伦敦蓝、瑞士蓝等市场名称。这些类比颜色的词语有些会代表宝石的品质，如蓝宝石的矢车菊蓝[1]（图 36）、皇家蓝（图 37）、红宝石的鸽血红[2]（图 38）、琥珀的鸡油黄等。

2014 年 12 月 12 日，GRS（瑞士宝石实验室）[3]宣布了一个新的颜色“Scarlet”（帝王红）用于描述莫桑比克红宝石的红色。“Scarlet”（帝王红）红宝石是具有鲜艳的红色，并带有橙色调的某些莫桑比克红宝石，且这种红宝石的荧光并不影响宝石本身的颜色（B 型红宝石[4]）。

图 33　橄榄色（左为橄榄石右为橄榄树及果实颜色）

1. 矢车菊蓝蓝宝石：一种类似矢车菊，带紫色调的蓝色，无荧光，因细小内含物内部呈现一种朦胧的天鹅绒质感的蓝色刚玉。
2. 鸽血红红宝石：一种类似缅甸当地鸽子动脉血而色，加之强荧光的作用产生迷人色彩的红色刚玉。
3. GRS（瑞士宝石实验室）是世界著名彩色宝石鉴定机构之一，和 Gubelin（古柏林宝石实验室）一样，能够对宝石出具产地证明，佳士得、苏富比等著名拍卖公司拍出的彩色宝石都会带有 GBS 或 Gubelin 的宝石证书。
4. “Scarlet”（帝王红）红宝石，具体是指显示为鲜艳的红色略带橙色颜色的某些莫桑比克红宝石，并且，这种红宝石的荧光并不影响宝石本身的颜色，带有 GRS 类型帝王红颜色描述的莫桑比克红宝石（B 型）证书会在主证上描述为艳红色（vividred），并在附加证书上提供描述。

图 34　伦敦蓝托帕石

图 35　瑞士蓝托帕石

图 36　矢车菊蓝（左为矢车菊蓝蓝宝石，右为矢车菊）

图 37　皇家蓝蓝宝石

图 38　鸽血红红宝石

集合体的颜色描述使用类比法较多，例如翡翠颜色描述中的菠菜绿、青椒绿等，同晶体一样对于某些颜色分布不均匀的集合体还需要单独指出颜色不均匀这个现象（图 39、40）。在描述翡翠的时候，还可能会使用到色根（图 41）这个特定的词。

图 39　颜色不均匀的蔷薇辉石和菱锰矿（左边蔷薇辉石颜色描述为棕红色、夹杂黑色条带状、团块状不均匀分布，右边菱锰矿颜色描述为粉红色，夹杂白色条带状不均匀分布）

图 40　颜色多样的翡翠（手串中单个翡翠珠颜色呈现灰紫色，橘黄色，油青灰色，蓝绿色，黄绿色等多种颜色，单个翡翠珠子上颜色较为均匀）

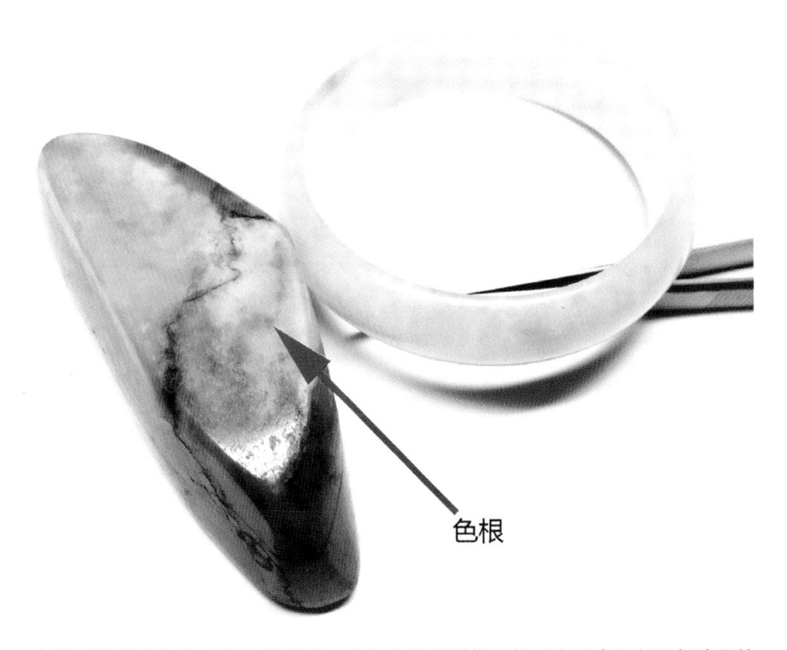

图 41　在描述翡翠颜色的时候会使用到一个专业的词叫做色根（左图中绿色局部浓集的现象），色根是颜色未经处理的翡翠中可能见到的现象之一，在染色处理翡翠中不可见（右图中绿色较为均匀，不存在局部颜色浓集的现象）

4. 具有特殊光学效应宝石的颜色描述

特殊光学效应是指当光照到宝石表面时，宝石展示出的颜色或者星点状、条带状亮带的现象，并且随着光源或者宝石的相对移动，颜色会闪烁、移动、变化的现象，具有这种现象的宝石在描述颜色的时候，要将颜色分为体色和其他颜色等多种角度分别描述。

例如欧泊由于其变彩效应的颜色多样性，使得描述欧泊的颜色常用其体色来描述。例如黑欧泊（图42）、白欧泊（图43）、火欧泊、（图44）、晶质欧泊（图45）。

图42　合成黑欧泊

图43　合成白欧泊

图44　火欧泊

图45　晶质欧泊

珍珠的颜色是珍珠体色（图 46 — 48）、伴色（图 49 — 51）及晕彩（图 52 — 57）的综合特征，描述时以体色描述为主，伴色和晕彩描述为辅。

图 46　珍珠层薄的珍珠（强反射光下，珍珠中间与边缘颜色反差大，出现与珍珠体色不同明显的浅黑灰色）

图 47　珍珠层厚的珍珠（强反射光下，珍珠整体颜色均匀）

图 48　各色系的珍珠

图 49　黑色系珍珠，伴色从左到右依次为浅粉、粉青色、浅绿色、浅紫

图 50　左边是伴色为浅粉色的白色系珍珠，右边是顶端可见晕彩效应，伴色为白色的红色系珍珠

图 51　黄色系珍珠，左边两个为天然金珠，伴色为不明显的浅绿色，右边两个为染色金珠，伴色基本不可见

图 52　珍珠的晕彩

图 53　强晕彩的珍珠（最大的异形珍珠）

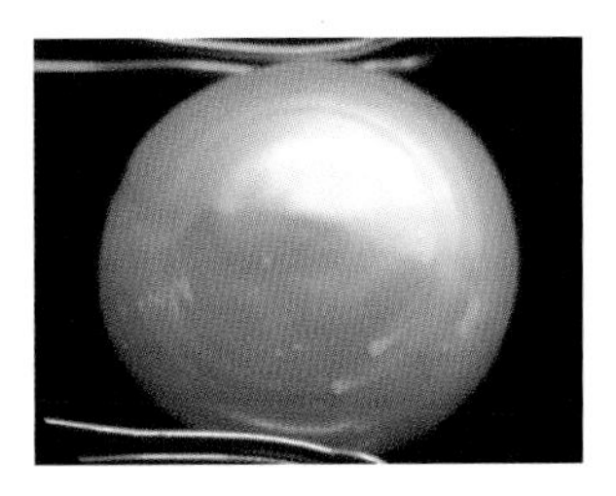

图 54　晕彩明显的珍珠

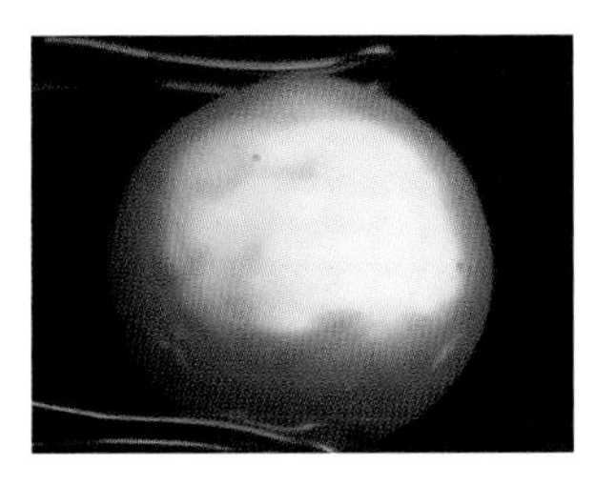

图 55　晕彩一般的珍珠

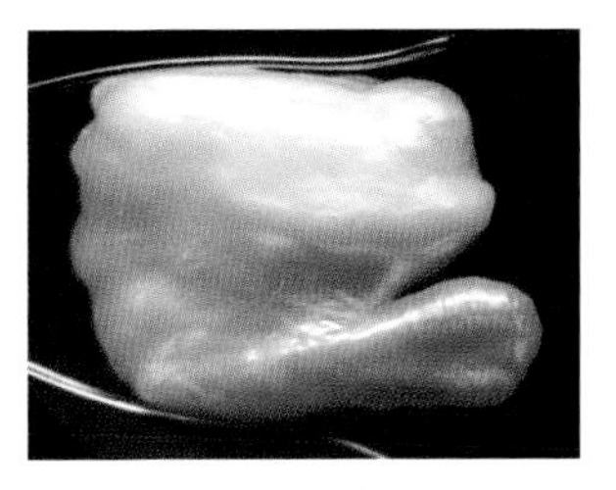

图 56　该异形珍珠上半部分晕彩不明显，下半部分可见明显晕彩

图 57　晕彩不明显的珍珠

 延伸阅读：宝石传统颜色成因 

二、光泽

（一）光泽的定义

物体表面反射光的能力，光泽取决于岩石矿物成分结构、表面性质和集合方式，在宝石学中可以理解为光泽受到宝石表面抛光程度和折射率[5]的影响，市场上会用“闪”或者“亮”这些词来替代光泽这个专业术语。

在实际肉眼鉴定中，光泽可以帮助我们快速区分宝石及其仿制品，也可以帮助我们区分某些天然宝石及其改善宝石。

（二）光泽的观察要点

使用反射光观察光泽；观察晶体的时候要注意晶面花纹对光泽的影响，一般来说加工之后宝石光泽比其晶体要好；在加工的过程中，宝石可能由于抛光料硬度差异或者材料本身硬度的方向性、差异性导致同一品种宝石光泽存在差异（图 58、59）；对于晶体类宝石而言在同等抛光情况下，宝石折射率越高光泽越强，集合体宝石由于其组成会出现光泽的变异；未提及其他要素不影响光泽观察结果（图 60）。

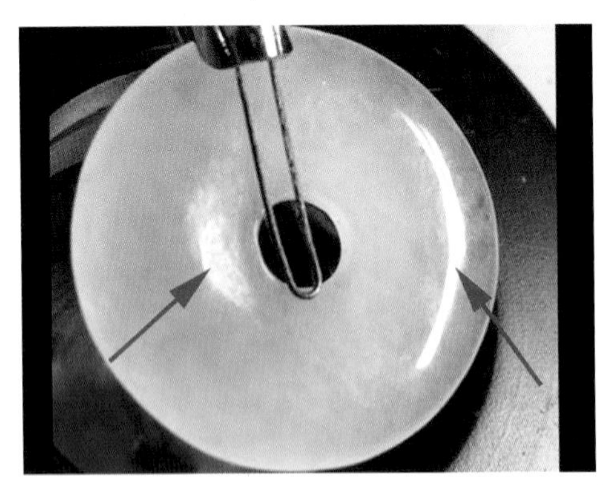

图 58　漂白充填处理翡翠表面光泽差异（红色箭头指代处）

图 59　加工前后的石榴石光泽对比（左边为加工之前的石榴石晶体，右边为加工之后玻璃光泽的石榴石）

图 60　光泽不同的宝石（左边是不同品种的宝石，因折射率不同，同等抛光条件下光泽有差异。右边是红宝石和紫水晶，红宝石折射率比紫水晶高，所以同等抛光条件下红宝石光泽比紫水晶强）

5. 宝石特征鉴定参数之一，不同宝石折射率不同，同种宝石折射率在一个小范围波动。

（三）光泽的描述方法

宝石光泽有 9 种，在金属矿物和金属氧化物矿物中常见金属光泽、半金属光泽，在晶体宝石中常见光泽有金刚光泽，玻璃光泽，在集合体和有机宝石中常见光泽有油脂光泽、丝绢光泽、蜡状光泽、珍珠光泽、树脂光泽等。

1. 金属光泽

用反射光观察晶体类宝石，金属或者少数宝石可以

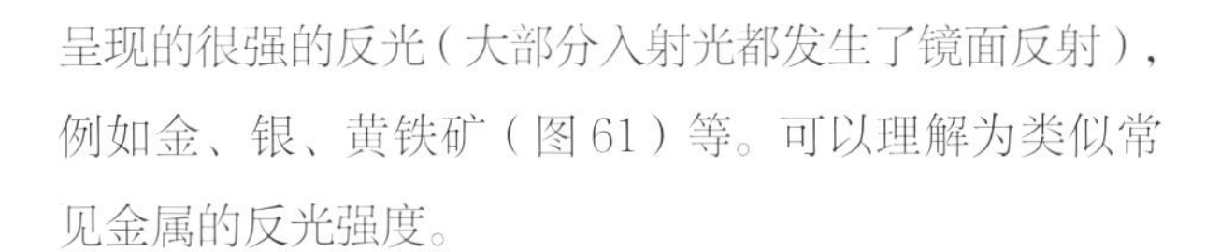

呈现的很强的反光（大部分入射光都发生了镜面反射），例如金、银、黄铁矿（图 61）等。可以理解为类似常见金属的反光强度。

2. 半金属光泽

用反射光观察，半金属宝石矿物表面呈弱金属般光亮，似未经磨光的金属表面(图 62)。一般矿物呈金属色，条痕为深彩色（如棕色、褐色等），不透明至半透明。

图 61　金属光泽（中间白色部分）

图 62　半金属光泽（右边黄色部分）

3. 金刚光泽

用反射光观察晶体类宝石，宝石里最强的反光状态，例如钻石（图 63），在实际宝石鉴定分析中，我们会认为折射率（在宝石检测专业仪器折射仪下观察到的数据）大于 2.417 的宝石，抛光后其光泽都是金刚光泽（图 64、65），可以理解为类似钻石表面的反光强度。

图 63　钻石光泽

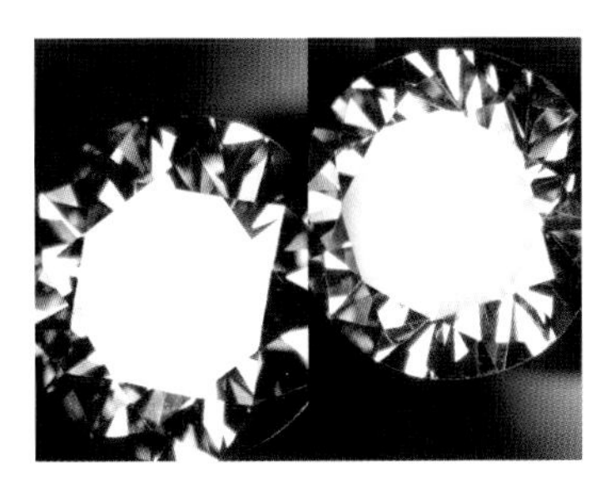

图 64　钻石的金刚光泽（左）和合成立方氧化锆的金刚光泽（右）对比

图 65　钻石的金刚光泽（左）和合成尖晶石的玻璃（右）对比

4. 玻璃光泽

用反射光观察晶体类宝石，大多数晶体类宝石都是这类光泽，例如祖母绿，水晶，碧玺等（图 66—68）。在实际宝石鉴定分析中，我们会认为折射率在 1.45 到 1.78 之间的宝石，抛光后其光泽都是玻璃光泽，可以理解类似玻璃表面的反光强度。同等抛光情况下折射率越低玻璃光泽越弱，可以描述为弱玻璃光泽，同等抛光情况下折射率越高玻璃光泽越强，有时候也会描述为强玻璃光泽。

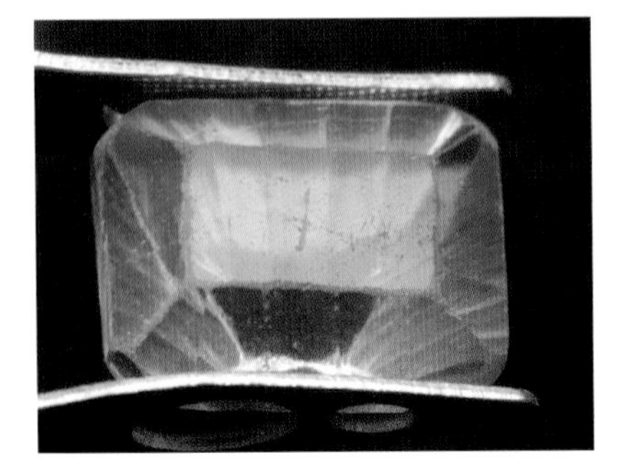
图 66 反射光下萤石的弱玻璃光泽

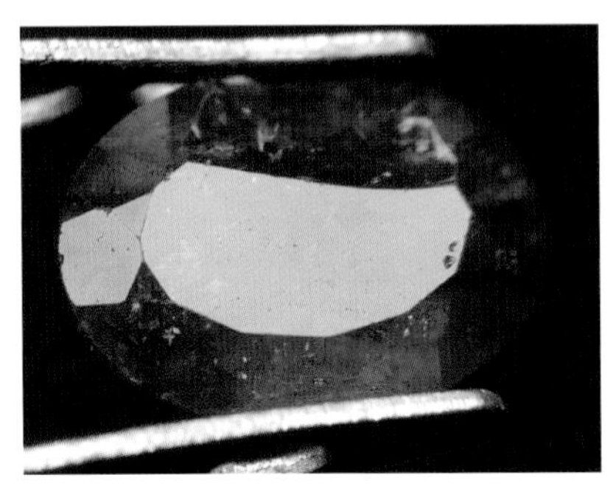
图 67 反射光下碧玺的玻璃光泽

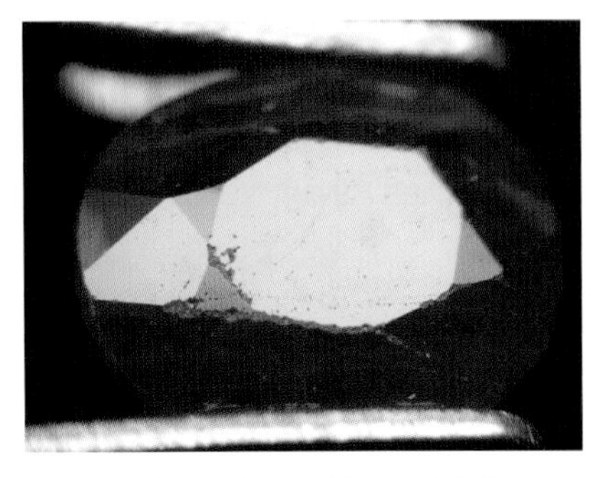
图 68 反射光下红宝石的强玻璃光泽

5. 油脂光泽

油脂光泽可以理解为类似油脂表面的反光强度。用反射光观察晶体类宝石，少数宝石在晶面上就可以观察到这个现象，大部分宝石是在受外力破损不平坦的部分（这个现象可以用专业术语断口或者解理不发育来描述）可以观察到的光泽（图 69、70）。

集合体中可以见到油脂光泽的有软玉、部分翡翠等，类似将玉石表面涂抹一层油之后（图 71—73）。

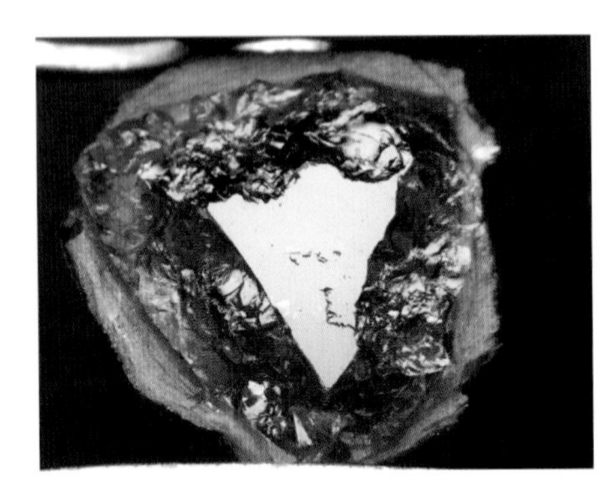
图 69 反射光下碧玺断口的油脂光泽，较为光滑的面呈现的是玻璃光泽

图 70 反射光下石榴石晶体断口的油脂光泽

图 71 油脂光泽（软玉）

图 72 玻璃—油脂光泽（翡翠）

图 73 玻璃光泽（水晶）和玻璃—油脂光泽（翡翠）的对比

6. 丝绢光泽

使用反射光观察宝石，无色或浅色、具玻璃光泽的透明矿物的纤维状集合体表面常呈蚕丝或丝织品状的光亮。如纤维石膏和石棉等（图 74—76）。

图 74　丝绸表面的光泽

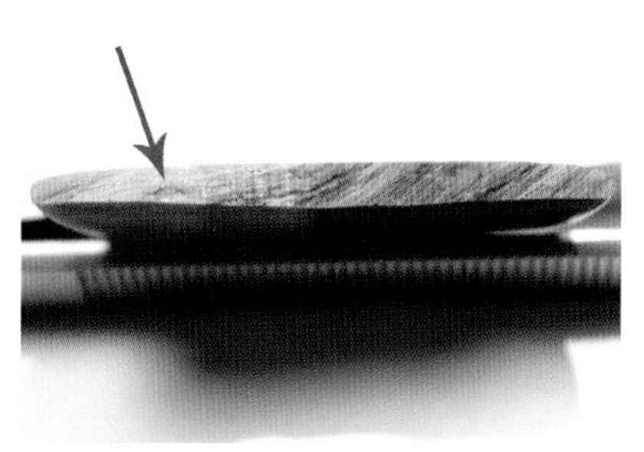

图 75　丝绢光泽（虎睛石破口处）

图 76　玻璃光泽（虎睛石抛光后）

7. 蜡状光泽

使用反射光观察宝石，某些透明矿物的隐晶质或非晶质致密块体上，呈现有如蜡烛表面的光泽。如块状叶蜡石、蛇纹石及很粗糙的玉髓等（图 77—79）。

图 77　蜡状光泽（上为蜡烛，下左一为鸡血石，下右一为绿松石）

图 78　蜡状光泽（软玉）

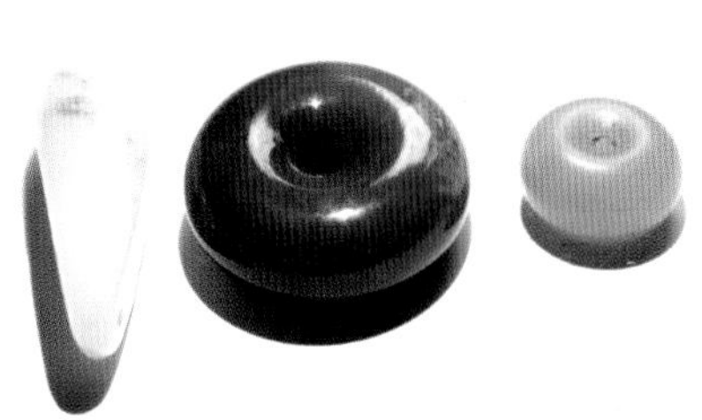

图 79　油脂光泽和蜡状光泽对比（左一、左二为油脂光泽，右一为蜡状光泽）

8. 珍珠光泽

使用反射光观察宝石，浅色透明矿物的极完全的解理面上呈现出如同珍珠表面或蚌壳内壁那种柔和而多彩的光泽。如白云母和透石膏等。（图 80、81）

在使用反射光观察珍珠的时候，对于其光泽有专门分类评价。一般来说，海水珍珠光泽比淡水珍珠强（图 82、83）。

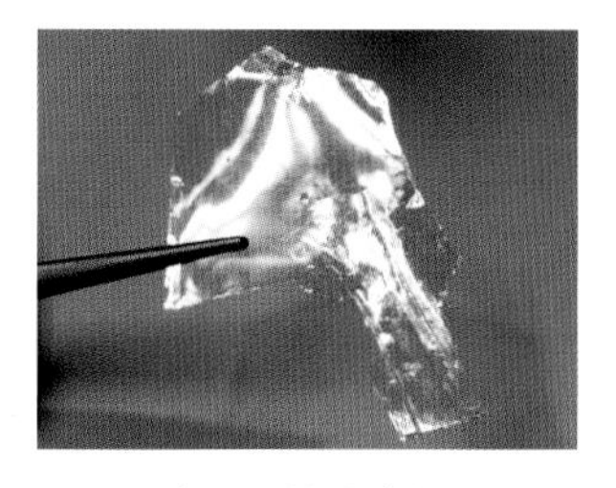

图 80　白云母的珍珠光泽

图 81　珍珠的珍珠光泽

图 82　较强光泽海水珍珠（高光点边缘清晰锐利）

图 83　较弱光泽淡水珍珠（高光点边缘模糊）

9. 树脂光泽

使用反射光观察宝石，在某些具金刚光泽的黄、褐或棕色透明矿物的不平坦的断口上，可见到似松香般的光泽。如浅色闪锌矿和雄黄等。（图 84、85）

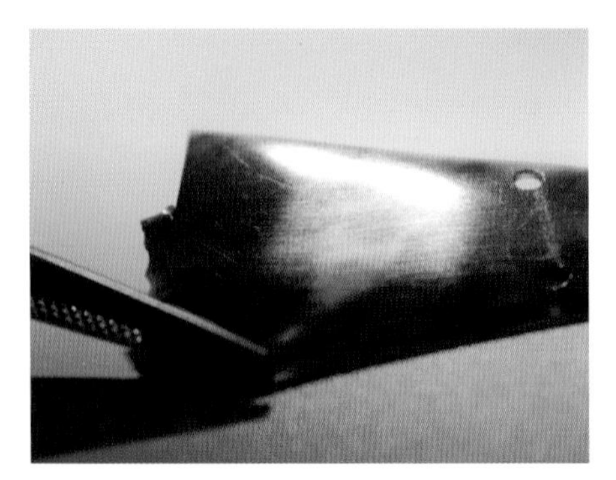

图 84　树脂光泽的玳瑁

图 85　树脂光泽的琥珀

除了上述情况之外，集合体由于其组成矿物的多样性或者是内含物的影响，可在一个平面上出现两种不同光泽。（图 86）某些拼合宝石在拼合接缝处会出现分层的光泽，能够有效帮助我们鉴别拼合处理宝石（图 87、88）。

在矿物的光泽描述中还有一种土状光泽（呈土状、粉末状或疏松多孔状集合体的矿物，表面呈现的如土块般暗淡无光。如块状高岭石和褐铁矿等），目前还没有宝石矿物是这种光泽。

图 86　在反射光下，集合体内部星点状金属包裹体呈现金属光泽，集合体整体呈现另外的光泽（左为蜡状光泽的岫玉，右为玻璃光泽的青金石）

图 87　拼合合成欧泊

图 88　拼合合成欧泊侧面光泽不同

三、透明度

（一）透明度的定义

物体透过可见光的能力。晶体厚度和颜色都会影响宝石的透明度判断。一般来说对有颜色的宝石晶体，宝石晶体越厚，其透明度越差。

在实际肉眼鉴定中，透明度不能作为单独的判断要素来帮助我们快速区分宝石及其仿制品，更多的时候是作为宝石品质评价要素出现。

（二）透明度的观察要点

使用透射光观察透明度，这个时候需要注意使用的透射光的强度要要与日常光强度接近，当观察光线和自然光强度有偏差的时候，往往会出现误判；

当宝石内部含有明显内含物（杂质）的时候，会降低宝石的透明度或者造成宝石透明度的不均匀；

未提及其他要素不影响透明度观察结果。

（三）透明度的描述方法

根据透过光的程度，透明度分为透明，亚透明，半透明，微透明，不透明 5 个级别（图 89），观察到透明度不均匀时需要单独指出。

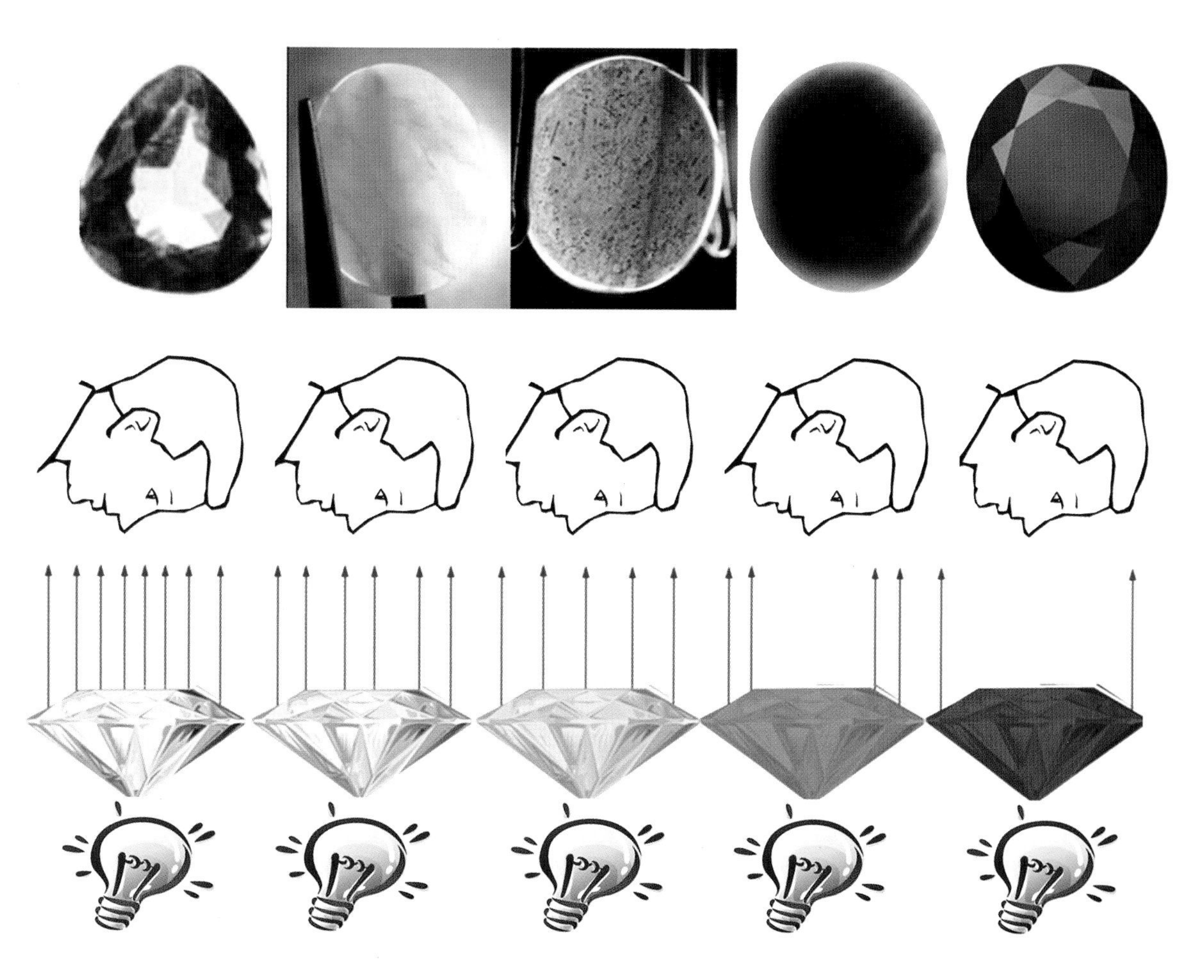

图 89　宝石不同级别透明度（从左到右，依次为透明，亚透明，半透明，微透明，不透明）

1. 透明

用透射光观察宝石，宝石整体透亮，相对明亮观察背景而言，宝石中央部分亮度与背景一致或者略高一些，边缘轮廓部分较暗（图 90—92）。

透过宝石能看到与透射光同一侧较为明显物体。

对于刻面型的宝石而言，透明的含义是能够从最大的台面看清楚亭部的面和棱线（图 93）。

对于弧面型宝石而言，透明的含义是指能够从使用透射光观察宝石，从一侧能够清晰的看到另外一侧的现象（图 94）。

图 90　透明的宝石（左为黄晶，中间为人造钇铝榴石，右边为石榴石）

图 91　透明（晶体，黄晶）

图 92　透明（晶体：石榴石）

图 93　透明（晶体：人造钇铝榴石）
钻石等高折射率宝石透明度判断要点为能够清晰的看到宝石另外一侧的棱线和面

图 94　透明的琥珀

2. 亚透明

用透射光观察宝石，宝石整体明亮，相对明亮观察背景而言，宝石亮度与背景一致，观察与透射光同一侧较为明显物体，物体较为朦胧，如同在透明宝石光源之间加了一层白色致密的薄纱一样。（图 95—100）

图 95　粉晶（反射光）

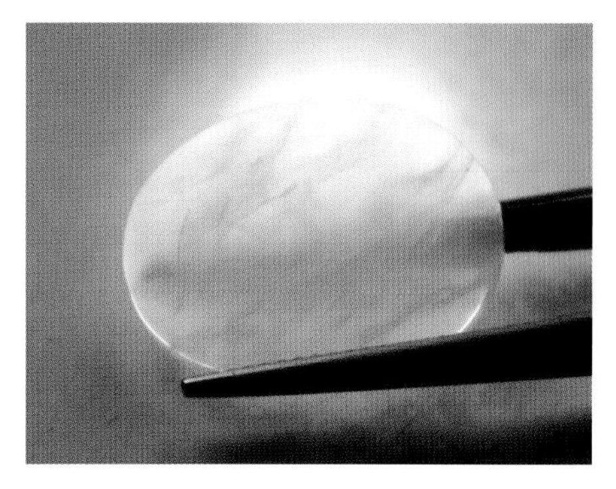

图 96　亚透明（粉晶，透射光）

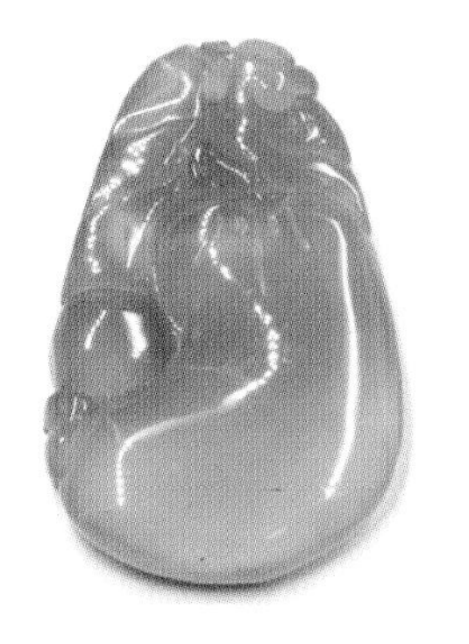

图 97　玉髓（反射光）

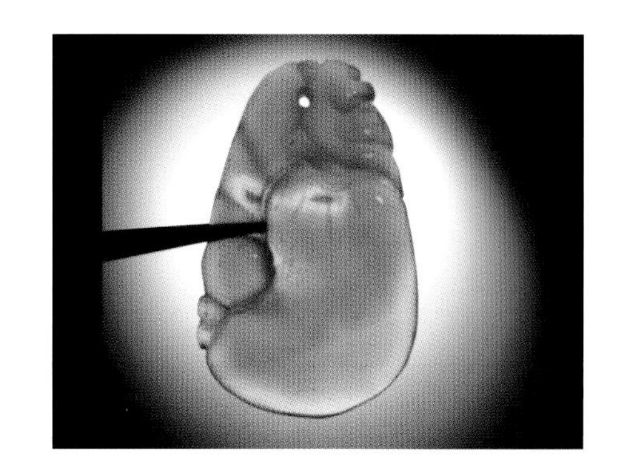

图 98　亚透明（玉髓，集合体，透射光）

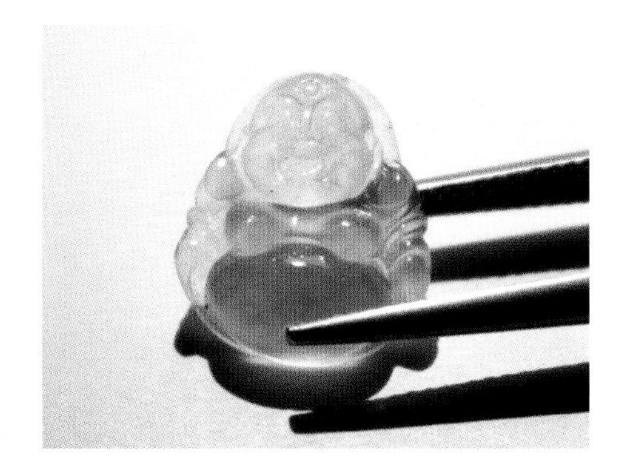

图 99　翡翠（集合体，反射光）

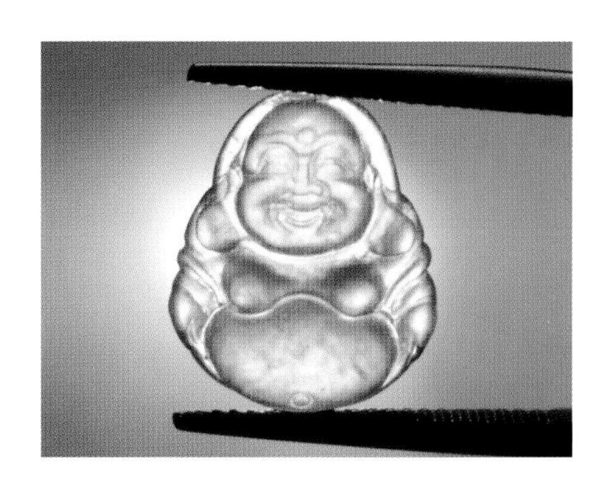

图 100　亚透明（集合体，翡翠，透射光）

3. 半透明

用透射光观察宝石，宝石整体较为明亮，相对明亮观察背景而言，宝石整体亮度较背景弱，观察与透射光同一侧较为明显物体，无法判断物体是什么，仅能知道有物体。（图 101—106）

图 101　反射光下的石英岩

图 102　透射光下半透明的石英岩

图 103　反射光下的玉髓

图 104　透射光下亚透明到半透明，透明度不均匀的玉髓

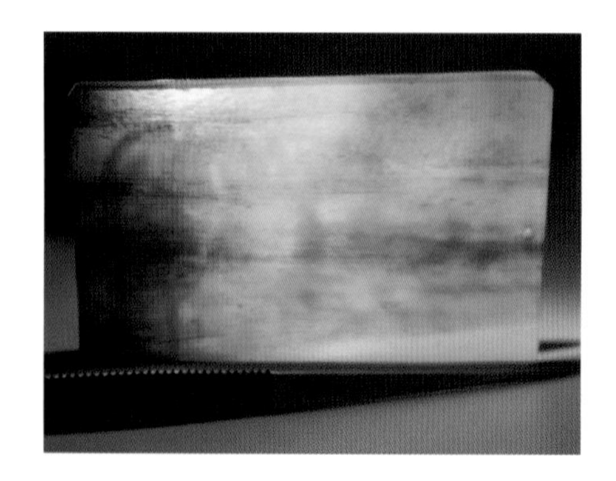

图 105　半透明的羚羊角

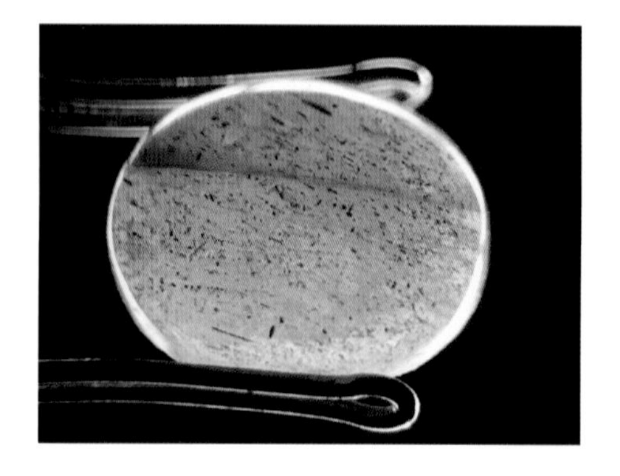

图 106　半透明（拉长石）

4. 微透明

用透射光观察宝石，宝石整体会亮起来，但亮度明显较暗，相对明亮观察背景而言，某些宝石观察时会观察到中间为较暗，边缘透光。（图 107）

对于某些宝石，使用透射光观察，呈现不透光状态，但是由于其具有星光效应、猫眼效应、晕彩效应等由内含物引起特殊光学效应，其透明度应描述为微透明。（图 108—110）

图 107　微透明（虎睛石、集合体）

图 108　微透明（星光红宝石）

图 109　透射光下不透明的黑曜岩

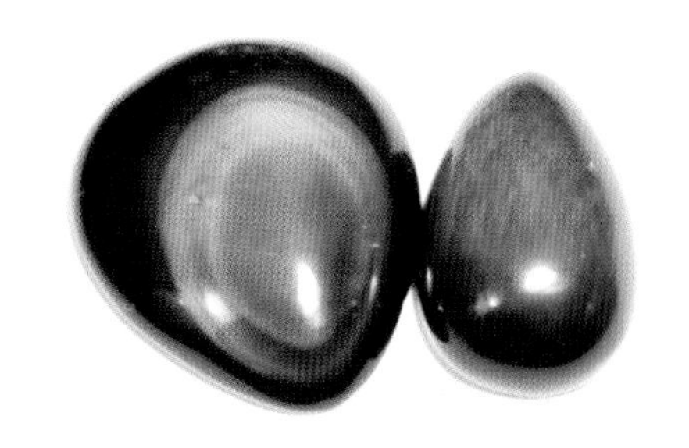

图 110　反射光观察可见晕彩效应，因此其透明度最终判定为微透明

5. 不透明

用透射光观察宝石，宝石整体不透光，相对明亮观察背景而言，宝石边缘轮廓明亮，其他地方呈现黑色或者无法透过光。（图 111—116）

图 111　不透明（晶体，碧玺）

图 112　不透明（晶体，红宝石）

图 113　不透明的绿松石

图 114　不透明的孔雀石

图 115　不透明的青金石

图 116　不透明的煤精

这里要特别说明的是这里玻璃猫眼，所有玻璃猫眼的特征几乎一致：垂直猫眼效应亮线方向观察玻璃猫眼为半透明（图 117），平行玻璃猫眼亮线方向观察玻璃猫眼为亚透明（图 118），仔细观察亚透明方向可见蜂窝状结构（图 119、120）。

图 117　垂直猫眼效应亮线方向观察玻璃猫眼为半透明

图 118　平行玻璃猫眼亮线方向观察玻璃猫眼为亚透明

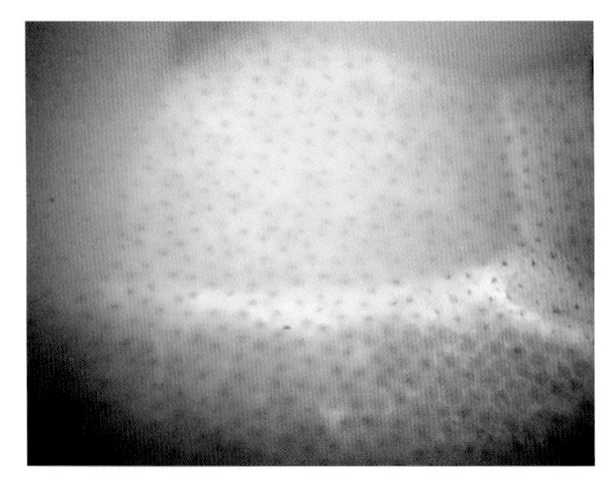
图 119　玻璃猫眼的蜂窝状结构（25×，暗域照明法）

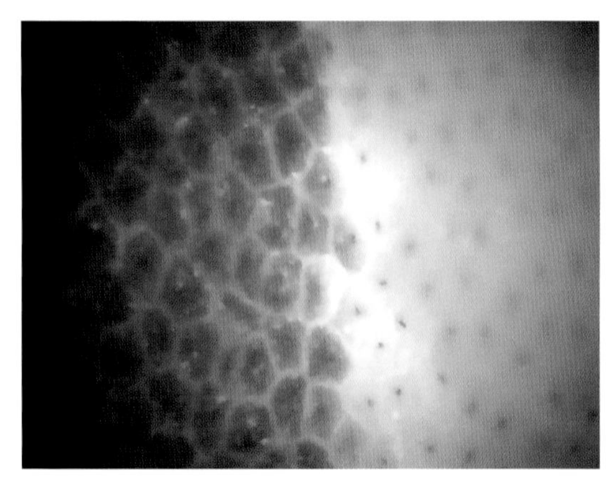
图 120　玻璃猫眼的蜂窝状结构（40×，暗域照明法）

四、火彩

（一）火彩的定义

火彩是一种色散光学现象，在光源下晃动宝石，刻面型宝石刻面上可见的彩色的现象（图 121）。市场上通常叫做“出火”或者“返火”，是在讨论到钻石的时候最容易涉及到的专业名词。根据观察方向的不同，火彩实际分为火彩和闪烁两个现象，实际观察中这两个现象通常是混为一谈的。

火彩是刻面型的晶体类宝石特有的现象。火彩与宝石天然性无关，人工宝石也能观察到火彩现象，例如人造钛酸锶、合成金红石、合成立方氧化锆、合成碳化硅、人造钇铝榴石（图 122）等。火彩和宝石的晶系无关，例如等轴晶系的钻石、六方晶系的合成碳化硅均可见火彩。

在实际宝石鉴定中，在“全内反射”刻面型中不同宝石所呈现的火彩的颜色、区域不同，因此可以帮助我们快速区分钻石及其仿制品（图 123、124）。

图 121　钻石的色散（图中与宝石刻面形状一致的有色区域，随着宝石的转动，火彩颜色的区域和种类均出现变化）

图 122　合成立方氧化锆的色散（图中与宝石刻面形状一致的有色区域，随着宝石的转动，火彩颜色的区域和种类均出现变化）

图 123　钻石的闪烁（钻石色散值 0.044）

图 124　合成立方氧化锆的闪烁（合成立方氧化锆色散值 0.060）

（二）火彩的观察要点

使用透射光观察宝石特定方向的火彩，为了使得现象更加的明显，建议从亭尖部分向冠部台面方向观察（图 125）；

当宝石内部含有明显内含物（杂质）的时候，降低宝石的透明度时，可能会影响火彩的观察；

同样明显程度的火彩（也可以描述为火彩率相同的宝石），其他条件相同条件下颜色深的宝石比颜色浅的宝石难观察（图 126）；

火彩是在刻面型晶体类宝石中常见现象之一，琢型的完美程度（确切来说是琢型是否能够将进入宝石光线进行“全内反射”程度）会影响火彩的明显程度（图 127）；

火彩的影响要素除了琢型外，还有宝石自身的火彩率和双折射，也会影响到火彩的明显程度（图 128）；

未提及其他要素不影响火彩观察结果。

（三）火彩的描述方法

对于火彩这个现象，肉眼观察中通常描述的是其观察难度，通常描述为火彩明显或火彩不明显。

图 125　翻转角度后钻石的闪烁消失

图 126　蓝宝石的火彩（图中红色箭头所指）不易观察

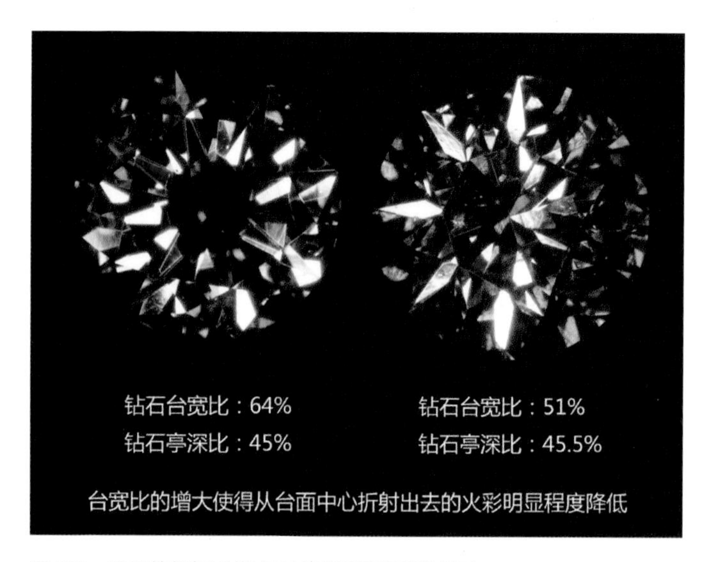

图 127　琢型的好坏对于宝石火彩明显程度的影响

图 128　色散率和双折射对火彩明显呈的影响（左边钻石色散率 0.044，双折射率 0；右边合成碳化硅色散率 0.104；双折射率 0.043）

五、特殊光学效应

（一）特殊光学效应的定义

当光照到宝石表面时，宝石展示出的颜色或者星点状、条带状亮带的现象，并且随着光源或者宝石的相对移动，颜色会闪烁、移动、变化的现象（图 129），某些特殊光学效应必须在两种不同的光照条件下才宝石才会呈现出颜色的变化。

（二）特殊光学效应的观察要点

绝大部分宝石的特殊光学效应都需要使用反射光来观察，最好使用一个手电筒照射宝石使得现象更加明显；特殊光学效应中的变色效应必须在不同光源下才能观察到，例如白天的自然光和晚上的灯光；未提及其他要素不影响特殊光学效应观察结果。

（三）特殊光学效应的描述方法

宝石常见特殊光学效应有猫眼效应、星光效应、变色效应、砂金效应、变彩效应、月光效应、晕彩效应等，有些教材中会将变彩效应、月光效应、晕彩效应统晕彩效应。

上述几种特殊光学效应中只有猫眼效应、星光效应和变色效应参与宝石定名，其他特殊光学效应均不参与定名。实际肉眼观察中，能够观察到特殊光学效应，用对应的术语描述即可。

1. 猫眼效应

定义：是指弧面型宝石在光线照射下，在宝石的表面有一条亮带，随着光源和宝石的摆动，光带在宝石表面作平行移动的现象（图 130—132）。

图 129　具有特殊光学效应的宝石（涵盖晶体、集合体、非晶体、有机宝石）

图 130　猫在强光下瞳孔呈现线状

图 131　具有猫眼现象的宝石（夕线石）

图 132　具有猫眼效应的宝石（夕线石）在光源移动时，猫眼眼线移动的对比图

成因：宝石能够观察到猫眼效应必须具备弧面型、定向切割和宝石内部有一组定向密集平行排列包裹体三个条件（图 133—135）。这种现象的出现与宝石是否为是哪个晶族、晶系宝石无关，与宝石是否为晶体无关，这种现象也会出现在集合体和非晶体中。具有一组定向排列的弧面型集合体在定向切割后也可以见到猫眼效应，如石英、软玉等。

需要特别说明的是欧泊的猫眼效应（图 138）不是传统的定向排列内含物成因，而是与其结构有关。

识别方法：用反射光打在弧面型宝石凸起的部分，会发现有一条亮带，并且这条亮带会随着光源或者宝石位置的相对移动而移动。

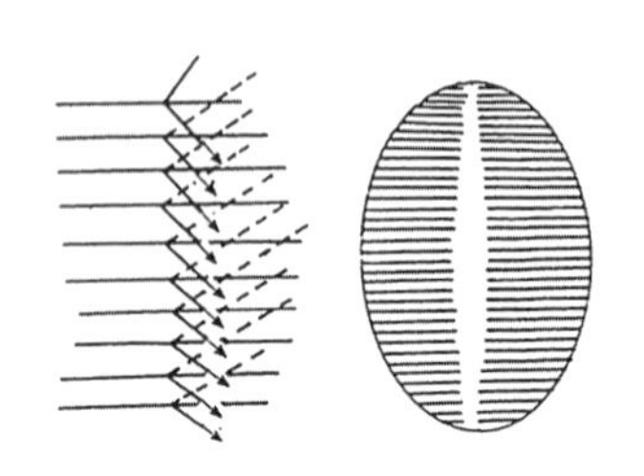

图 133 出现猫眼现象的原因是有垂直猫眼亮带密集平行排列包裹体

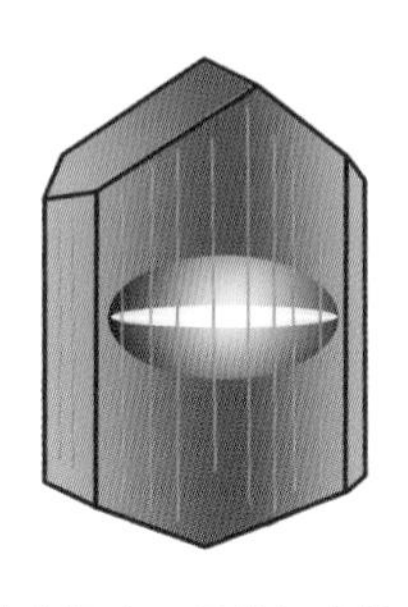

图 134 具有猫眼现象的金绿宝石晶体切磨的时候弧面型的底部平面必须和密集平行排列包裹体平行，否则会看到的歪斜的亮带

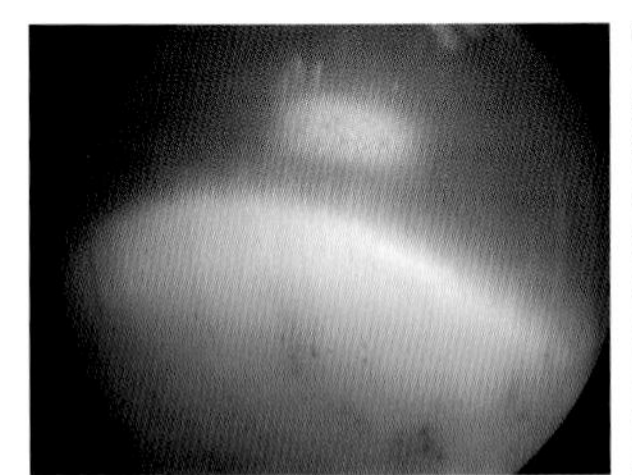

图 135 具有猫眼效应的宝石将亮带部分放大后所观察到的密集平行排列的包裹体

图 136 欧泊猫眼

2. 星光效应

定义：弧面型宝石在光线照射下，宝石表面呈现出的两条，三条或六条相互亮带的现象。如果是两条亮带相交称之为四射星光，三条亮带相交称之为六射星光，六条亮带相交则称之为十二射星光。星光效应中的亮带也会被称之为星线。

成因：宝石能够观察到星光效应必须具备弧面型、定向切割和宝石内部有两组、三组或者六组定向密集平行排列包裹体三个条件（图 137、138）。这种现象多出现在晶体宝石中，尤其是中级晶族、低级晶族宝石中。

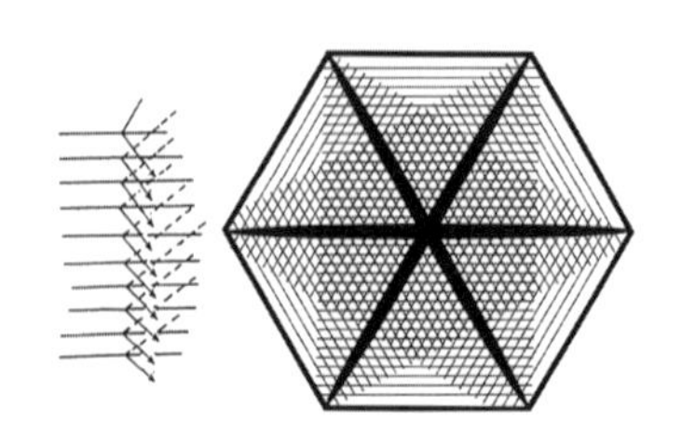

图 137 星光效应成因素描图

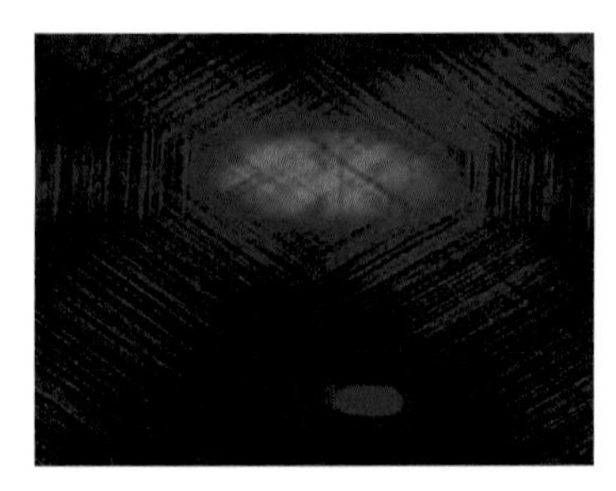

图 138 星光蓝宝石中三组定向的密集平行排列包裹体（30×，暗域照明法）

识别方法：用反射光打在弧面型宝石凸起的部分，会发现有两条或者三条或者六条亮带，并且这些亮带会随着光源或者宝石位置的相对移动而移动（图 139、140）。某些特殊的宝石是要用透射光穿过弧面型宝石才能观察到星光效应，这种情况也叫做透星光。

在晶体宝石中容易出现下列三种情况，容易与星光效应混淆，这些现象的共同点就是“星线”是固定的。

第一种叫达碧兹（Trapiche），也叫做死星光，和星光效应看起来很像，但是具有达碧兹现象中出现的不是交叉的亮带，而是黑带，并且黑带不会随着光源的移动而移动，这种现象常出现在祖母绿，碧玺、红宝石等宝石中（图 141、142）。

第二种是由于定向排列的内含物造成的类似星光的现象，如发晶（图 143）。

第三种是由于晶体宝石生长时，碳和粘土等黑色碳质物包裹体的加入使得宝石形成特别的图案，例如红柱石中的空晶石特征就是黑色碳质物包裹体定向排列，在横断面上呈十字形（图 144）。

图 139　常光下星光蓝宝石

图 140　星光蓝宝石移动光源时星线移动情况

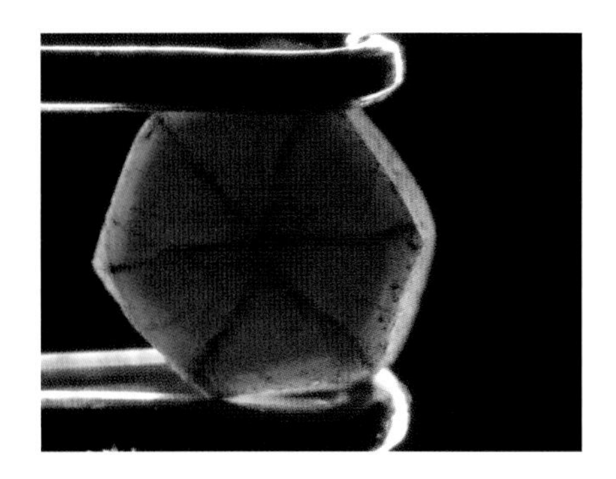

图 141　达碧兹红宝石

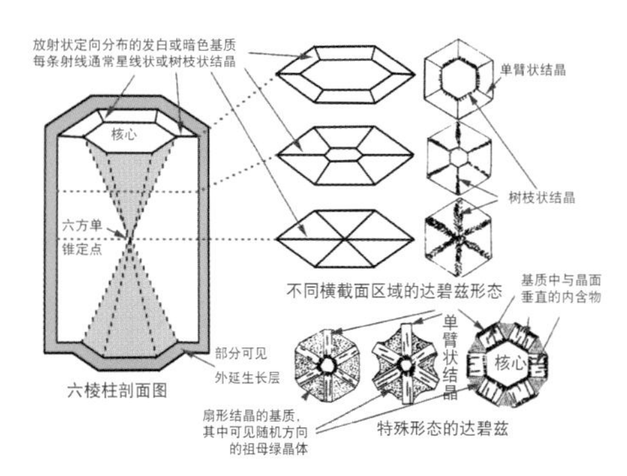

图 142　达碧兹的六种形态

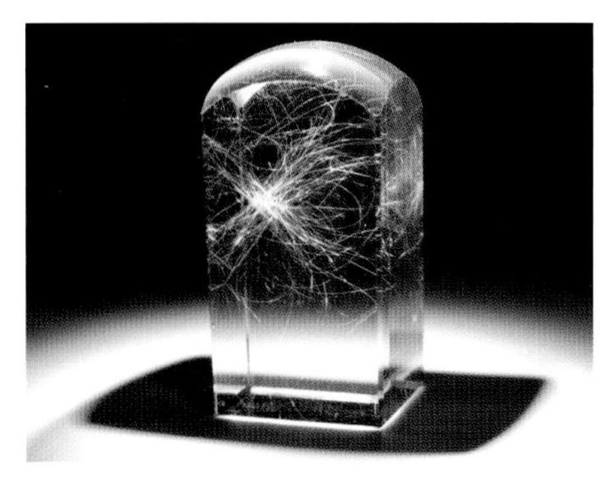

图 143　金发晶

图 144　红柱石晶体（斜方晶系宝石，横截面常为正方形）

3. 变色效应

定义：宝石在不同光源照射下，呈现不同颜色的现象。

成因：宝石中含有适量的铬（Cr）或者钒（V）时就可以呈现这个现象，与宝石的天然性无关，与宝石是否被切磨无关，晶体原石、合成宝石中均可见变色效应。

识别方法：用两种不同色温的反射光（通常是白天的自然光和夜晚烛光下）照射宝石，会宝石呈现截然不同的两种颜色（图 145—147）。

图 145　具有变色效应的合成刚玉仿变石（通常是见到两种颜色的混合）

图 146　夜晚烛光下的合成刚玉仿变石

图 147　白天自然光下的合成刚玉仿变石

4. 砂金效应

定义：当透明宝石含有不透明片状固体包裹体时，不透明片状固体包裹体对光线反射而产生的一种星点状反光的现象。

成因：当透明—半透明宝石（图 148、149）含有不透明—半透明片状固体包裹体的时候（图 150、151），可见砂金效应。日光石、堇青石中常见，该现象与宝石天然性无关，与宝石是否被切磨无关。

识别方法：用反射光打在宝石上，宝石内部呈现星点状反光，随着光源或者宝石位置的相对移动，星点状反光会闪烁（图 152）。

图 148　日光石（橙红色、半透明）

图 149　日光石（浅橙红色，透明）

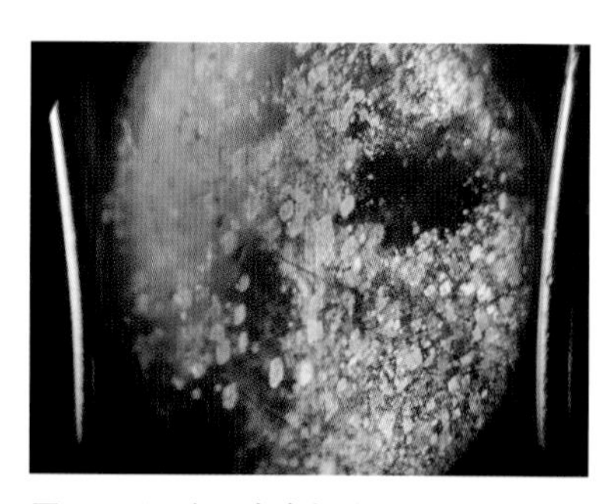

图 150　日光石内含物放大特征（10×，垂直照明法）

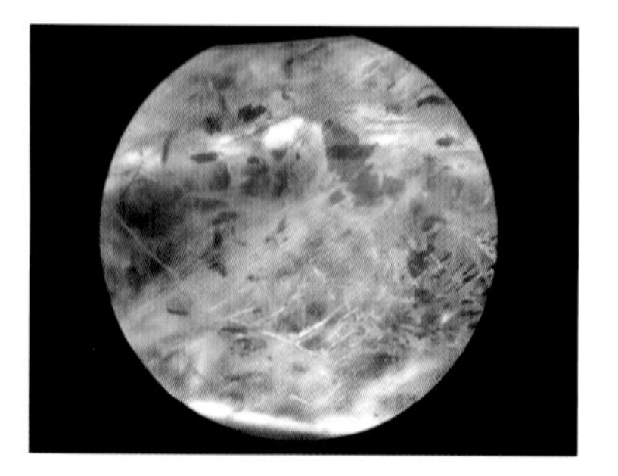

图 151　日光石内含物放大特征（40×，暗域照明法）

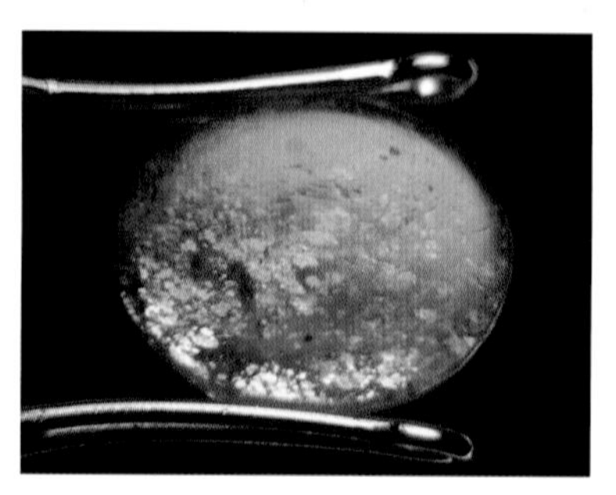

图 152　反射光下相对移动光源和日光石，日光石内部星点状反光的闪烁

只要具有不透明—半透明片状固体包裹体，集合体也可见砂金效应，如东陵石（图153），天然玻璃（图154）等。

值得注意的是，砂金效应和参差断口是两个相似的现象，它们都具有星点状闪光，但砂金效应在加工前、后集合体的粗糙和抛光面均可见，参差断口只在集合体粗糙的破口处可见。

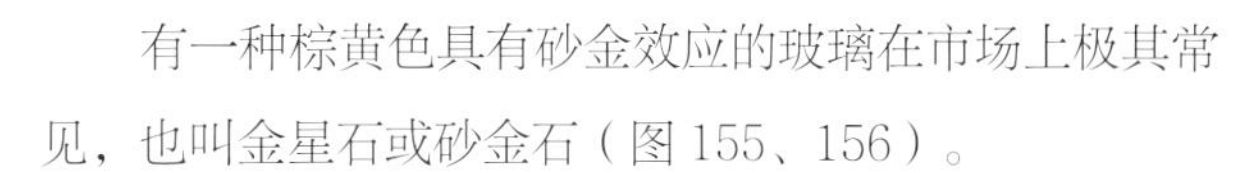

有一种棕黄色具有砂金效应的玻璃在市场上极其常见，也叫金星石或砂金石（图155、156）。

其制作过程是将氧化亚铜加入到玻璃中，在淬火过程中氧化亚铜被还原成金属铜。铜的粉屑呈现小的三角形和六边形晶体。

这种方法也可以制作出含有金属铜片的深蓝色，半透明玻璃，用来仿含有黄铁矿的青金石。（图157）

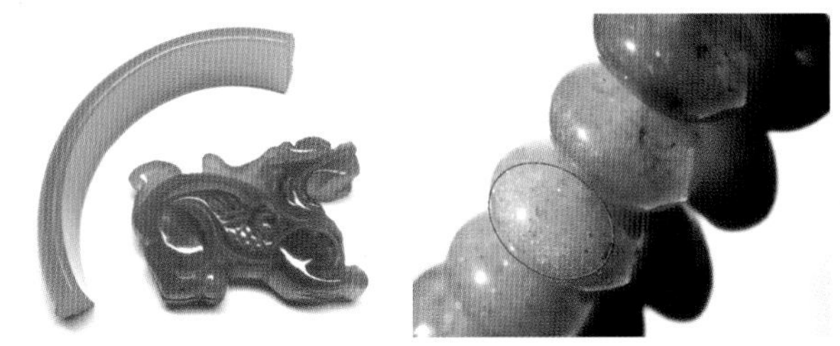

图153　东陵石（左）和东陵石的砂金效应（右）

图154　天然玻璃的沙金效应

图155　具有砂金效应的玻璃（蓝色）

图156　具有砂金效应的玻璃（深蓝色和棕黄色）

图157　含有黄铁矿的青金石和具有砂金效应的玻璃对比图

5. 月光效应

定义：入射光在宝石内部发生散射作用，从而在宝石表面局部区域产生明亮的蓝色光或者乳白色光的现象。月光效应与其他特殊光学效应可同时出现，例如月光石猫眼，光谱月光石等（图 158）。

成因：月光效应在月光石[6]中常见，月光石是钠长石、钾长石两种成分层状交替平行排列的宝石矿物[7]，每种成分平行层的厚度在 50—100nm 之间。这种层状交替结构对入射光进行散射，使得宝石表面产生一种可游移的蓝色（图 159）。当有解理面存在时，可伴有干涉或衍射，长石对光的综合作用使长石表面产生一种蓝色的浮光。如果月光石内的钠长石平行层较厚，将会产生灰白色，游移颜色饱和度降低。

图 158　月光石（月光石由于多为无色的宝石，在黑色背景上观察效应更加明显）

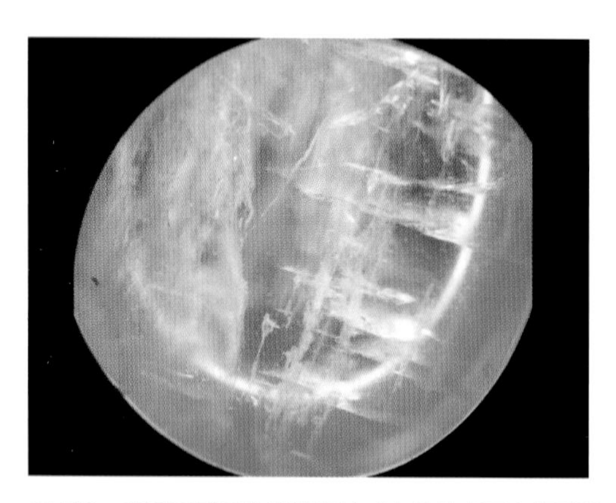

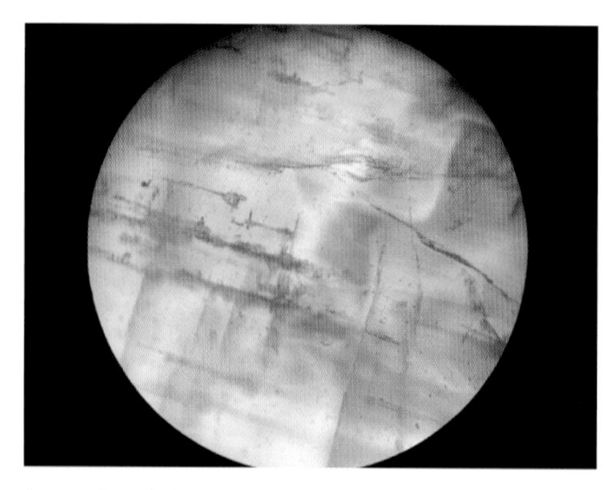

图 159　肉眼不可见的出溶条纹（左为月光石内部裂隙，右边呈现色彩是由于月光石内部的结构）

6. 月光石是长石族宝石中的一个品种，长石族的宝石品种有日光石、月光石、拉长石、天河石四种。

7. 高温下结晶的钾、钠长石固溶体，随着温度的降低形成钾长石与钠长石两种结晶相的规则交生的条纹长石。由出溶所形成的规则交生的结构称为出溶结构；相应的矿物共生现象则称为出溶共生；该现象肉眼无法观察到

识别方法：用反射光照射在宝石上，宝石表面特定方向呈现一层朦胧的颜色，随着光源或者宝石位置的相对移动，朦胧的颜色会移动。在产生月光效应的位置附近作不大的转动，月光效应不发生色调的变化，当转动过大时，将看不到月光效应（图 160—164）。

产生月光效应时，对着入射光的方向观察，样品将呈现月光效应颜色的补色调，这也可以用光的散射来解释：以蓝色月光石为例，沿着入射方向，蓝紫光强烈散射，从正面可观察到蓝色的月光效应，而其它色光散射程度较小，将大部分透过样品，复合成蓝紫光的补色光——橙黄光。

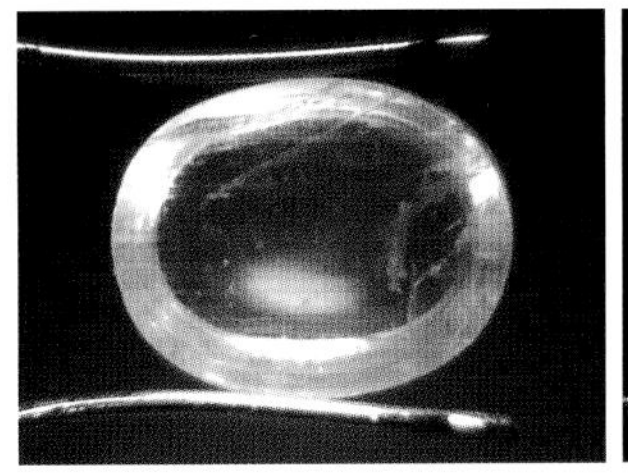
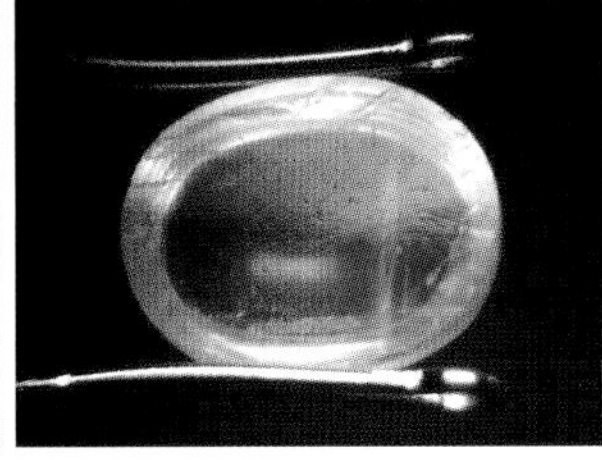

图 160　月光效应（月光石、蓝月光）

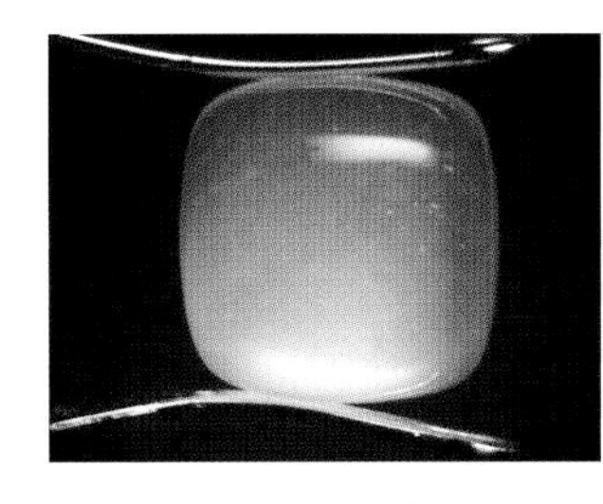
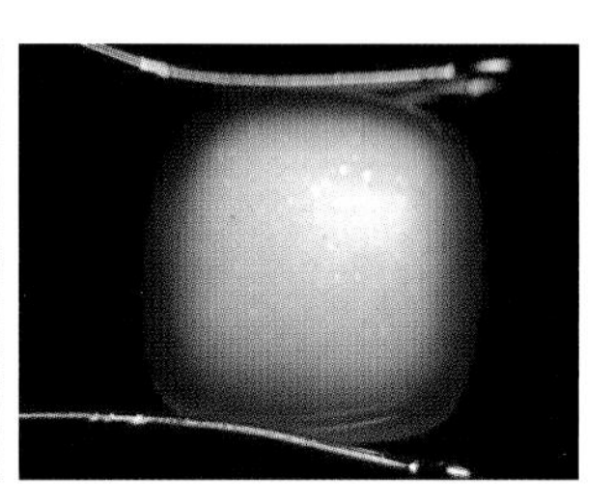

图 161　月光效应（月光石、白月光）

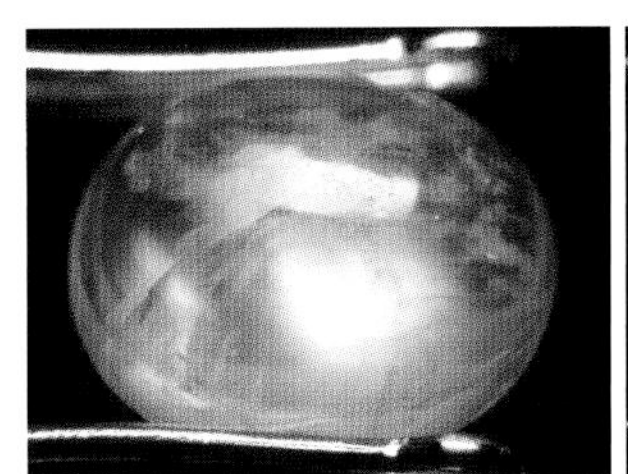
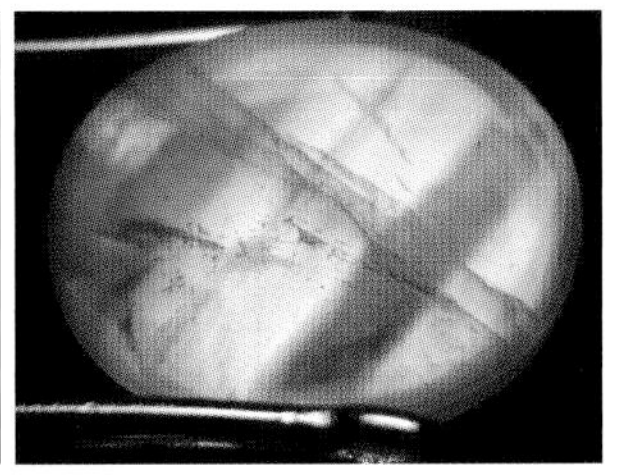
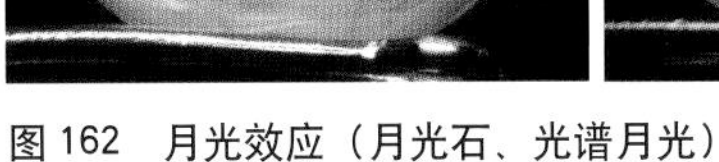

图 162　月光效应（月光石、光谱月光）

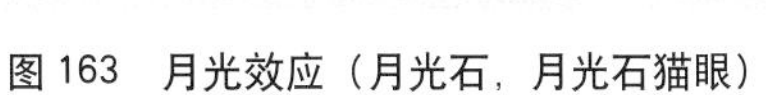

图 163　月光效应（月光石，月光石猫眼）

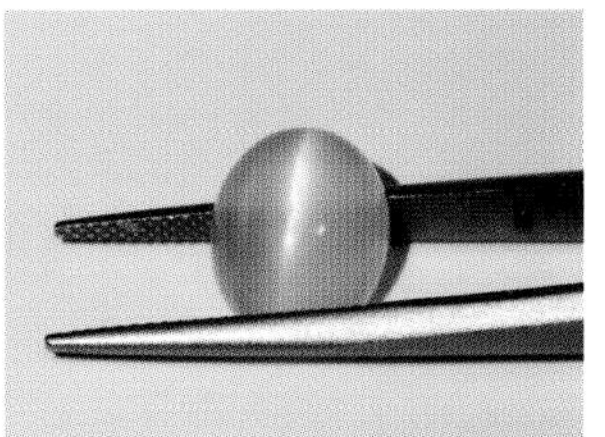

图 164　月光效应（月光石，月光石猫眼）

6. 变彩效应

定义：又称游彩。随着光源或观察角度的不同，宝石表现出的颜色闪动的变化。这种现象称为变彩效应。常见变彩效应的宝石有拉长石（图 165）、欧泊（图 166）。

成因：光从特定结构构造的宝玉石中反射或透射出时，因衍射和干涉作用，其颜色随光照方向或观察角度不同而改变的现象。

识别方法：用反射光打照射宝石，有变彩的宝玉石即使光照方向、观察角度不改变，只要移动宝玉石，也将看到它的彩片颜色在逐步地过渡为另一种颜色。

同一粒宝石上，色彩不同的部位称为彩片，其形态、大小多不相同。它们的边缘多不规则，而且是从这一彩片过渡到另一彩片（仿欧泊的变彩玻璃、塑料或合成欧泊的彩片，其边缘多为规则的锯齿状）。

变彩所呈现的光谱可以是从紫到红的全色变彩，也可以是从紫到绿的二色或三色变彩。

图 165　拉长石表面的变彩效应

图 166　欧泊的变彩效应

7. 晕彩效应

晕彩效应可以分为狭义和广义两种。

广义的晕彩效应可以理解为特殊光学效应中除了猫眼效应、星光效应、变色效应以外其他的特殊光学效应的统称，涵盖变彩效应、月光效应、砂金效应等。

狭义的晕彩效应可以理解为特殊光学效应中除了猫眼效应、星光效应、变色效应，变彩效应、月光效应、砂金效应等以外其他的特殊光学效应的统称。

我们这里谈到的晕彩效应指的是狭义的晕彩效应，常见于黑曜石和有机宝石中，在石榴石中也可见到此现象。

天然玻璃的来源有两种，一种是天外来客——陨石，一种是在冷却的岩浆岩中容易被发现的火山玻璃，也叫黑曜岩或者黑曜石，用反射光观察黑曜石有些时候可以观察到多层同心环状较宝石体色较浅的现象，这种现象我们称之为晕彩效应（图 167、168）。

图 167　普通强度反射光下黑曜岩（火山玻璃）外观

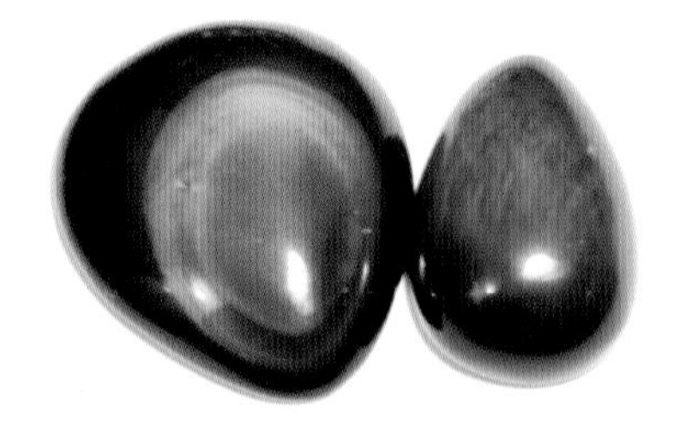

图 168　高强度反射光下黑曜岩（火山玻璃）的晕彩效应（左边卫同心环状，右边为纤维状）

有机宝石中珍珠常见的晕彩效应，其他特殊光学效应在有机宝石中少见。珍珠的晕彩效应是指在珍珠的表面或表面下可飘移的彩虹色。能观察到晕彩效应的有机宝石有珍珠（图 169）、鲍贝壳、彩斑菊石（图 170）等。石榴石家族中也可以发现具有晕彩效应（图 171）的品种，但是目前仅限于钙铁榴石、钙铝 - 钙铁榴石。

具有晕彩效应的石榴石，首次被发现是在 1943 年美国内华达州 Adelaide 矿区；接着于 1954 年发现在墨西哥索诺拉州的方解石矿山，但当时却被误会为低品质的欧泊而忽视了；直到 1985 年的索诺拉宝石展上，彩虹石榴石才逐渐被人们认识喜爱；近年来在日本奈良、美国 New Mexico 州也发现这种晕彩钙铁榴石（图 172）。

这种石榴石产生晕彩的原因是因为同心的层状构造的石榴石结晶层互相堆叠堆积。这些微细的层理间的厚度小于 1 微米，因而产生了光的干涉与衍射作用，从而呈现出七彩的晕彩效应。

图 169　珍珠

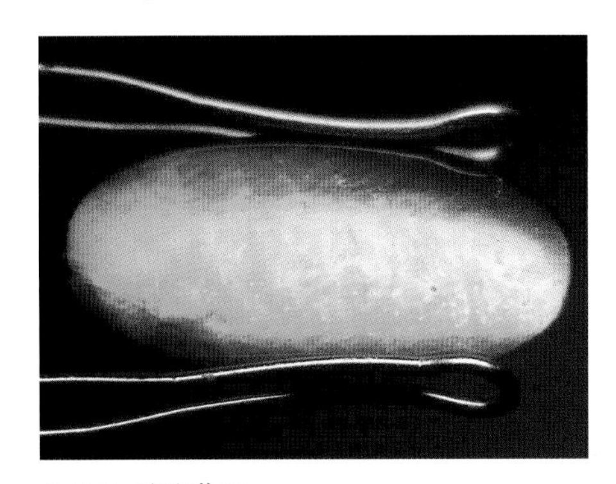

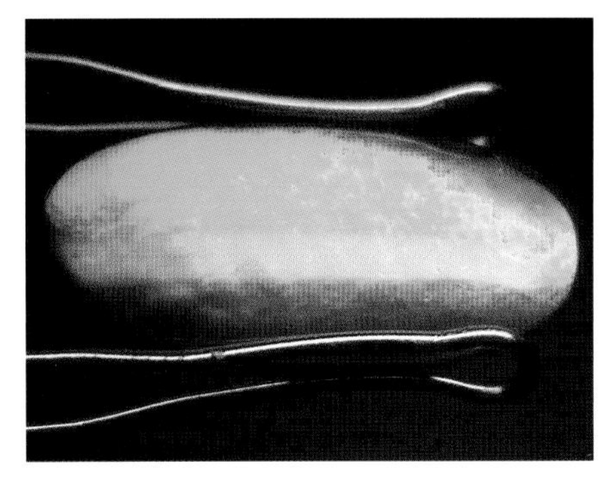

图 170　彩斑菊石

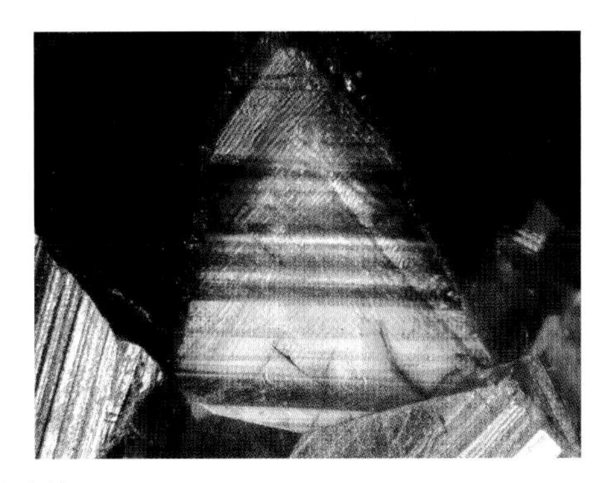

图 171　可见晕彩效应的石榴石（标本提供者：代家麟）

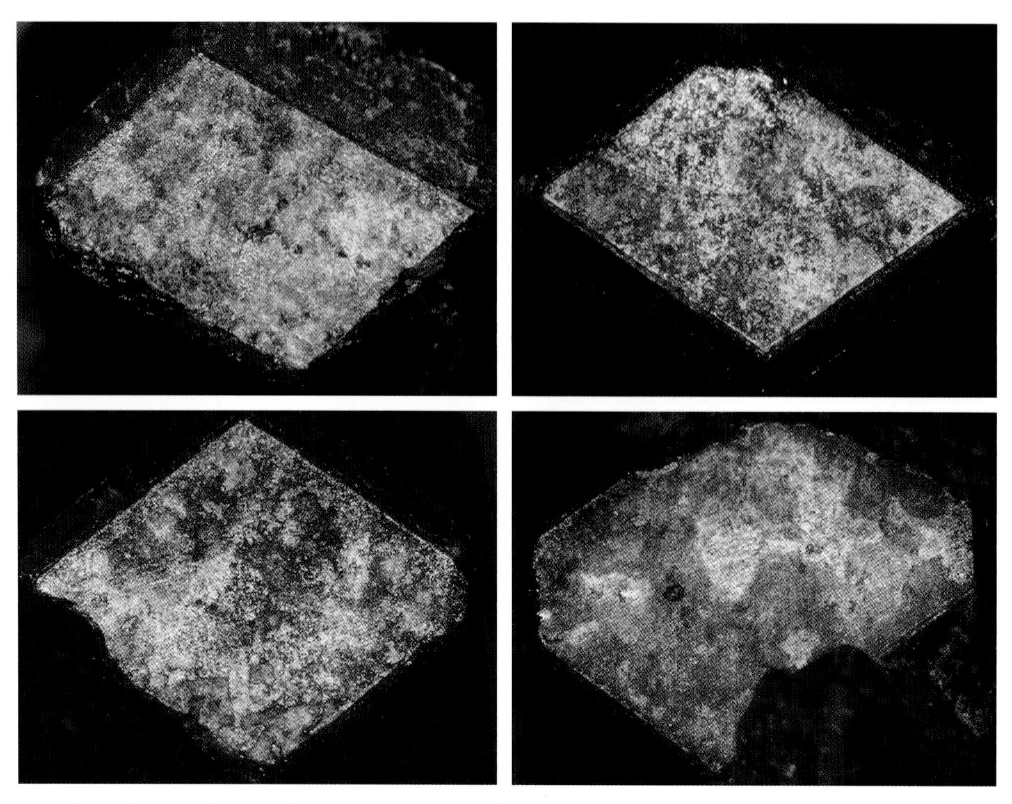

图 172　晕彩效应石榴石晶体的菱形十二面体每个面的晕彩效应不同

课后阅读：乌桑巴拉变色效应

乌桑巴拉变色效应与传统变色效应的原理不同，因此没有归属于变色效应中。

20 世纪 90 年代初，在坦桑尼亚 Usambara 山脉出产的镁电气石 Dravite 中，发现一特殊的现象：随着厚度的增加，这种宝石对绿光的吸收能力增加。而后在扩散处理长石中也发现了类似的现象（图 173）。

图 173　具有乌桑巴拉变色效应的长石正面（薄的地方呈现绿色，厚的地方呈现褐红色）

第二节　力学性质肉眼观察及应用

力学性质是指宝石在受到外力过程中所表现出来的性质，这种宝石受外力过程包括宝石的撞击，跌落，加工，相互刻划等过程。

在实际肉眼鉴定中，对宝石力学性质的理解和准确识别，不仅能帮助我们快速区分宝石及其某些仿制品，更多的时候是作为宝石琢磨加工的重要影响因素，在确保加工成品的重量，加工造型、机理美观度方向有着重大的指导意义

宝石的力学性质分为四大类 7 个现象，解理、裂理和断口属于一大类，另外三类分别是硬度、密度和韧性。解理、裂理、断口是晶体在外力作用下发生破裂的性质，他们的破裂特征及原因不同，是鉴定宝石和加工宝石的总要物理性质之一。

力学性质观察要点小结如下所示：

除了需要测试的相对密度，其他的力学性质常用反射光进行观察；

观察解理、裂理、断口、差异硬度的时候要注意这些受力结果光泽的变化，例如贝壳断口常见油脂光泽；

硬度的观察需要注意光泽和刻面棱的锋利程度，在加工的过程中，宝石可能由于抛光料硬度差异或者材料本身硬度的方向性、差异性导致同一品种宝石光泽存在差异；对于摩氏硬度不同的刻面型宝石，其刻面相交棱线的锋利程度也能反映其摩氏硬度的高低；

力学性质中的韧性、脆性是加工过程中展示出来的性质，在新加工为成品的宝石中少见；

未提及其他要素不影响力学性质观察结果。

一、解理

（一）解理的定义

晶体在外力作用下沿着一定结晶学方向破裂成光滑平面的现象叫做解理，这些裂开的光滑平面称之为解理面（图 174）。

解理可以用来区分不同的晶体。不同晶体的解理面完整程度，解理方向、解理交角都不同。解理是反映晶体构造的重要特征之一（图 175），且相对晶体形态具有更为普遍的意义。不论晶体接近理想程度高低，只要晶体结构无变化，解理的特征不变，这是鉴定晶体的重要特征依据。

图 174 实际解理形态（阶梯状特征）

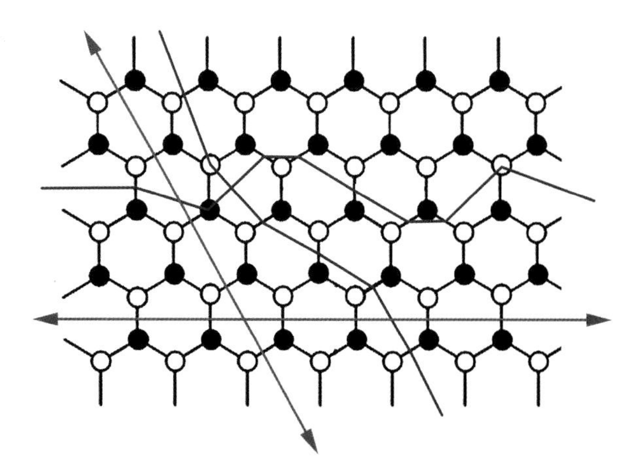

图 175　晶体内部断口和解理模拟图（红色为解理方向、蓝色为断口方向）

（二）解理的观察要点

用反射光观察在晶体或者宝石某个方向的破裂面，如果破裂面为平面且在晃动的过程中会呈现类似镜面的反光闪烁，那么这个破裂面叫做解理。

解理面不仅会出现在晶体中，在加工后的宝石中也可以见到解理，例如成品钻石的须状腰，月光石中蜈蚣状解理。

用反射光观察，解理面有些时候会呈现珍珠光泽（图 176），在解理层之间也会见到干涉色（图 177、178）。

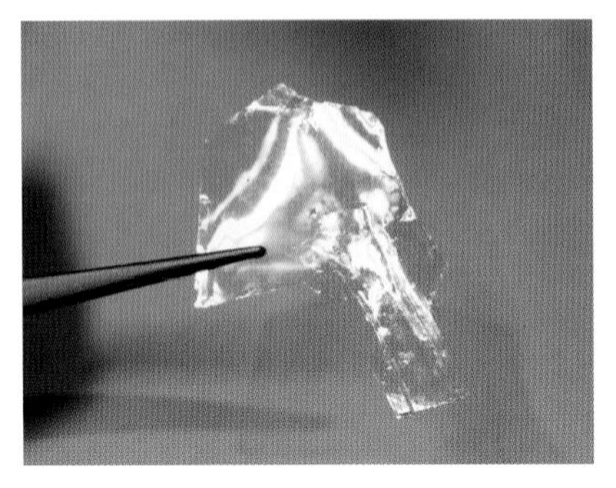
图 176　云母极完全解理面的珍珠光泽

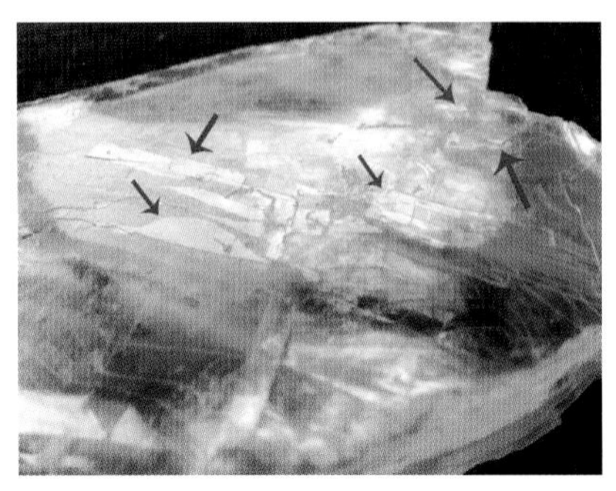
图 177　石膏极完全解理层之间的干涉色

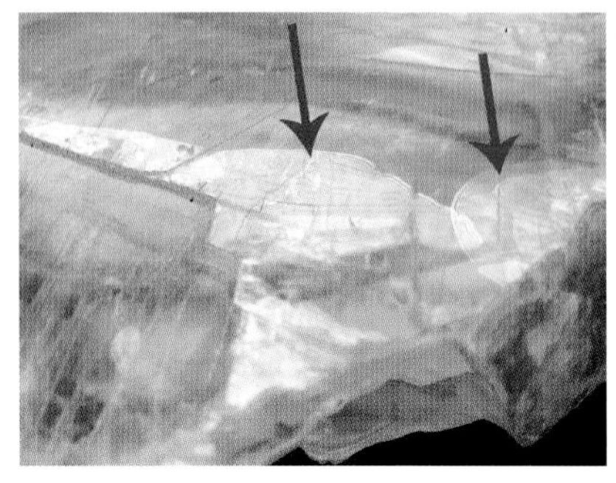
图 178　石膏极完全解理层之间的干涉色

（三）解理的描述方法

解理的描述分为解理面完整程度，解理方向、解理交角三个方面。

1. 解理面完整程度

依据解理的有无，完整平滑程度（也称发育完全程度）解理可分为极完全解理、完全解理、中等解理、不完全解理和无五类（表 4）。

表 4　解理级别及观察特点

解理级别	难易程度	解理面观察特点	实例
极完全解理	极易裂成薄片	光滑平整的薄片	云母、石墨等
完全解理	容易裂成平面或者小块，断口难出现	光滑平整闪光的平面，可以呈现台阶状	钻石、托帕石、萤石、方解石等
中等解理	可以裂成平面，断口较易出现	较平整的平面，不太连续、欠光滑	金绿宝石、月光石等
不完全解理	不易裂成平面，出现许多断口	不连续、不平整、带有油脂感	磷灰石、锆石、橄榄石等
无解理	极难裂成平面，仅出现贝壳断口	连续、不平整、带有油脂感	石榴石等

极完全解理的晶体由于耐久性、加工性差，所以不适合用来做珠宝。例如云母（图 179—181）、石墨。

除极完全解理外的其他程度解理的晶体可以用来作为宝石，例如完全解理的钻石、萤石（图 182—184）、托帕石（图 185—187）等。

在描述或者讨论解理的时候常常会使用发育这个词，这个词可以理解为容易出现，例如解理发育，意思是解理容易出现。

图 179　云母

图 180　云母的极完全解理

图 181　云母的弹性[8]

图 182　萤石

图 183　萤石的完全解理

图 184　萤石的完全解理

图 185　托帕石晶体

图 186　托帕石的一组完全解理

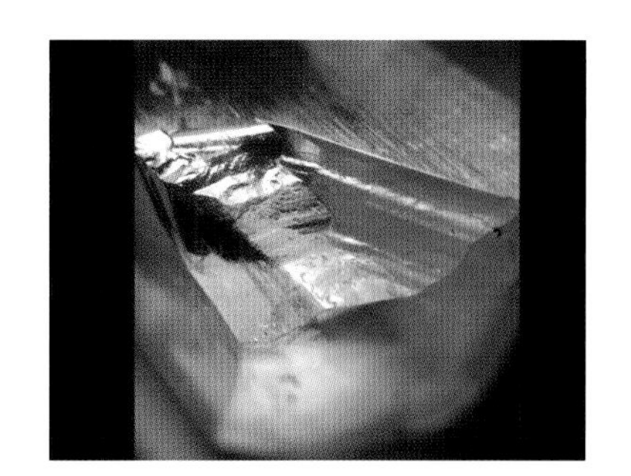

图 187　托帕石的阶梯状解理

8. 弹性是指矿物受力变形，作用力失去之后又恢复原来状态的性质。

2. 解理方向

不同矿物的解理，可能有一个方向，也可能有多个方向。常见的有一向（石墨、云母等）、二向（角闪石等）、三向（方解石等），此外还有四向（如萤石）、六向（如闪锌矿）解理（图 188）。

由于解理是具有方向性的现象，因此在宝石加工的时候需要注意被加工宝石平面不能够与解理面平行，必须错开至少 5° 夹角，否则会出现无论如何也无法将刻面打磨光滑明亮的现象。

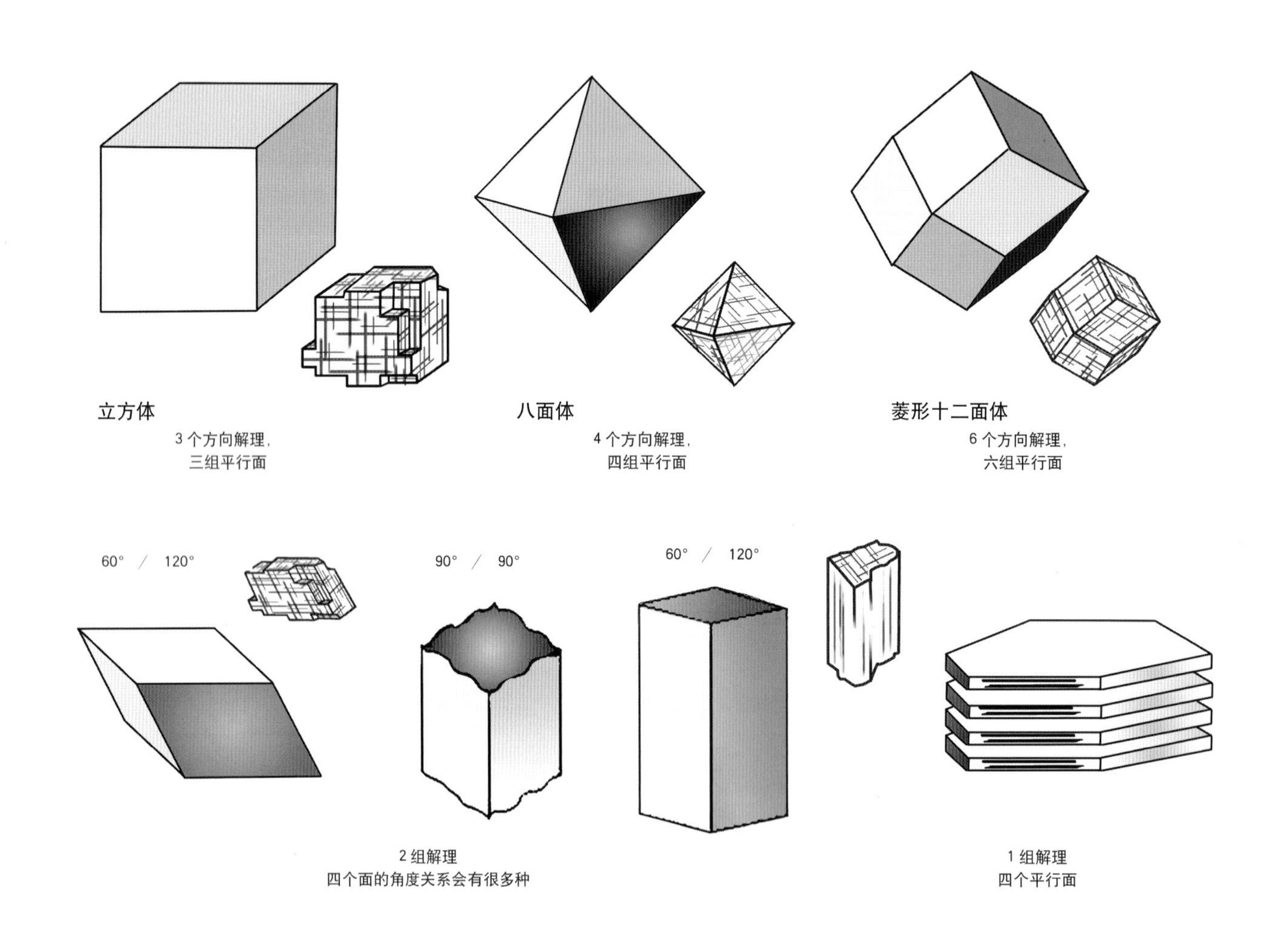

图 188　解理的方向

3. 解理交角

对于具有两个或两个以上方向解理的晶体或宝石，多个方向的解理是相互之间呈一定的角度关系，这种角度关系叫做交角（图189、190）。

构成集合体的单个矿物晶体如果能呈现解理现象，那么在集合体中就可以见到解理现象。

集合体中解理描述比晶体要简单的多，只需要描述有、无即可，翡翠中还可用翠性（图191、192），苍蝇翅等词来描述构成翡翠的硬玉中的解理。

图189　石膏的三向解理（红色箭头指带的三个不同方向的台阶状极完全解理）

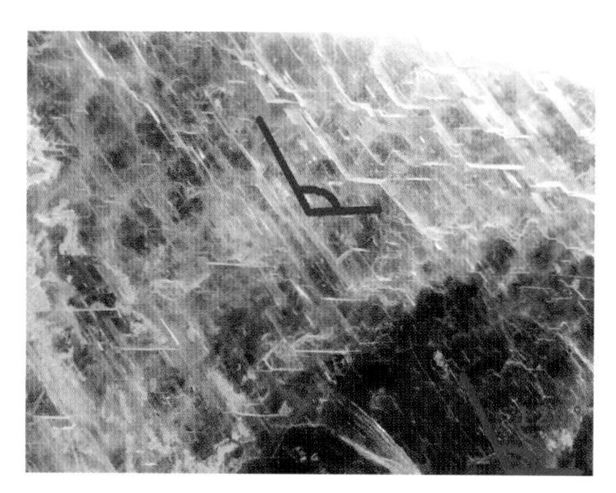

图190　石膏解理交角120度

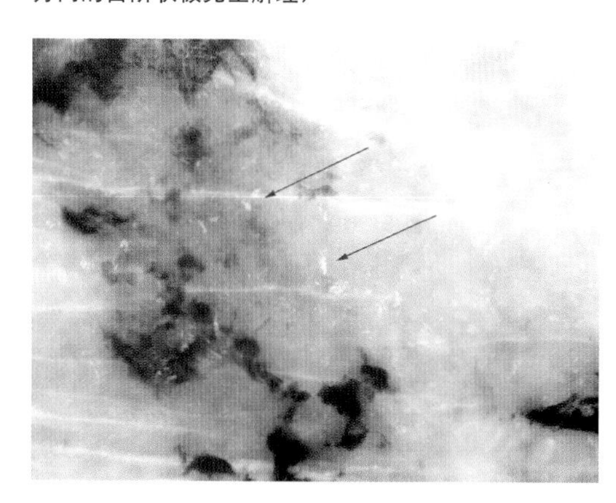

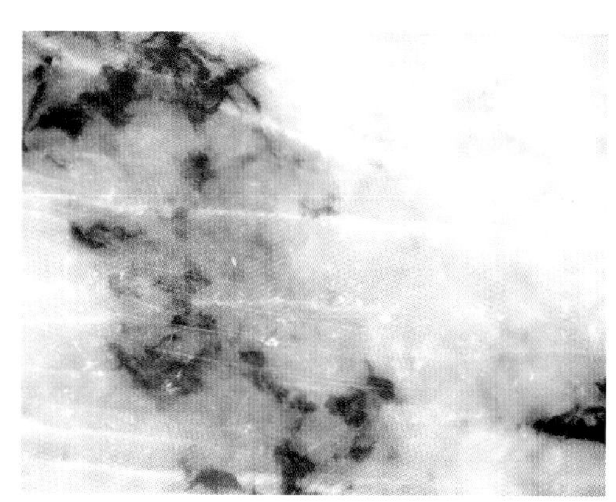

图191　在反射光下翻转角度观察翡翠（左右两图角度不同），局部出现长条不规则形闪烁的反光的现象叫做翠性（左图红色箭头所现象为翠性，右图在翡翠翻转角度后红色箭头所指翠性消失）

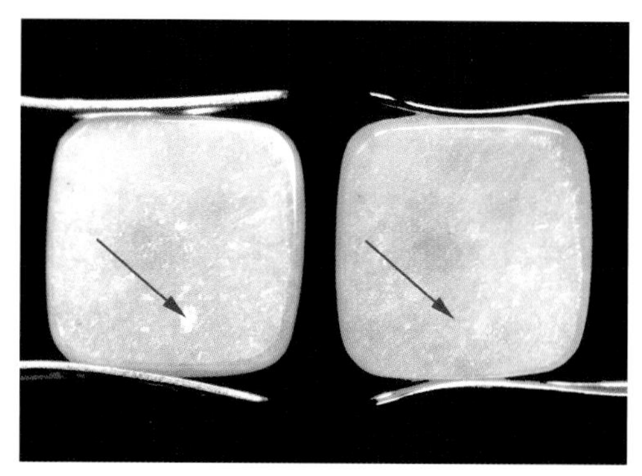

图192　在反射光下翻转角度观察翡翠可见翠性，出现翠性说明组成翡翠的硬玉颗粒较大（左边为自然光下翡翠，右边红色箭头所指现象为脆性）

二、裂理

（一）裂理的定义

晶体在外力作用下沿着一定结晶学方向破裂成平面的现象。现象上与解理相似，裂面的光滑程度比解理差。

裂理与解理成因不同，裂理多出现在双晶结合面，尤其是某些聚片双晶宝石中，在宝石学中多出现在刚玉中（图 193）。

（二）裂理的观察要点

加工前的晶体可以使用反射光观察宝石裂理，发现宝石表面有一个到三个方向的呈现阶梯状的破裂面，类似解理（图 194、195）

加工后的宝石可以使用透射光观察宝石裂理，发现宝石内部有一个到三个方向的平行排列破裂面较光滑的裂隙（图 196）。

（三）裂理的描述方法

对于裂理这个现象，肉眼观察中通常描述的是其现象是否存在，通常描述为可见裂理或不可见裂理。

图 193　刚玉晶体

图 194　刚玉的裂理（反光平面上的平行的纹路）

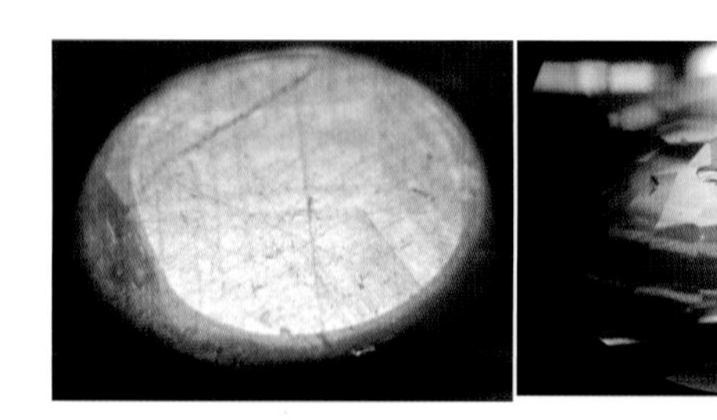

图 195　反射光下刚玉的裂理（左为反光平面上的平行的纹路，右为阶梯状的破裂面）

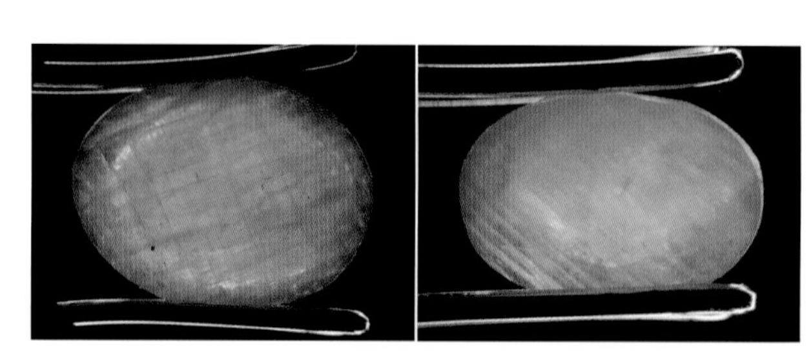

图 196　透射光下红宝石的裂理（左边为交错方向的平行纹路，右边为单一方向 10 点到 16 点方向的纹路）

三、断口

（一）断口的定义

矿物受力后不是按一定的方向破裂，破裂面呈各种凹凸不平的不规则形状的现象称断口（图 197、198）。断口的出现与否与宝石天然性无关，天然宝石、人造宝石、合成宝石中均可见此现象。断口的出现与宝石的分类也无关，晶体、集合体、有机宝石、非晶体中均可见此现象。

图 197　水晶的断口（凹下去的为贝壳断口，平面上的纹路是生长纹）

图 198　合成碳化硅的贝壳断口

（二）断口的观察要点

用反射光管观察在晶体或者宝石某个方向的破裂面，如果破裂面为不平滑的面且在晃动的过程中会呈现的反光闪烁，那么这个破裂面叫做断口。

断口不仅会出现在晶体原石中，在加工后外形完整的宝石受到跌落等外力后也容易出现断口（图 199）。贝壳状断口多呈现油脂光泽。

图 199　左图为碧玺的断口，右图为石榴石的断口（多个断口叠加）

（三）断口的描述方法

断口有别于光滑平整的解理面，它一般是不平整弯曲的面。我们描述多用类比法，借助生活中常见的现象来描述断口的形态，常用贝壳状、参差状等词。

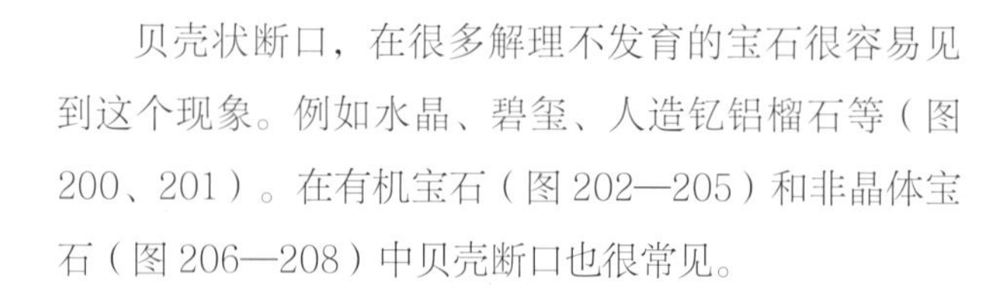

贝壳状断口，在很多解理不发育的宝石很容易见到这个现象。例如水晶、碧玺、人造钇铝榴石等（图200、201）。在有机宝石（图202—205）和非晶体宝石（图206—208）中贝壳断口也很常见。

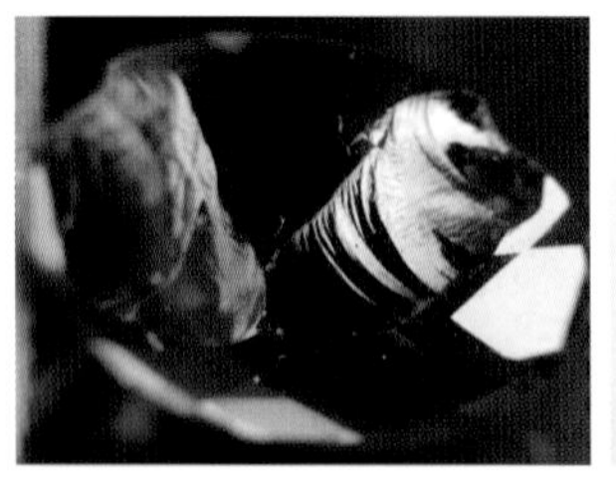

图200　反射光下，天然宝石表面的油脂光泽的贝壳状断口（左为紫晶，右为碧玺）

图201　反射光下，人工合成宝石表面油脂光泽的贝壳状断口（左为人造钇铝榴石，右为合成立方氧化锆）

图202　琥珀的贝壳状断口

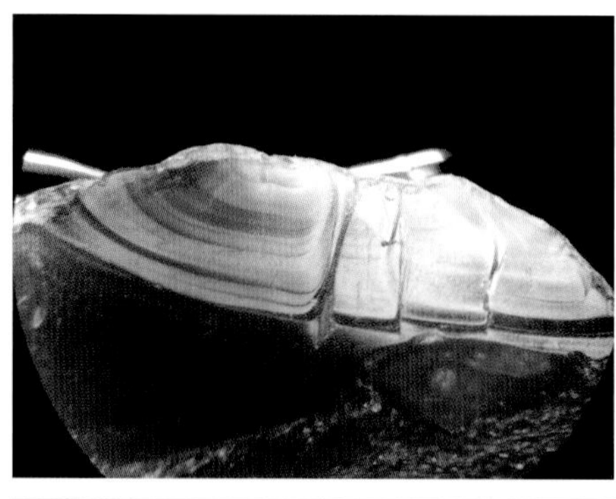

图203　琥珀贝壳状断口的不同花纹

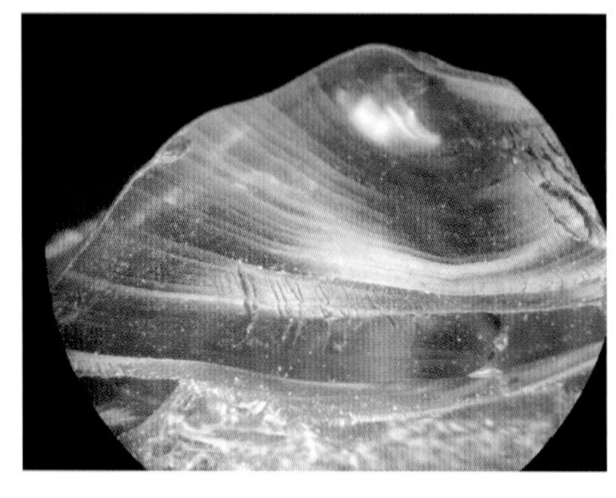

图204　琥珀贝壳状断口的不同花纹

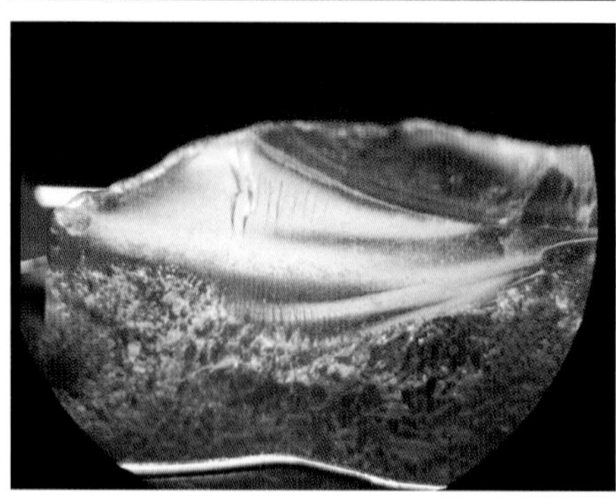

图205　琥珀贝壳状断口的不同花纹

图206　玻璃的贝壳断口（油脂光泽）

图207　玻璃（仿日光石）的贝壳断口

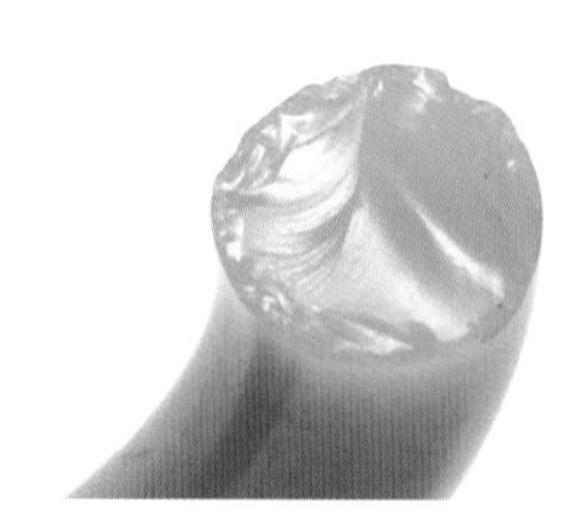

图208　玻璃（仿翡翠）的贝壳断口

集合体中用参差、纤维多片状这两类词，这种断口在加工之前的集合体中容易见到，加工之后的集合体仔细观察雕刻的观察琢磨的地方也可以见到。

参差状断口是指参差不齐，粗糙不平的断面。如东陵石等（图 209）。

纤维多片状断口是指呈纤维状或交错细片状的断口，如软玉、翡翠等（图 210）。

在实际宝石鉴别中用反射光观察断口闪光形态，如果闪光形态足够典型可以判断集合体是粒状结构（图 209）还是纤维交织结构（图 210）。

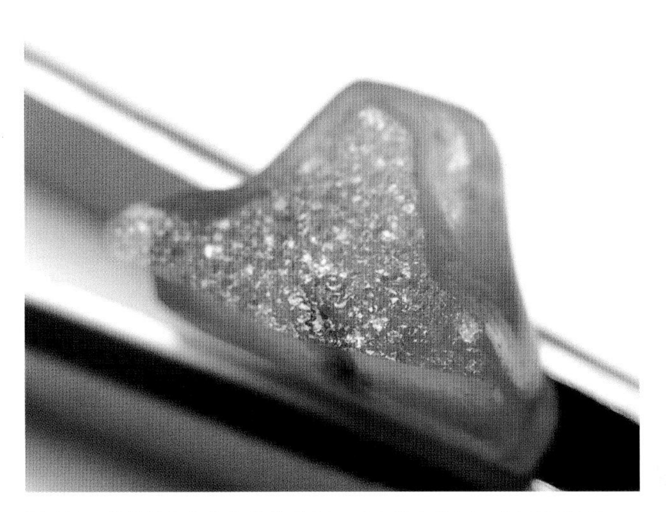

图 209　粒状结构集合体的参差断口（左为东陵石，右边为岫玉）

图 210　纤维交织结构集合体的纤维多片状断口（翡翠）

四、脆性和韧性

对于宝石抵抗破碎（磨损、拉伸、压入、切割）能力较差的现象叫做脆性。

脆性和宝石的光学性质无关，和解理、裂理、断口、硬度、密度等其他力学性质无关，晶体的脆性和晶体元素之间连接的方式有关系，这种关系我们使用肉眼无法观察出来，只会在宝石加工和佩戴过程中感受到、看到。例如锆石的纸蚀现象（图 211），早期售卖刻面型成品锆石中常发现锆石刻面边缘因松散的包装纸破损，后期使用软棉纸包装单独包装后破损减少。在长期被夹取观察的宝石中因脆性导致的刻面棱破损现象也很常见（图 212）。

常见宝石晶体脆性从强到弱依次为萤石、金绿宝石、月光石、托帕石、祖母绿、橄榄石、海蓝宝石、水晶、钻石、蓝宝石、红宝石。

对于宝石抵抗破碎（磨损、拉伸、压入、切割）能力较强的现象叫做韧性。

韧性性和宝石的光学性质无关，和解理、裂理、断口、硬度、密度等其他力学性质无关，和元素、矿物之间直接的结合有很密切关系。一般来说集合体的韧性比晶体要好得多，也正因如此黑色的集合体钻石比普通晶体钻石的韧性要强，甚至比翡翠、软玉的韧性还要强，是所有宝石中韧性最好的。

常见集合体宝石韧性从强到弱依次为：黑色钻石、软玉、硬玉。

图 211　锆石的脆性（棱线的破损）

图 212　合成金红石（长期夹取观察导致的破损）

五、硬度

（一）硬度的定义

硬度，物理学专业术语，材料局部抵抗硬物压入其表面的能力称为硬度。固体对外界物体入侵的局部抵抗能力，是比较各种材料软硬的指标。由于规定了不同的测试方法，所以有不同的硬度标准。各种硬度标准的力学含义不同，相互不能直接换算，但可通过试验加以比对。

（二）硬度的观察要点

绝大部分的矿物硬度是通过标准矿物摩式硬度计（图 213）和被测矿物相互刻划的方式在结晶矿物学中被测试出来的。在宝石鉴定中，严禁宝石之间相互刻划（划痕的存在会影响宝石价值）。

对于已经琢磨成刻面型的某些宝石及其仿制品而言，因其硬度不同，我们可以通过观察刻面棱的尖锐程度来进行宝石及其仿制品的区分，例如钻石和仿钻的区分（图 214），红宝石和仿红宝石区分。

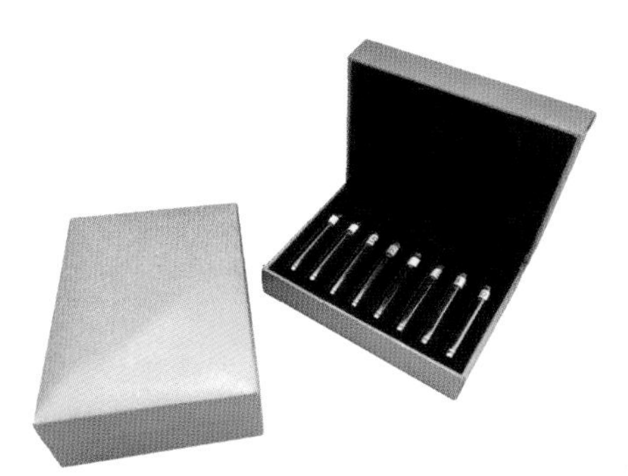

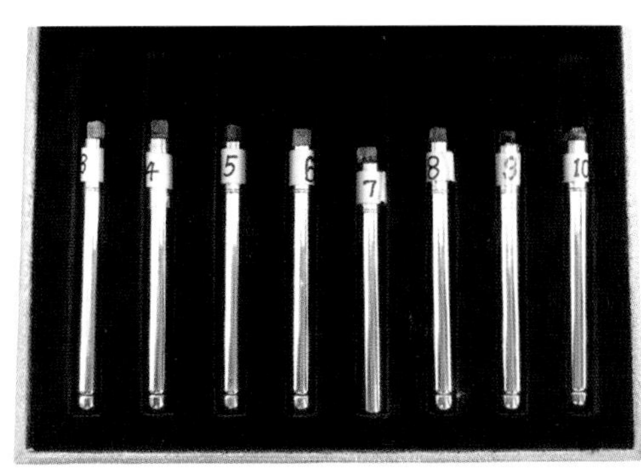

图 213　宝石学中常用摩氏硬度计

图 214　仿钻与钻石刻面棱锋利及明显程度对比（左边为摩式硬度为 8 的托帕石，右边为摩式硬度为 10 的钻石）

差异硬度的观察要点

差异硬度是指晶体宝石不同方向硬度不同，不同晶体形状硬度不同的现象，例如蓝晶石这种性质被用于钻石的切磨（图 215）中，也被用于天然翡翠和充填处理翡翠的肉眼观察中，也被用于解释翡翠中一个术语“橘皮效应”。

集合体宝石的硬度一般在 6 以上，摩式硬度低于 6 的集合体在后期佩戴过程中如果未注意维护和保养会因磨损出现光泽暗淡等情况（图 216），在充填处理翡翠中，由于充填物的硬度与翡翠存在差异，很容易见到一种现象叫做酸蚀网纹（图 217、218），这种现象也是区分天然翡翠和充填处理翡翠重要肉眼观察特征之一。

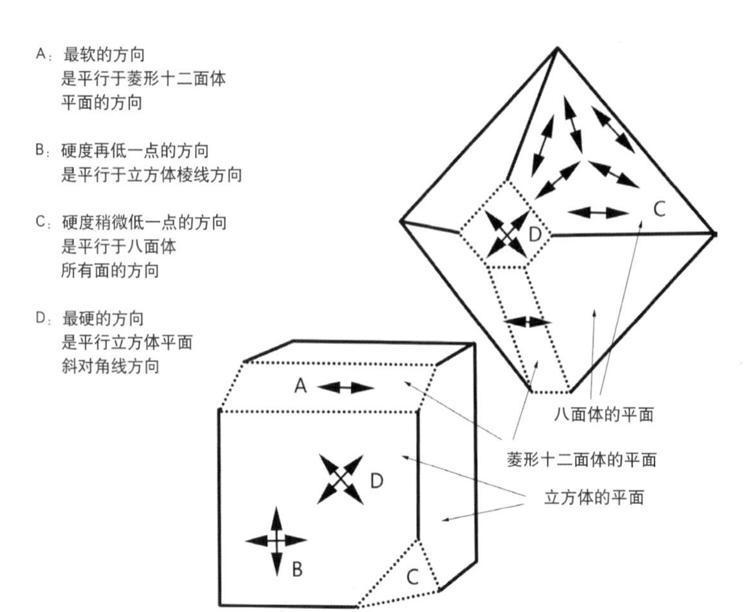

图 215　钻石的差异硬度

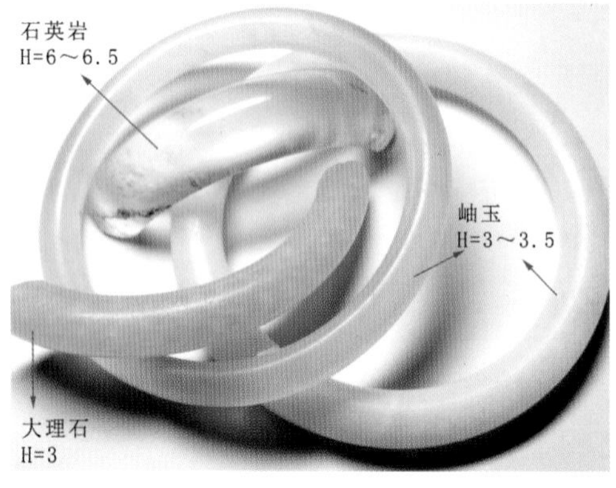

图 216　集合体因组成矿物硬度不同在同等抛光条件下光泽不同

图 217　表面光滑的天然翡翠

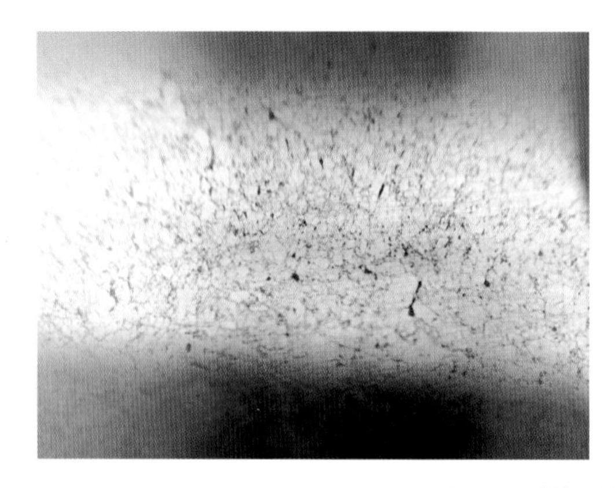

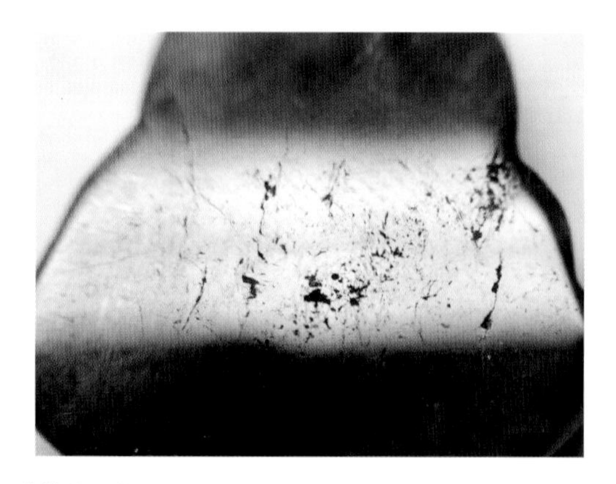

图 218　酸蚀网纹（充填处理翡翠）

集合体中在这里要特别说明一个翡翠中常见专业名词：橘皮效应。借助反射光观察翡翠表面，在光源与翡翠本身明暗交界的地方，发现类似橘皮表面凹凸不平的现象，称之为橘皮效应（图 219、220）。橘皮效应的明显程度与组成翡翠的硬玉颗粒大小有关系，一般来说构成翡翠的硬玉颗粒越大，越容易观察到差异硬度造成的相邻颗粒之间的高低起伏，也就越容易见到橘皮效应（图 221、222）。

图 219　明显橘皮效应的翡翠

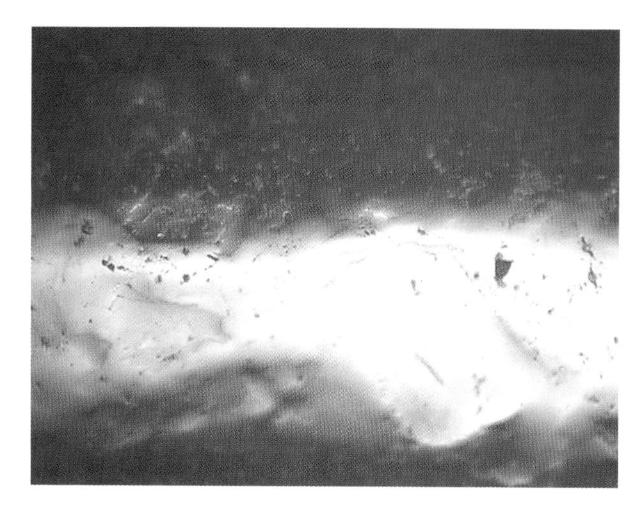

图 220　显微镜下 30 倍放大条件下翡翠的橘皮效应

图 221　不明显橘皮效应的翡翠

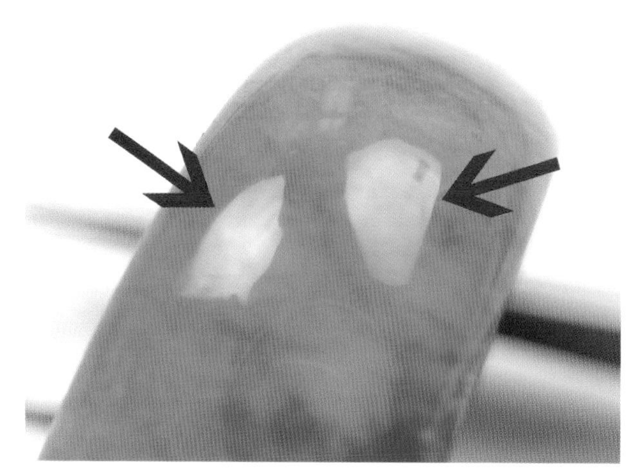

图 222　无橘皮效应的翡翠

六、相对密度（比重液）

（一）重液法的定义

物理学中，把某种物质的质量与该物质体积的比值叫作这种物质的密度，这样的计算方式在矿物学中非常的不适用，因为我们很难精准的算出来外形不规则的矿物或者岩石的体积，加工之后的宝石也难以计算，例如翡翠手镯的体积，水晶吊坠的体积。

相对而言，物质相对密度的测定要容易得多，因此，在宝石鉴定过程中，通常以相对密度作为宝石参数之一。

宝石学里的相对密度，是宝石在空气中的质量和同体积水在 4℃时质量之比，在 4℃是 1cm3 水的质量几乎精准为 1g。

重液法是将被测宝石样品放入已知的重液（表 5）中，视宝石样品在重液（图 223）中沉浮情况，间接测定宝石相对密度的简便有效方法。重液属于有机挥发性微毒性化学溶液之一，宝石检测中相对使用较少。

图 223　重液装置

表 5　常用的四种重液及指示矿物

常用重液	常用重液密度	常用重液中悬浮指示矿物
稀释的三溴甲烷 $CHBr_3$	2.65	无裂较干净的水晶
三溴甲烷 $CHBr_3$	2.89	无裂较干净的绿柱石
稀释的二碘甲烷 CH_2I_2	3.05	无裂较干净的粉红色碧玺（不同颜色的碧玺密度略有不同，粉红色的碧玺相对密度较为稳定）
二碘甲烷 CH_2I_2	3.32	无色无裂较干净的翡翠

（二）比重液建议测试步骤

1. 比重液建议测试步骤

将样品擦拭干净，将重液瓶盖打开；

用镊子夹取样品至重液瓶内，将样品轻轻放入重液中，注意镊子不要接触重液；

观察样品在重液中的沉浮情况，并记录；

取出样品，使用酒精将样品清洗干净，重复步骤 2 到步骤 4，直到得到全部测试结果为止，测试结果记录可参考表 11。

2. 测试的时候需要注意

样品为多孔材料或会吸附重液，或重液对样品有损时不能使用重液进行测试，例如有机宝石、拼合宝石等。

对于未知样品，重液选择测试的顺序为从低到高。

记录格式为：在 xxx 比重的重液中下沉，悬浮或者上浮，对于样品在运动状态中速度可以稍作描述。

以下情况可以只测试一种重液现象即可终止测试：在 2.65 重液中上浮或者在 3.33 重液中下沉。

（三）比重液测试数据记录格式

比重液测试数据记录格式参考表 6

表 6　比重液测试现象记录格式

样品编号				
样品特征描述	琢型	净度	通风条件	
比重液测试	选用重液	样品在重液中现象	选用重液	样品在重液中现象
结论判断				

第三节 外形肉眼观察及应用

一、外形的定义

外形是指宝石的轮廓形态，有机宝石之外的宝石，加工之前的原石轮廓可以按照晶体和集合体两种情况来分；加工后的宝石、有机宝石分为刻面型、弧面型两大类，市场上珠型、不定型等采用其他的描述方式。

二、外形的描述方法

（一）晶体外形

地球是由无数的分子和原子组成的，近代科学研究发现，自然界部分的材料固体材料都是由不同的化学元素组合而成，X 射线分析结果显示组成某些固体材料元素中的原子整齐有规则的排列在一起，这些材料被归类为是晶质体的或者称之为晶体，他们有序的原子格架被称为晶体结构。

1. 理想单晶体

结晶学中讨论的晶体主要是理想单晶体。所谓理想单晶体是指内部结构严格服从空间格子规律，外形为规则几何多面体。理想单晶体形态分为单形和聚形两种。

单形

单形（图 224）是指由对称要素联系起来的一组晶面的组合（图 225）。可以理解为理想状态下由同种形状和大小的晶面所组成的几何体（图 226），晶体中的单形有 47 种[9]。

单形的辨识要点是：晶体中所有晶面同形等大，且晶面可以方向不同。

图 224 实际八面体单形晶体（钻石）

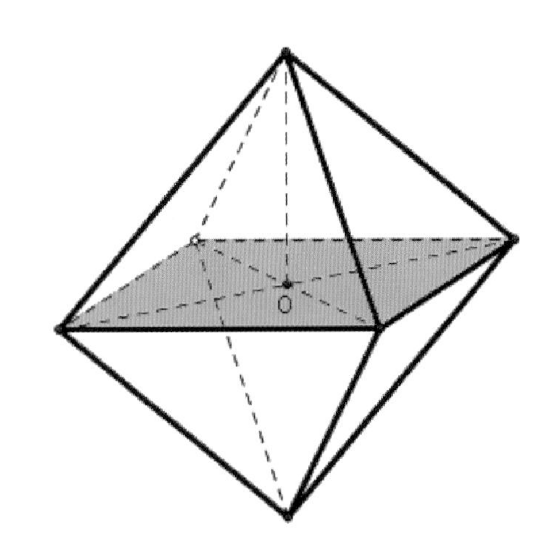

图 225 八面体单形晶体立体素描图

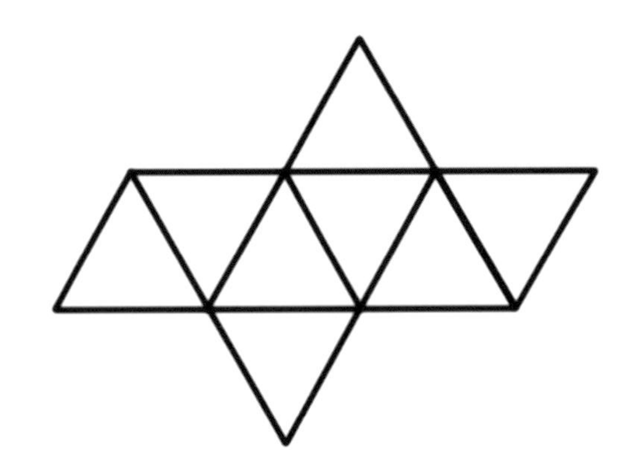

图 226 八面体单形平面展开图

9. 单形的具体形态请参考本节课后阅读 3。

聚形

单形的聚合称为聚形，即聚形是由两个或两个以上单形组成的。并不是任意单形都能随意组合为聚形，只有对称型[10]相同的单形才能够聚合（图227—230）。

聚形的辨识要点是晶体中存在两种或两种以上形状不同的晶面。

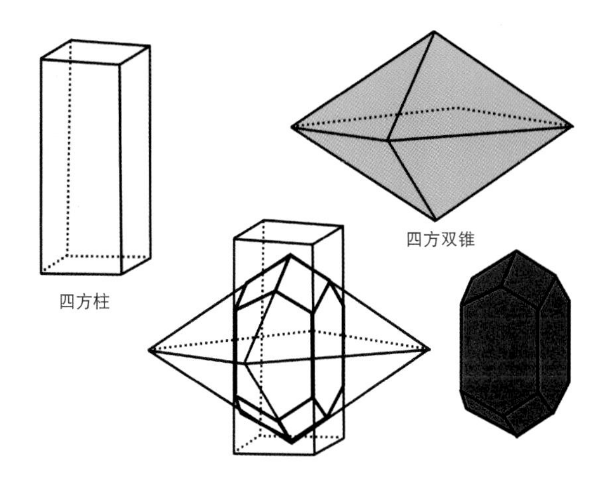

图 227　四方柱和四方双锥的聚形

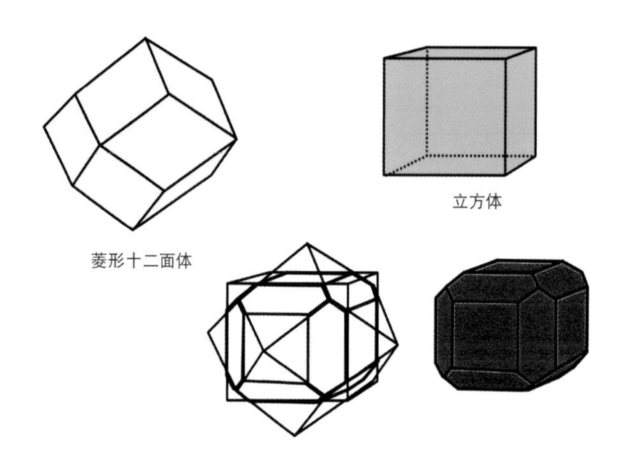

图 228　立方体和菱形十二面体的聚形

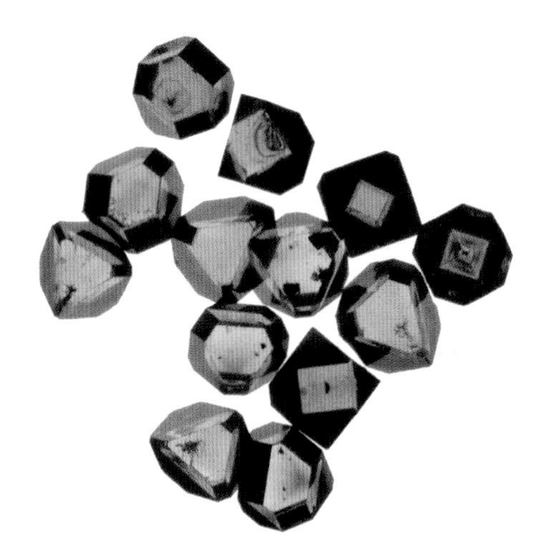

图 229　聚形（合成钻石）

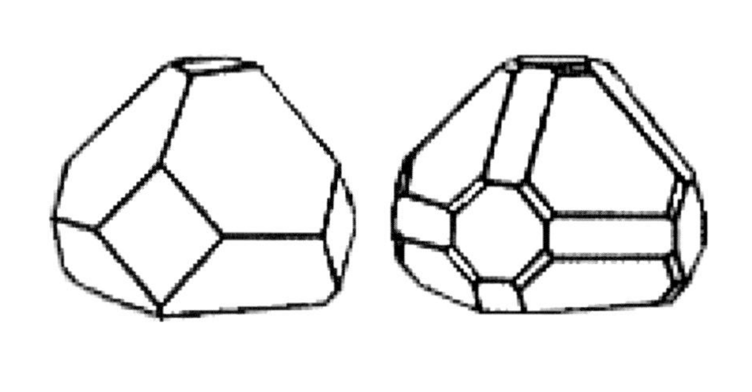

图 230　聚形（合成钻石）素描图

10. 对称型是结晶几何多面体中，全部对称要素的组合。对称型是在晶体对称分类中会涉及到的一个名词，在本章第二节会简要提及。

2. 歪晶

实际上，在自然界发现单晶体时，它总是和理想形态单晶体外形有明显差距（图 231、232），例如单一晶面不一定同形等大、晶面的消失等，这种现象描述为歪晶。

歪晶也可以表述为自然界产出的实际晶体，受到生长环境的影响，理想晶体中固定角度重复的多个晶面生长[11]得不一定同形等大，但是对于同种晶体而言，同一单形的晶面必有相同的花纹和物理性质，且对应晶面的夹角不变，反映出晶体自身固有的对称性。

实际发现的晶体在不同程度上都是歪晶。

图 231　理想形态的尖晶石单晶体

图 232　尖晶石的歪晶

3. 晶体连生的定义及分类

自然界中我们会发现单个的晶体（图 233），也会发现两个或两个以上单晶连接生长在一起形成整体的现象，这种多个晶体长在一起的现象称为晶体连生。晶体连生有不规则和规则两类情况。晶体的不规则连生在某种程度上可以理解为集合体，这部分内容将在第三章展开。晶体的规则连生中常见[12]平行连生（图 234），双晶（图 235），浮生[13]（图 236）、交生四种类型。

图 233　单晶体（碧玺）

图 234　平行连生

图 235　双晶（尖晶石）

图 236　浮生

双晶是两个以上的同种晶体按照一定的对称规律（双晶轴、双晶面）形成的规则连生，相邻两个个体的相应的面、棱、角并非完全平行，但它们可以借助一定对称操作反映，使两个个体彼此重合或平行。

双晶的辨识要点是如下所示：

双晶中可见凹角（图 237）；

缝合线：缝合线两边晶面表面微形貌等特征不连续（图 238）；

双晶纹：晶面或者解理面显示细密双晶纹（图 239）；

蚀像：蚀像的出现显示双晶的存在（图 240）；

假对称的出现：出现与该晶体单晶固有对称型不一致的对称关系（图 241、242）。

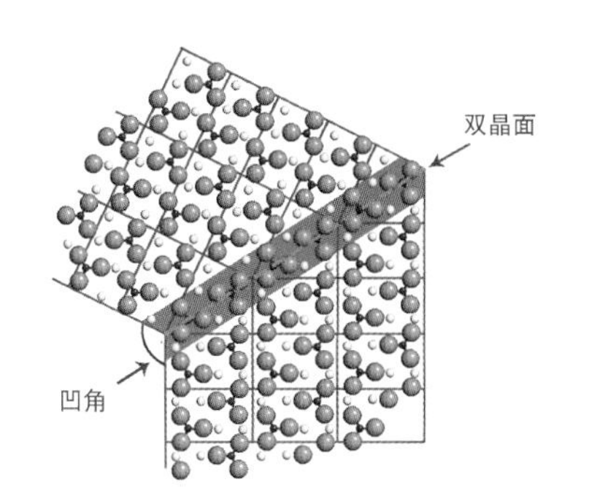

图 237　双晶的凹角

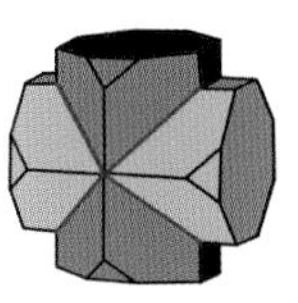

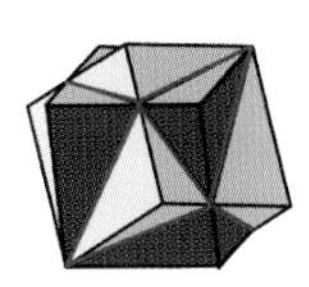

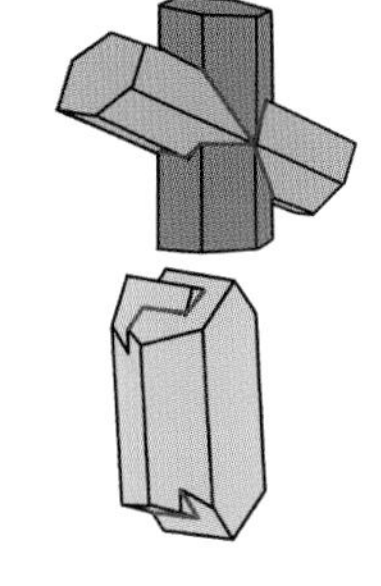

图 238　缝合线（图中不同颜色代表不同晶体，红色线条表示双晶缝合线）

图 239　聚片双晶简图

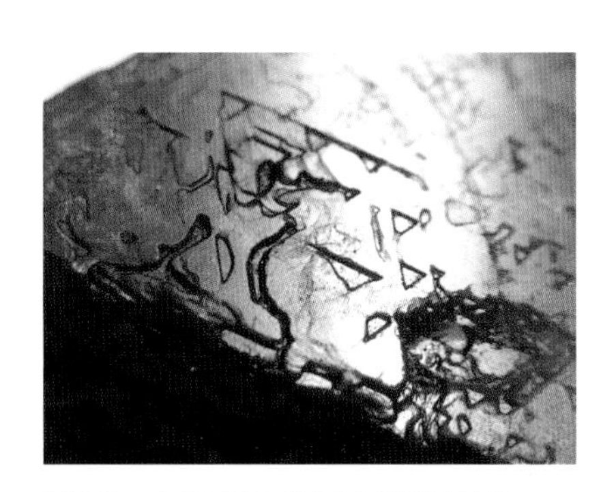

图 240　尖晶石表面倒三角形凹坑蚀像

图 241　金绿宝石单晶体

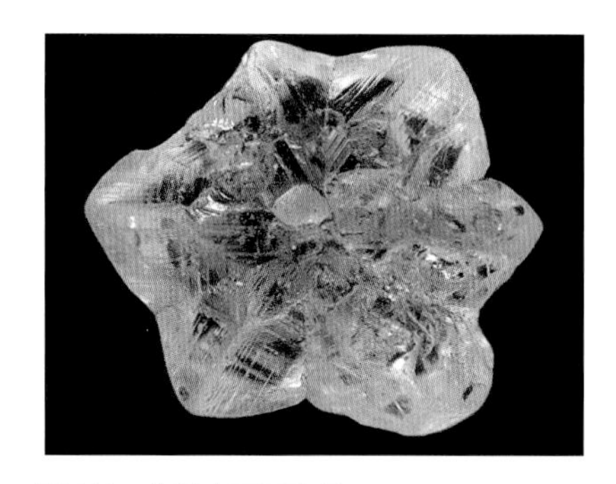

图 242　金绿宝石三连晶

11. 生长的含义在结晶学中往往用发育这个词代替，发育这个词还可以指代某现象容易被观察到，例如力学性质中有一个叫做解理的现象，形容解理的出现、观察难易程度通常用发育来表示，因此解理发育可以理解为该宝石中解理现象容易见到，解理不发育可以理解为该宝石中解理不容易见到。
12. 当多个同种晶体在空间上彼此平行的连生在一起，称之为平行连生，这个时候连生的晶体每个对应的晶面和晶棱都相互平行
13. 浮生是一种晶体以一定的结晶学方向浮生在另外一个晶体表面的现象，也称外延生长

双晶根据其形成特点分为接触双晶（图 243—246）、聚片双晶（图 247、248）、穿插双晶（图 249、250）、三连晶（图 251、252），复杂双晶五个类型，其中前三类常见。

图 243　水晶的接触双晶（红色箭头所指的是单个水晶晶体所在位置）

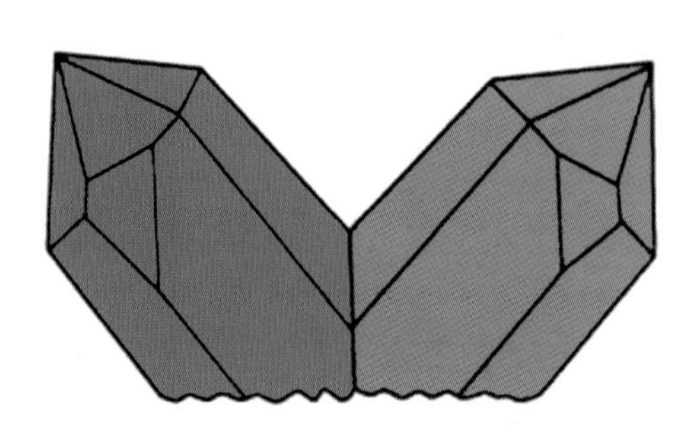

图 244　接触[14]双晶简图

图 245　尖晶石的接触双晶

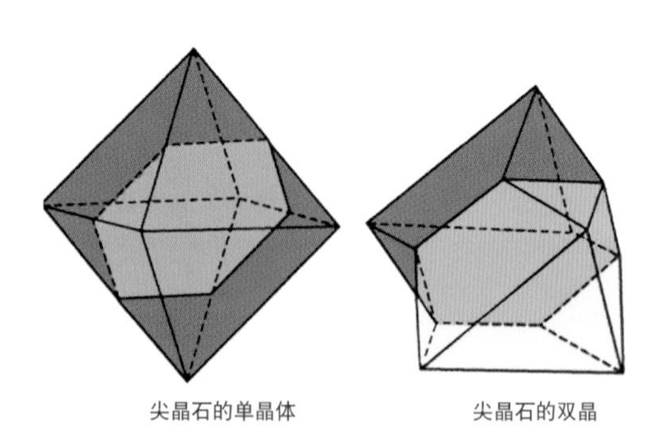

图 246　尖晶石双晶简图

图 247　拉长石的聚片双晶

图 248　聚片双晶简图

图 249 长石的穿插双晶

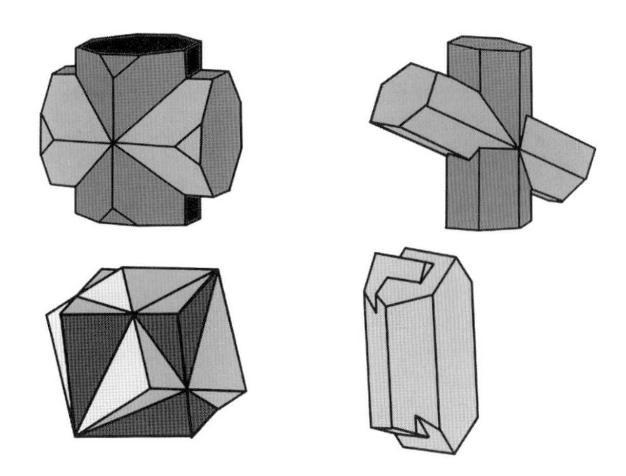

图 250 其他种类晶体穿插双晶简图（左上，右上为十字石穿插双晶，左下为萤石穿插双晶，右下为长石的卡式双晶）

图 251 金绿宝石的三连晶

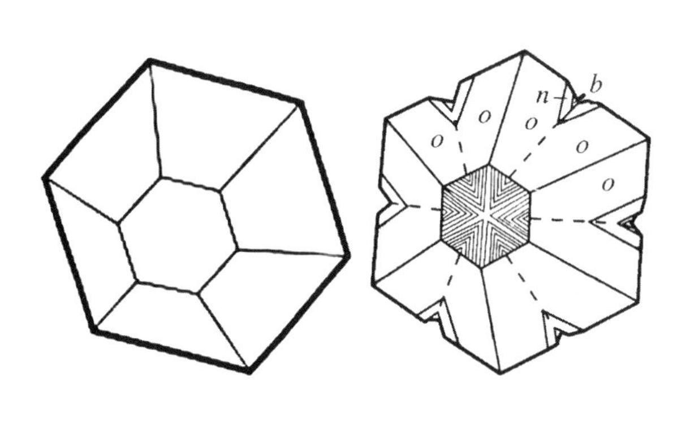

图 252 三连晶简图

14. 水晶的接触双晶也称日本双晶。

课后阅读 1：为什么宝石晶体长得不一样

从微观的角度而言，宝石晶体是由不同的大小的元素按照不同规则排列起来的固体，因此从宏观角度观察很多宝石因为成分不同其晶体外形都有自己的特征，但是也有一些特例，例如同质多象。

为了更好的理解宝石晶体为什么长得不一样，在这里我们将从同质多象、类质同象、分子机械混入、宝石矿物中的水、宝石的化学成分五个方面来介绍。

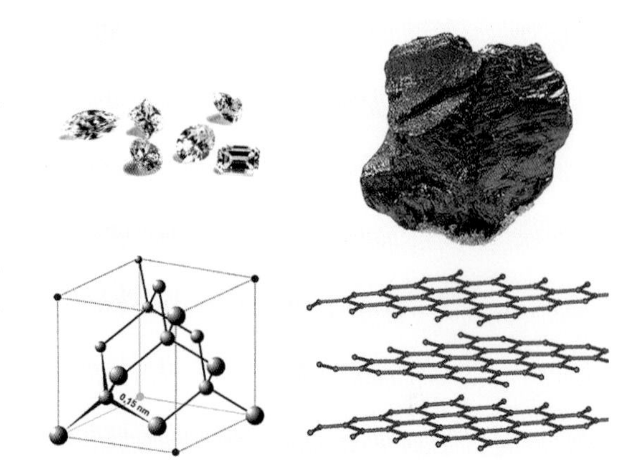

图 253　同质多象的碳元素（左上角是碳组成的钻石晶体，左下是钻石内碳的晶体结构，右上是碳组成的石墨晶体，右下是石墨内碳的晶体结构 ）

一、同质多象

某些矿物虽然主要化学成分相同，但是晶体结构（元素在三维空间的排列规律）差异很大，物理化学性质差异也很大，我们把这种现象称之为同质多象，例如钻石和石墨（图 253）。

常见的石英有同质多象现象，矽线石、红柱石和蓝晶石也是一组同质多象的变体。

同质多象的转变是在固态条件下进行的。结构转化过程中晶体内部会产生压力，这种压力常常使得晶体内部产生双晶。

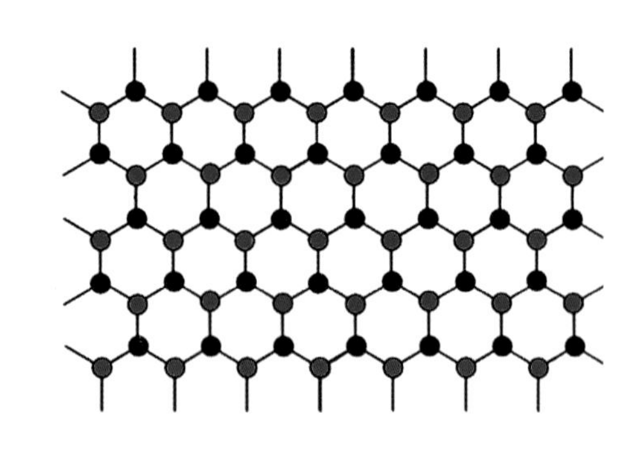

图 254　晶体结构模拟图（蓝色和黑色表示元素质点）

二、类质同象

类质同象是指晶格结构中部分质点被其他性质类似质点代替，晶格常数和物理化学性质发生略微的变化而晶体结构基本保持不变的现象。可以理解为组成宝石晶体中的元素被其他元素代替，宝石晶体元素重复规律仍然维持原样，原子之间距离出现较小偏差，但是宝石晶体物理化学性质发生细微变化的现象（图 254、255）。

类质同象可以用来解释为什么同一个家族的宝石会有那么多颜色，同一个家族宝石的折射率、密度有明显变化。

家族可以理解为晶体元素重复规律相同，物理化学形式略微不同的一类宝石，例如刚玉族，它包含红宝石和蓝宝石两个成员；绿柱石族包含祖母绿、海蓝宝石、摩根石等品种；碧玺颜色丰富也是由杂质元素类质同象替代造成。

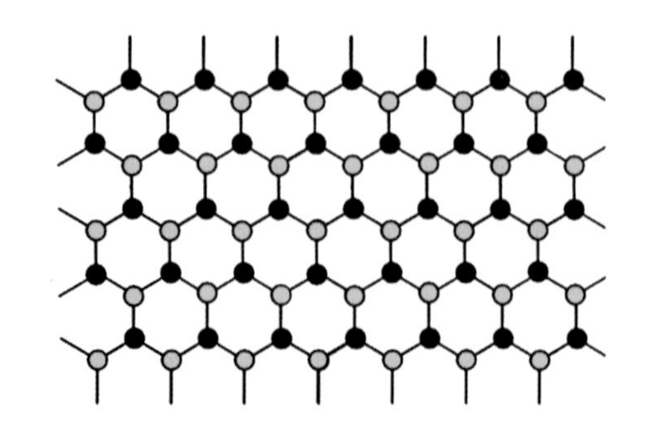

图 255　晶体结构模拟图（黑色表示元素质点，黄色表示替代蓝色元素质点的新元素质点，黄色可不完全替代全部蓝色质点）

三、机械混入

有些时候我们会发现某些元素会强行进入有规律排列的宝石主要元素之间，但是由于进入元素比例较低，没有引起宝石主要元素重复规律的破坏，而只是变形（图256）。这种情况我们称之为机械混入，如钻石中的氮硼等元素的机械混入，使之产生蓝色、粉红、黄色的彩钻，价值极高。

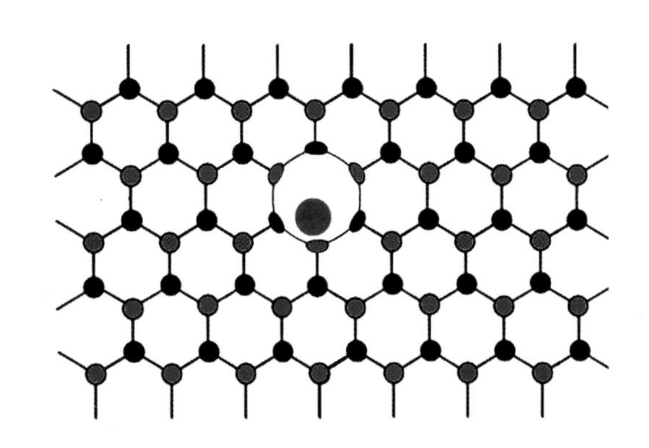

图 256　杂质的混入（蓝色和黑色圆点表示晶体原始结构，红色为外来杂质）

四、宝石矿物中的水

有些宝石中含有水，而且是宝石矿物重要组成部分，并与宝石性质密切相关。根据宝石矿物中水的存在形式及它们在晶体结构中的作用，宝石中的水分类为两类，一类是与晶体结构无关的吸附水，一类是参加矿物晶体结构的，包括结晶水、沸石水、层间水和结构水。和宝石密切相关的水有吸附水、结晶水和结构水。

一是吸附水，如蛋白石（化学成分为 $SiO_2 \cdot nH_2O$，n 表示 H_2O 的分子数，含量不定）中的水分子，这是一种为矿物颗粒或裂隙表面机械吸附的中性水分子。在常压下温度达到 100 ~ 110℃时水分子可全部逸出且不破坏宝石晶格结构，所以为了避免柜台中的欧泊在长时间强光照射下干裂，应在柜台内放一杯水。

二是结晶水，如绿松石（化学成分为 $CuAl_6(PO_4)_4(OH)_8 \cdot 4H_2O$，其中 H_2O 含量可达 19.47%）中的结晶水。这是一种存在于晶格中具固定位置，起构造单位作用的中性水分子，是矿物化学成分的一部分。结晶水逸出温度一般不超过 600℃、而通常在 100 ~ 200℃结晶水就会逸出。当宝石失去结晶水后其晶体结构被破坏，并形成新的结构。

三是结构水，也称化合水，是以 OH^-、H^+、$H3O^+$ 等离子形式参加矿物晶格的水，其中以 OH^- 最常见。结构水是矿物化学成分的一部分，在晶格结构中占有固定的位置，在组成上有确定的比例。结构水需要有较高温度才能能逸出而破坏其结构，道常为 600 ~ 1000℃。当宝石失去结构水后晶体结构完全被破坏。很多宝石都含有结构水，如碧玺（化学成分为（Na，Ca）$R_3Al_3Si_6O_{18}$（O，OH，F），其中 R 主要为 Mg、Fe、Cr、Li、Al、Mn 等，R 中的元素是可以完全或者部分相互替代）、托帕石（化学成分为 Al_2SiO_4（F、OH）$_2$）等。

五、宝石的化学成分

宝石和其他物质一样，都是由化学元素组成的。每一种宝石都有其特定的化学成分及一定的变化范围，并决定着宝石的各种特征和性质。宝石隶属于矿物和岩石，宝石的化学成分分类事实上可以追溯回矿物的化学成分。

目前主要的矿物分类方法有化学成分分类（Dana 系统[15]）、地球化学分类、成因分类、应用分类及晶体化学分类。广泛采用的是以化学成分和晶体结构为依据的晶体化学分类（HugoStrunz 系统[16]）（表 7）。

15. 1854 年耶鲁大学矿物学教授 JamesDweightDana 提出 Dana 系统，该系统将所有的矿物从化学层面上划分为 9 类，即元素、硫化物和硫盐、卤化物、氧化物和氢氧化物、碳酸盐和硝酸盐及硼酸盐、硫酸盐和铬酸盐及钼酸盐、磷酸盐和砷酸盐及钒酸盐、硅酸盐、有机化合物。Dana 系统问世以来，不断的被修改和扩充。较新的 Dana 系统将矿物在原本 9 类的基础上细分为 78 类。

表 7 矿物晶体化学分类体系表

级序	划分依据	举例
大类	化合物类型	含氧盐大类等
类	阴离子或络阴离子种类	硅酸盐类等
（亚类）	络阴离子结构	架状结构硅酸盐亚类等
族	晶体结构型和离子性质	刚玉族、绿柱石族、石榴石族等
（亚族）	阳离子种类	碱性长石亚族等
种	一定的晶体结构和化学成分	正长石 $K[AlSi_3O_8]$ 等
（亚种）	晶体结构相同，成分或性质、形态相异	冰长石 $K[AlSi_3O_8]$ 等
（变种）	晶体结构、成分相同，形态有差异	钻石和合成钻石（图 257）、水晶（图 258）等

图 257 钻石（左）和合成钻石（右）

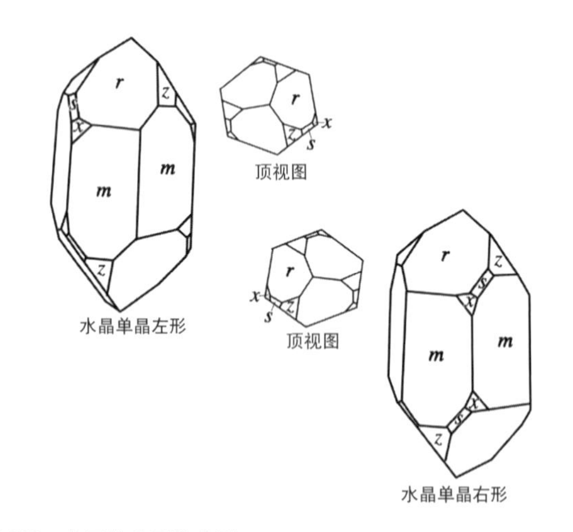

图 258 水晶的左形和右形

16. 1941 年，HugoStrunz 总结提出了针对化合物的晶体学分类法。HugoStrunz 分类法将矿物分成了 13 类，即元素、硫化物和硫盐、卤化物、氧化物、碳酸盐、硼酸盐、硫酸盐、磷酸盐、砷酸盐和钒酸盐、硅酸盐、有机化合物。每一类中根据内部结构将矿物划分为不同的矿物族，并对组成矿物族的每个宝石品种定名。例如硅酸盐中的绿柱石族有祖母绿、海蓝宝石、摩根石等成员，这些成员从晶体结构上分析是一致的，但是化学性质存在略微差异。

课后阅读 2：结晶习性的定义及基本类型

自然界中形成的晶体不可能达到完美的形状。如果在岩层的缝隙中生长，四周都被岩层包裹，晶体的天然形状就被扭曲。即使实在实验室中培养出来的晶体，也会因为重力影响而扭曲变形。只有在国际空间站零重力条件下才能培育出科学家们所追求的完美外形晶体。

尽管晶体的形状不完美，但是每一种矿物晶体都通过不同的方式或习性趋向生长（图 259、260）或聚在一起生长（图 261、262）。

每种矿物都趋向于在特定的条件下形成，其习性反映出了矿物的形成条件，有些矿物，比如石英其形成条件复杂多变，因此石英也具备了多种习性。

总体来说，结晶习性是指某一种晶体在一定的外界条件下总是趋向于形成某一种形态的特性。有时也具体指该晶体常见的单形的种类。

根据晶体在空间上三维空间的发育程度不同，结晶习性分为三种基本类型。

一向延伸：晶体沿一个方向延伸，呈柱状（图 259）、针状、纤维状（图 260）等，如绿柱石（图 261）、碧玺[17]、角闪石、孔雀石（图 262）等矿物常具此习性。

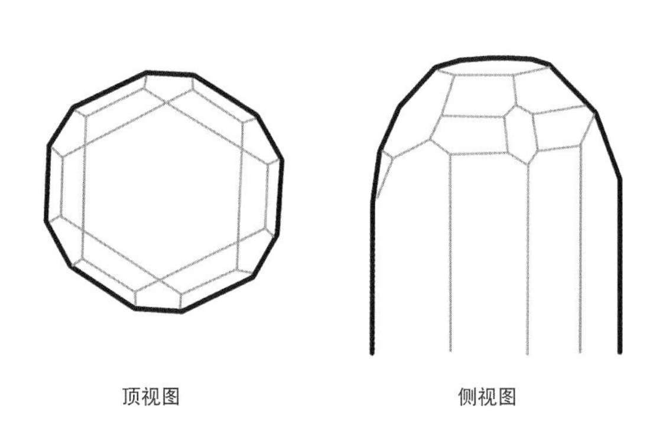

图 259　柱状结晶习性简图

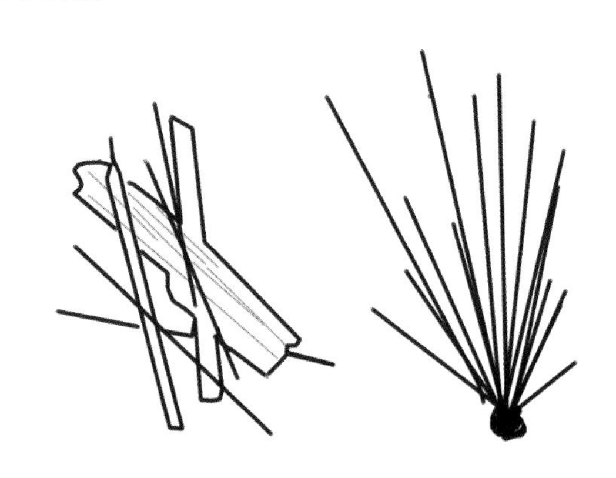

图 260　纤维状结晶习性简图

图 261　柱状的绿柱石[18]

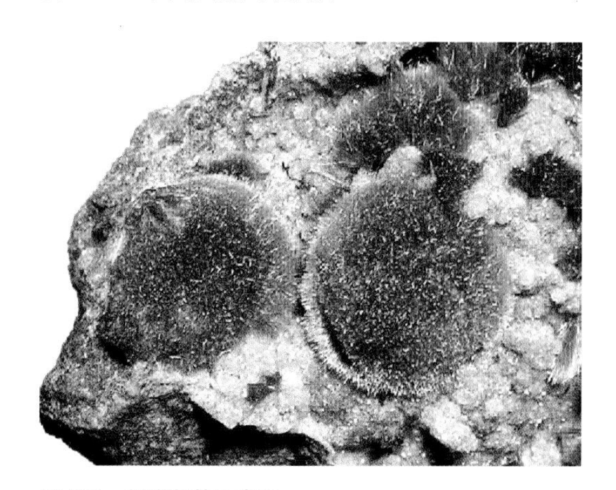

图 262　纤维状的孔雀石

17. 宝石级电气石称为碧玺，宝石学中部分宝石名称和其对应的矿物学名称不一致，例如宝石的碧玺和矿物学中的电气石具有相同物理化学成分，碧玺相对电气石而言其颜色艳丽、透明度好，内部裂隙杂质较少，可以用品质较好概括或者称之为宝石级电气石。宝石中的托帕石和矿物学中的托帕石也有类似关系。

二向延展：晶体沿平面延展，呈板状（图 263）、片状、鳞片状等，如黑钨矿、云母、石墨、坦桑石（图 264）等常具此习性。

三向等长：晶体在三个方向上均匀发育，呈等轴状（图 265）、粒状等（图 266），如尖晶石（图 267）、石榴子石（图 268）、钻石、黄铁矿、萤石等常具此习性。

此外，还存在短柱状、板柱状、板条状和厚板状等过渡类型。

结晶习性主要决定于晶体的化学成分和晶体结构，同时与晶体形成时的外界条件（如温度、压力、浓度、粘度及杂质等）也密切相关，如钻石与合成钻石晶体形状的差异。

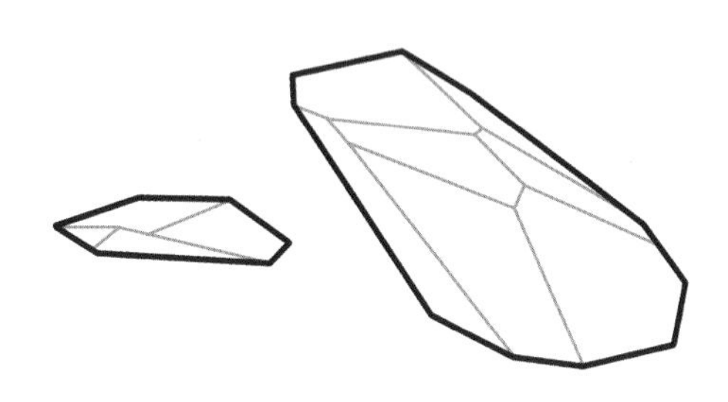

图 263　板状结晶习性简图

图 264　板状结晶习性的坦桑石

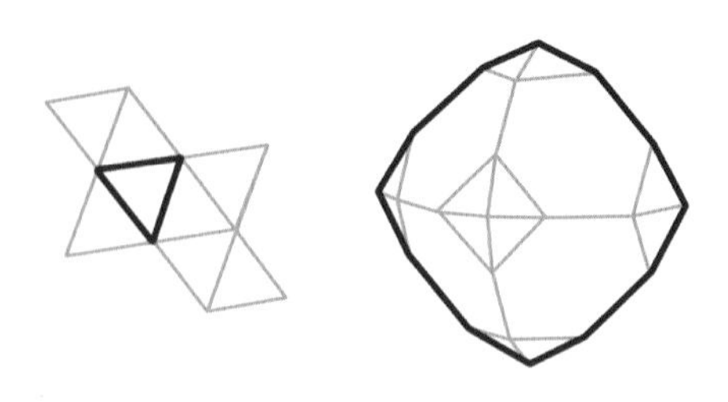

图 265　八面体结晶习性简图

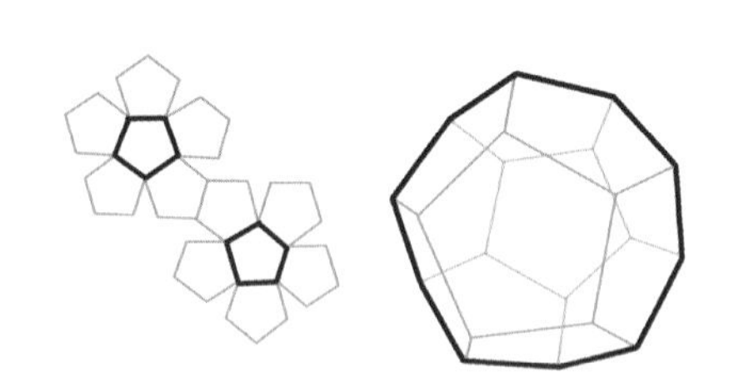

图 266　粒状结晶习性简图

图 267　八面体结晶习性宝石的尖晶石

图 268　粒状结晶习性的石榴石

18. 绝大部分情况下，这种由 Fe 致色的蓝色的绿柱石称为海蓝宝石，宝石学中的绿柱石是一个家族，由蓝色的海蓝宝石，绿色的祖母绿，红色调的摩根石等成员组成，如有更多兴趣了解，可以查阅任意一本宝石各论书籍和资料。

课后阅读 3：晶体的单形

结晶学中有 146 种不同的单形，单形根据单独存在时的几何形状可归并为几何性质不同的 47 中几何学单形。这些几何学的单形按照如下几种方式定名：

按照横截面形状特征定名，如三方柱、四方柱、六方柱、菱方双锥等；

按照整个单形的形状定名，如柱、双锥、立方体等；

按照几何体面的数目定名，如单面、八面体等；

按照几何体面的形状定名，如菱面体、五角十二面体等。

在结晶学中单形分为一般形和特殊形、闭形和开形、定形和变形、左形和右形四类，本章节中将简单讨论闭形和开形。

闭形是指其晶面可以包围成一个封闭的空间的单形，分为面体类（图 269—272）、偏方面体类（图 273）、双锥类（图 274）三大类，合计 30 种。每一类都有更加细致的分类，例如面体类细分为四面体类（图 269）、八面体类（图 270）、立方体类（图 271）等。

开形是指其晶面不能包围成一个封闭空间的单形，分为单面（图 275）、双面（图 275）、柱类（图 276）和单锥类（图 277）四大类，合计 17 种。

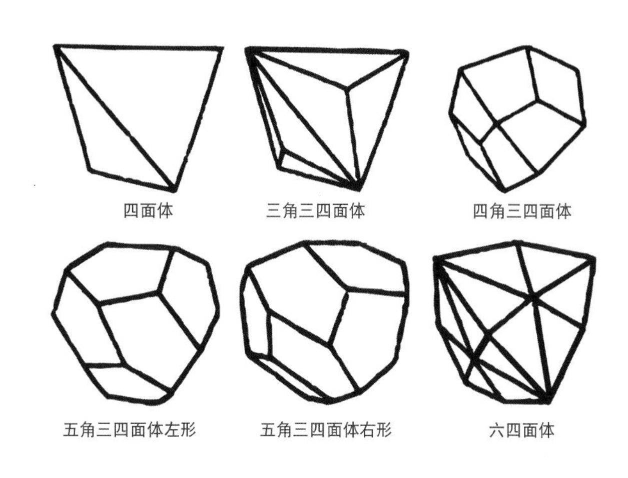

图 269　四面体类

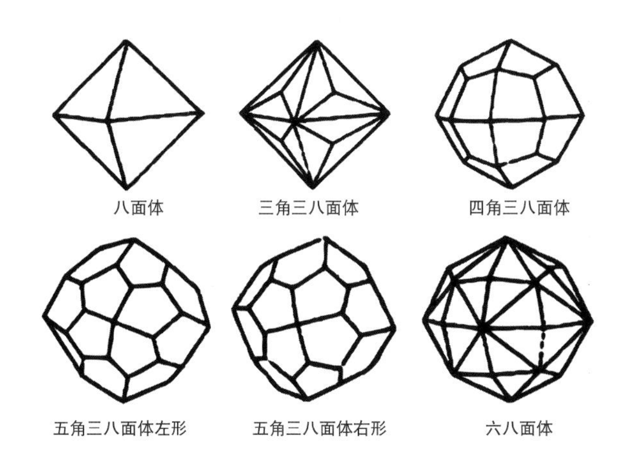

图 270　八面体类

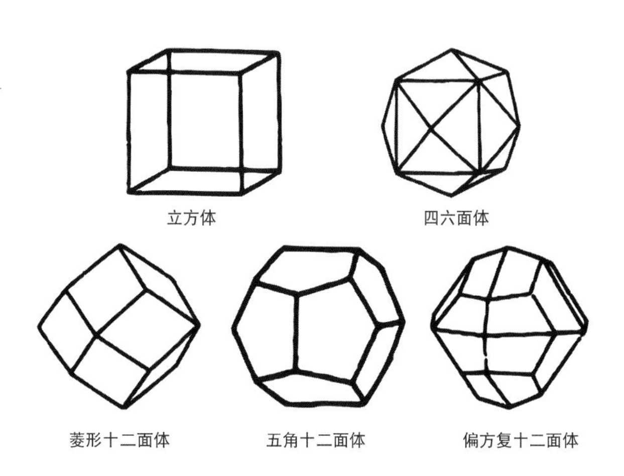

图 271　立方体类

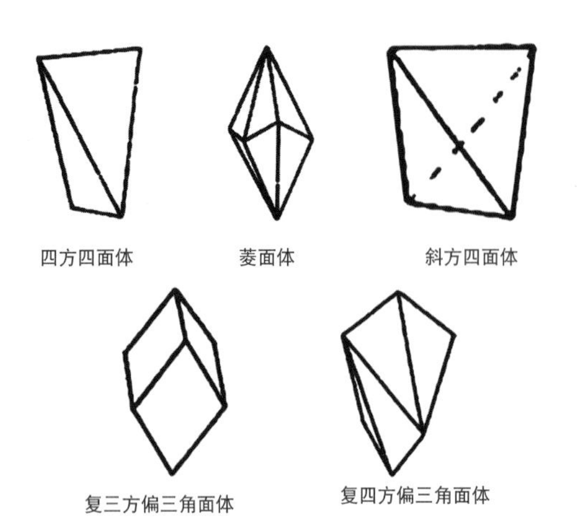

图 272 其他面体类

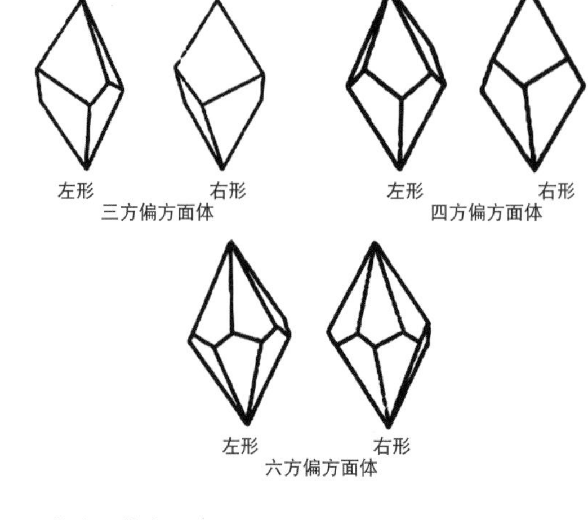

图 273 偏方面体类

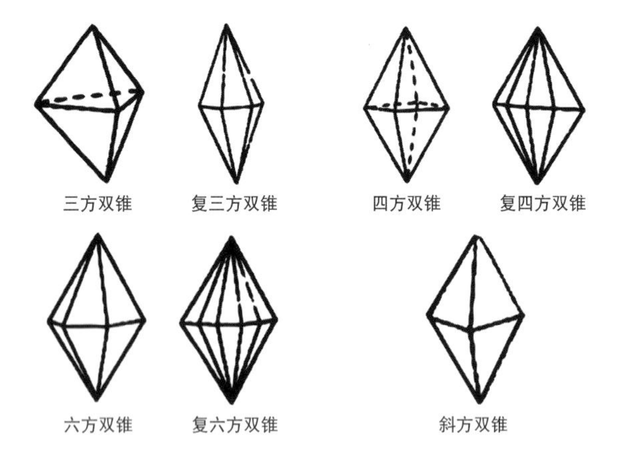

图 274 双锥类

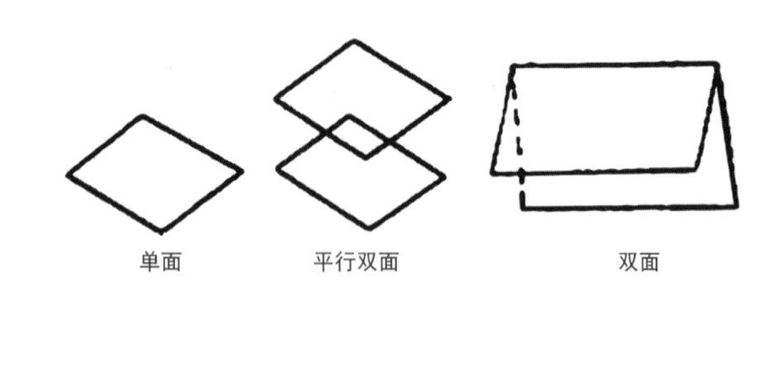

图 275 单面和双面

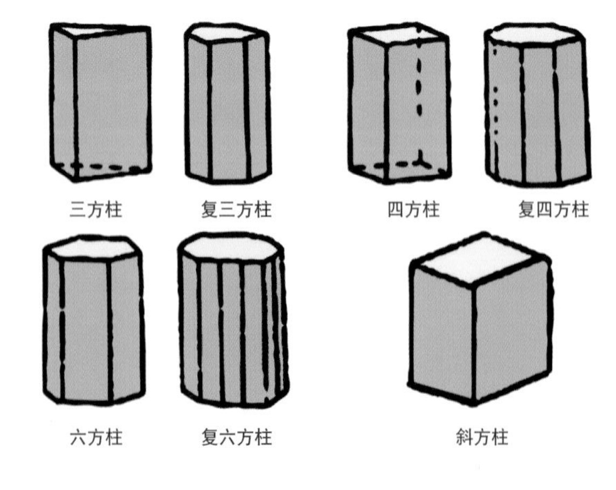

图 276 柱类

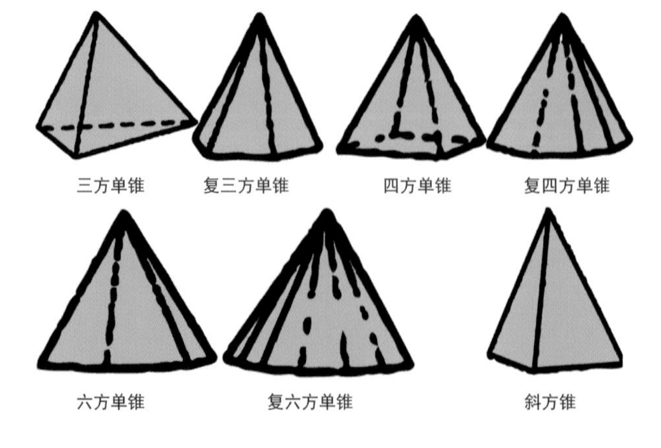

图 277 单锥类

课后阅读 4：晶体的对称分类

一、晶体对称性的定义

对称性是在研究实际晶体和未加工宝石材料时会涉及的一个抽象概念，用来描述当晶体材料中分子或原子排列规律，以穿过它的一个方向或平面为参照时所表现出来的重复规律性。这是晶体对称分类的基础。

晶体的对称性从微观的角度可以理解为描述晶体结构重复性的一种方法，从宏观的角度可以理解为两个或两个以上形状、大小相同，方向可能不同的几何面按照一定的规律重复，这种重复的规律可以用对称轴和对称面来描述，每个对称轴或对称面我们称之为对称要素，当观察或推测一个物品的对称性的时候，这种行为会被描述为在进行对称性的操作。

二、晶体的对称要素

结晶学中的对称要素有对称轴、对称面、旋转反伸对称轴、对称中心四类，本章节重点阐述对称中心、对称轴和对称面三个对称要素，俗称“点”、“线”、“面”。

（一）对称轴

对称轴是一条假想的直线，它指示了穿过晶格结构某一个方向后，当晶格结构围绕该假想直线旋转一周 360° 时基准面（图 278、279）在相同位置出现的次数。

基准面是晶体中相同形状、相同角度、相同大小的一组面中的某一面的称呼。

晶体可存在以下四种对称轴：

二次轴，旋转一周基准面重复二次，最小重复角度为 180° 。

三次轴，旋转一周基准面重复三次，最小重复角度为 120° 。

四次轴，旋转一周基准面重复四次，最小重复角度为 90° 。

六次轴，旋转一周基准面重复六次，最小重复角度为 60° 。

也可以理解为假想有一条直线穿过几何体中心，沿着这个直线旋转几何体一周 360° ，如果发现旋转一定角度后的几何体形状和起始零度时几何体形状一致，这个时候的假想直线称为对称轴。

对称轴以大写字母 L 表示，轴次 n 写在 L 的右上角，写做 L^n，例如 2 次轴用 L^2 表示，3 次轴用 L^3 表示，4 次轴用 L^4 表示，6 次轴用 L^6 表示。L^6、L^4、L^3 习惯性被称为高次轴。

晶体在不同方向上都对可能存在对称轴，这些不重合的对称轴数量会约定俗成的写在 L 的左边，例如 6 个二次轴用 $6L^2$（图 280）表示，3 个三次轴用 $3L^3$（图 281）表示，4 个三次轴用 $4L^3$（图 282）表示，1 个六次轴用 L^6（图 283）表示。

当一个晶体中有多个对称轴时，记录的方式对称轴按照从左到右轴次从高到低的方式排列，对称轴数量写在该对称轴的左边，例如 $L^6 6L^2$，$3L^4 4L^3 6L^2$。

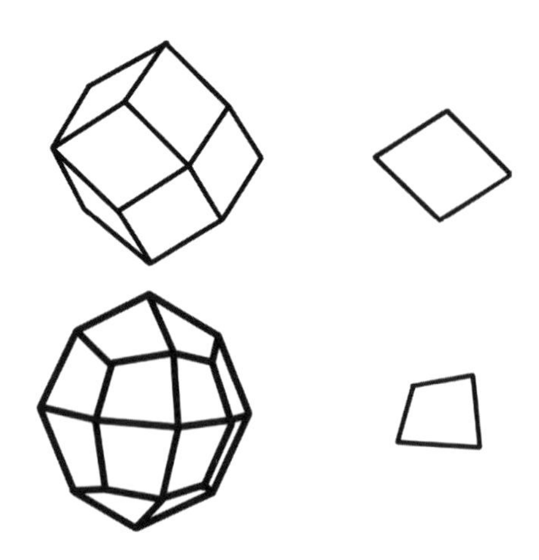

图 278　单形的基准面选择
单行的基准面是组成单形的最小重复平面，图中左上为菱形十二面体，该几何体是由一种形状的面构成的封闭图形，最小重复平面为右上所示的菱形，所以菱形十二面体的基准面为菱形。
图中左下为四角三八面体，该几何体是由一种形状的面构成的封闭图形，最小重复平面为右下所示的四边形，所以四角三八面体的基准面为四边形。

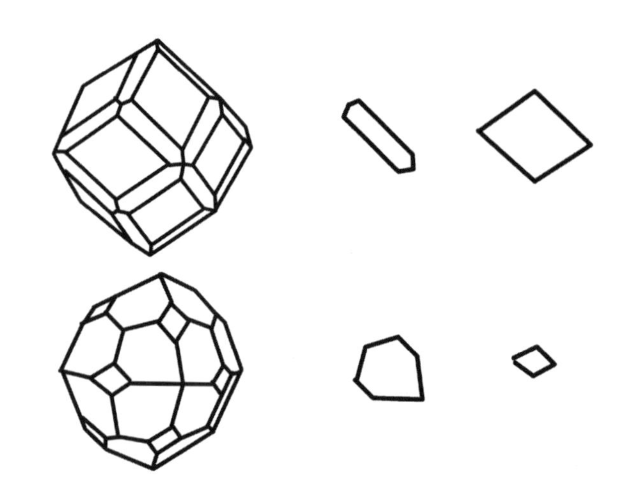

图 279　聚形的基准面选择
聚形是由多个单形聚合而成，聚形基准面的选择实际就是组合为聚形的单形的判断。
图中第一列左由为聚形（菱形十二面体和四角三八面体的两个单形聚合而成），该几何体是由两种形状的面构成的封闭图形，最小重复平面为第二列所示的六边形和第三列右所示的菱形，所以第一列聚形的基准面为六边形或菱形。计算对称轴的时候，只能选取一个形状为基准面进行对称性的记录。

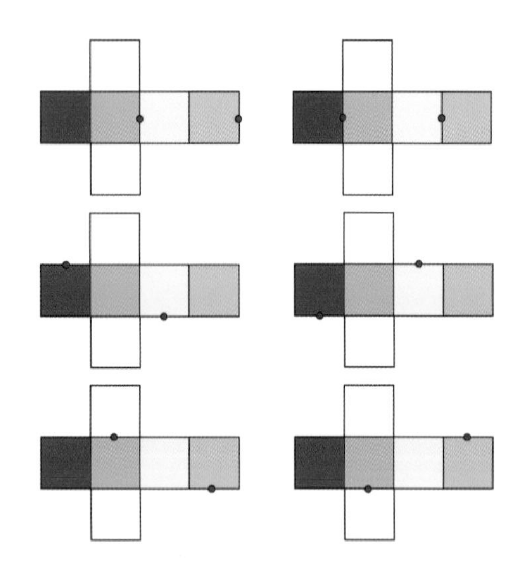

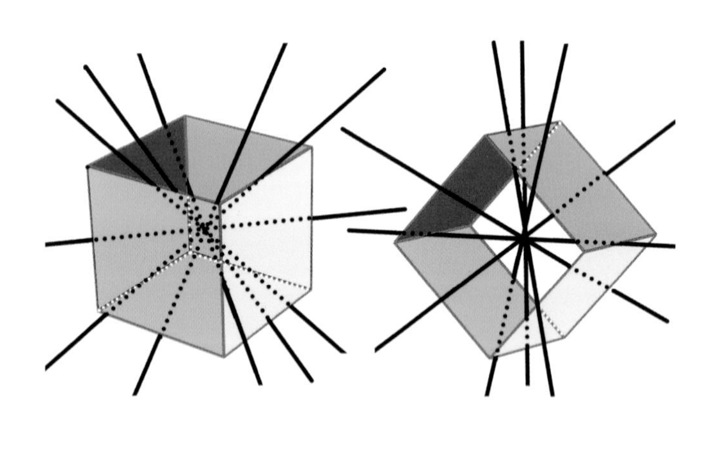

图 280　立方体的二次轴
图中左为立方体展开图，上下为无色，从左到右依次为红色，蓝色，黄色，绿色，红色点表示假想直线与棱线的交点。
图中右为封闭的立方体，前后为无色，左上为红色，左下为绿色，右上为蓝色，右下为黄色。红色点表示假想直线与棱线的交点，二次轴可能出现在平行棱线的中点、平行长方形面的中点、轮廓似长方形的平行的三个或三个以上的面的交点。

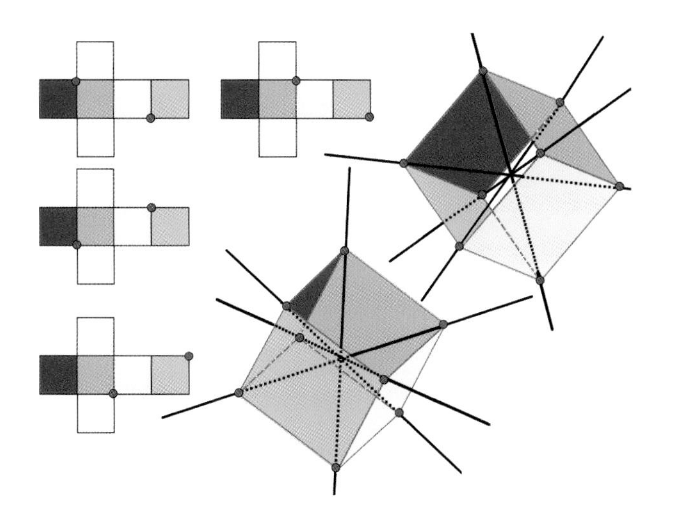

图 281　立方体的三次轴
图中左为立方体展开图，上下为无色，从左到右依次为红色，蓝色，黄色，绿色，红色点表示假想直线与棱线的交点。
图中右为封闭的立方体，前后为无色，左上为红色，左下为绿色，右上为蓝色，右下为黄色。红色点表示假想直线与棱线的交点，三次轴可能出现在平行等边三角形面的中点、轮廓似等边三角形的平行的三个或三个以上的面的交点。

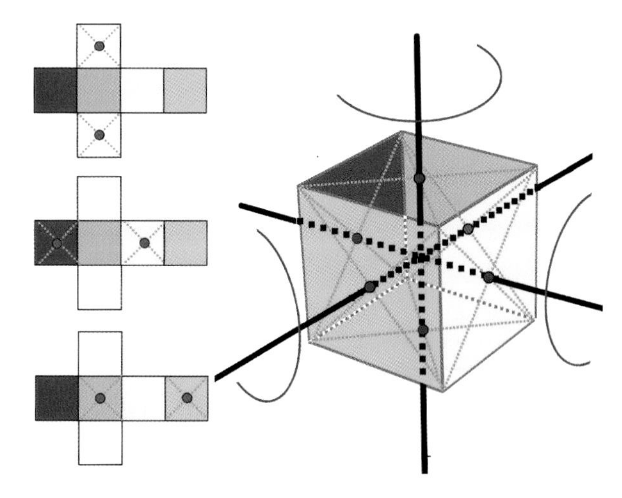

图 282　立方体的四次轴
图中左为立方体展开图，上下为无色，从左到右依次为红色，蓝色，黄色，绿色，红色点表示假想直线与棱线的交点。
图中右为封闭的立方体，前后为无色，左上为红色，左下为绿色，右上为蓝色，右下为黄色。红色点表示假想直线与平面的交点，四次轴可能出现在平行正方形面的中点、轮廓似正方形的平行的三个或三个以上的面的交点。

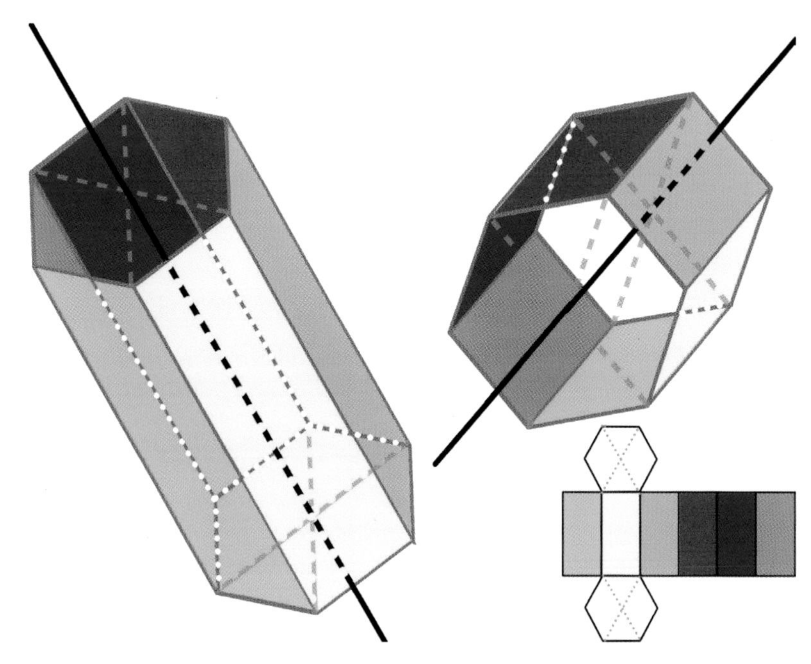

图 283　六棱柱的六次轴
图中左图和右上图中黑线表示六棱柱的六次轴，图中右下为六棱柱的展开图，六次轴可能出现在平行六边形面的中点、轮廓似六边形的六个面的交点。

（二）对称面

对称面是一个假想的平面，沿着这个平面切开晶体，可以看到每一半晶体都与另外一半镜像对称。（图284、285），在同一个晶体结构中这样的平面最多可以出现 9 个（图 286），也就是说用 9 种方式对半切开它，切开两半晶体能够完全重合。当然并不是所有的晶体结构都存在对称面。

对称面用大写字母 P 表示，某些晶体存在多个不重合的对称面，这些对称面数量约定俗成的写在 P 的左边，例如 4 个对称面用 4P 来表示，1 个对称面用 P 表示。

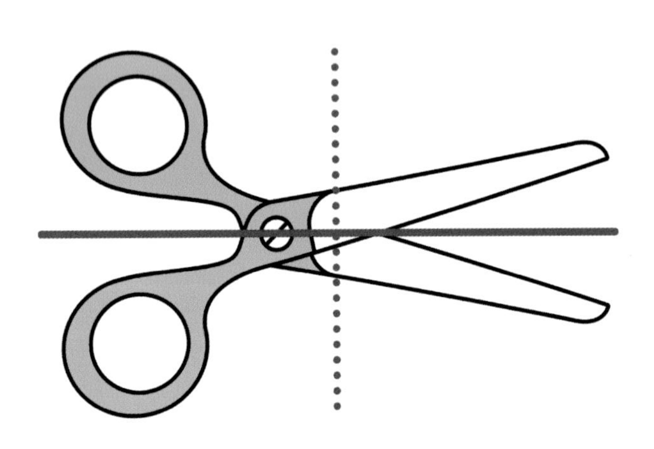

图 284　假想有一个垂直纸面且沿着红色实线方向延伸有一个平面，这个面会将剪刀分为上下两个部分，且上下两部分呈现镜像对称，这个假象的平面称之为对称面。假想有一个平面垂直纸面且沿着红色虚线方向延伸，这个面将剪刀分割为左右两个部分，但左右两侧剪刀形状不具有对称性。

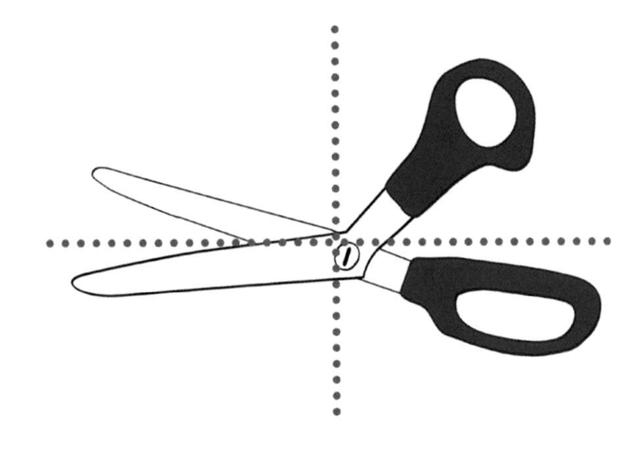

图 285　假想有两个相互垂直的平面，每个平面均垂直纸面且沿着红色虚线方向延伸，这两个面将剪刀分割为上下、左右两个部分，但左右两侧剪刀形状不具有对称性，上下两侧剪刀形状也不具有对称性。

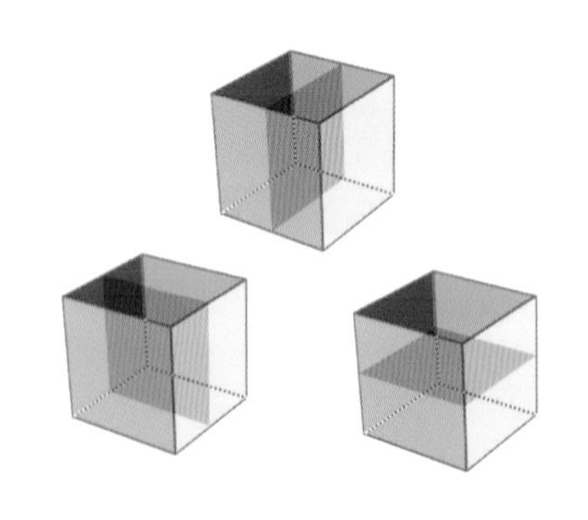

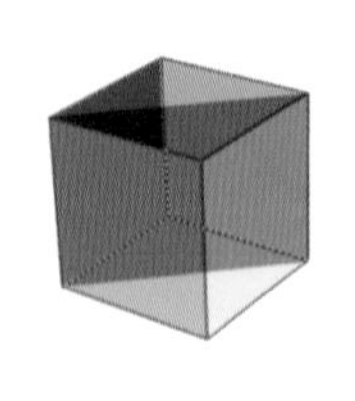

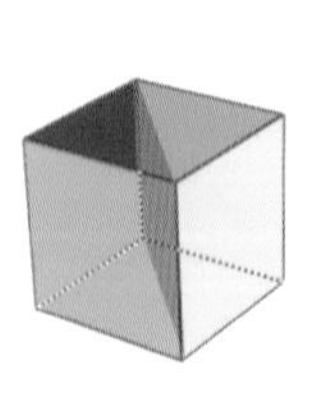

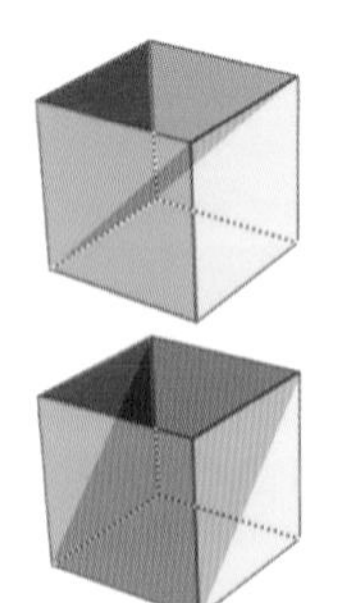

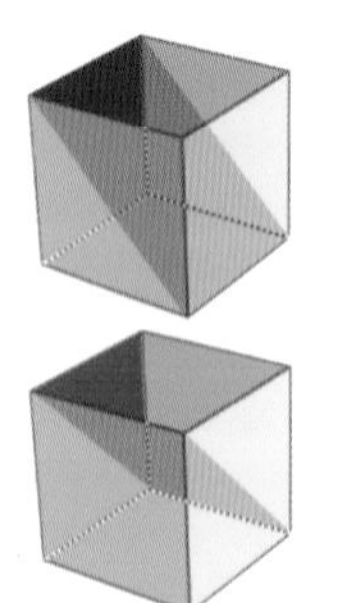

图 286　立方体的九个对称面

（三）对称中心

对称中心是晶体内部一个假想的点，通过这一点的直线两端等距离的地方有晶体上相等的部分（图287）。其对称操作是对一点的反伸。晶体如果有对称中心，则晶体上每一晶面都可找到另一晶面与之平行且相等。如果晶面本身不具对称性，如不等边三角形晶面或其他具异向性的晶面，其对应晶面必然是反向平行的。

要确定晶体或晶体模型有无对称中心时，可将晶体模型放在桌上，看晶体上面是否有一晶面与下面的晶面（与桌面接触的晶面）平行而且相等。转动晶体，重复这样的观察，如果晶体上所有的晶面都可找到与其平行而且相等的晶面，说明晶体有对称中心，否则就没有对称中心。不是所有的晶体都有对称中心。晶体外形上若有对称中心，只可能有一个。对称中心的符号是 C。

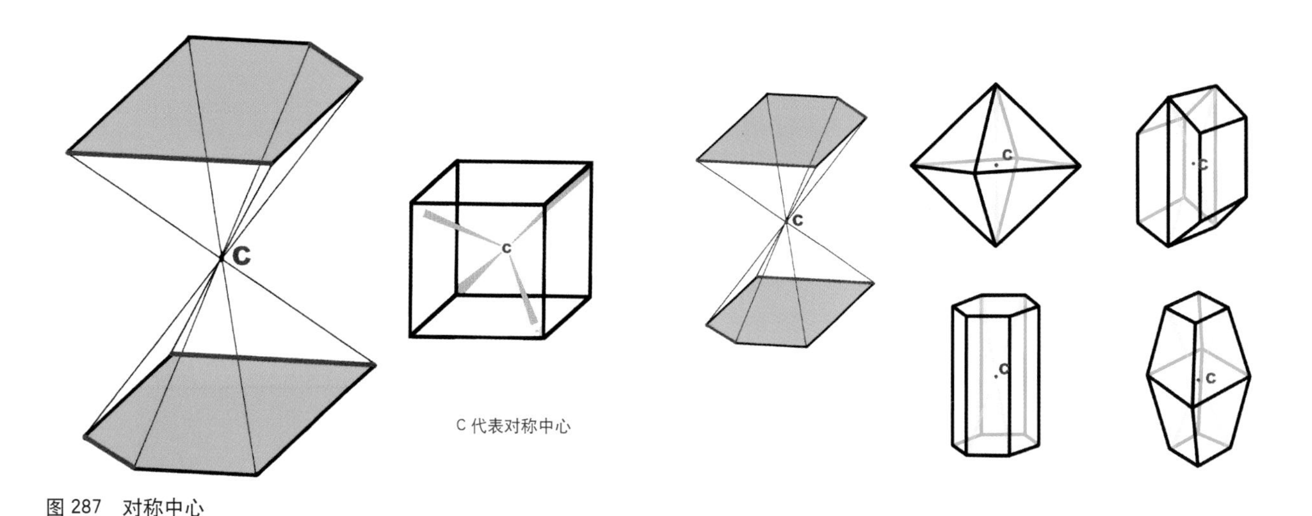

图 287　对称中心

三、对称型

一个晶体中所有对称要素的总和称之为对称型，对称型书写的顺序为对称轴 + 对称面 + 对称中心，例如 $3L^2 3PC$（图 288），如果晶体有多个对称轴，习惯按照从左到右的顺序从高次轴到低次轴、对称面的顺序记录对称轴，例如 $L^4 4L^2 5PC$（图 289）。晶体有 32 种对称型。

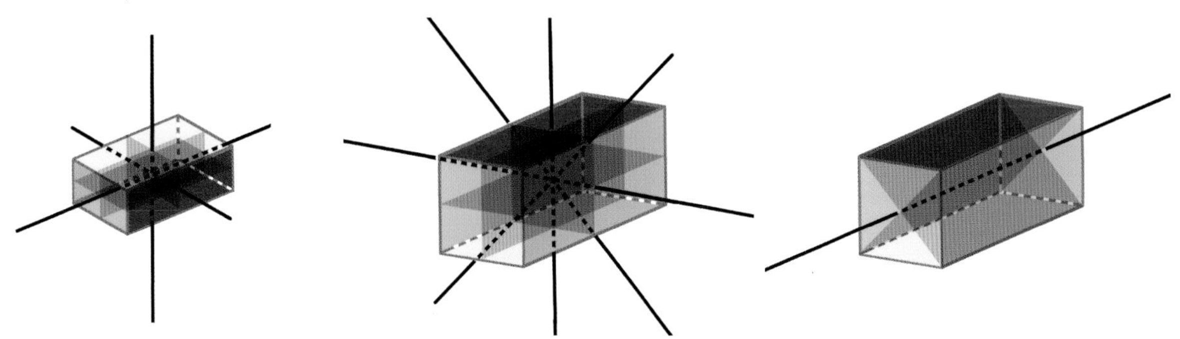

图 288　$3L^2 3PC$ 的对称型（横截面为长方形的长方体）

图 289　$L^4 4L^2 5PC$ 对称型（横截面为正方形的长方体），左边有四个二次轴和两个三个对称面，右边有一个四次轴和两个对称面。

四、晶体的对称分类

对称性是晶体分类的一种方案，为了能在分类方案中描述所有天然和人造晶体宝石材料的晶体结构，还需要介绍另外一个概念——晶轴。晶轴是穿过晶体结构的一条假想线，表示晶格结点重复的方向，也表明了结点沿该方向的相对重复距离。晶轴与对称轴或对称面的法线重合，若无对称轴和对称面，则晶轴可平行晶棱方向选取。

在学科体系中，基于对称要素和晶轴，我们将晶体划分为三大晶族，七大晶系。（表 8）

表 8　晶族及晶系分类

晶族	晶系	分类依据	常见宝石品种
高级晶族	等轴晶系	4 个三次轴（可用 4L3 表示）	钻石、石榴石、尖晶石、萤石
中级晶族	六方晶系	1 个六次轴（可用 L6 表示）	海蓝宝、祖母绿等绿柱石族宝石，磷灰石
	四方晶系	1 个四次轴（可用 L4 表示）	锆石
	三方晶系	1 个三次轴（可用 L3 表示）	刚玉[19]，碧玺，石英族中的晶体（水晶，紫晶，黄晶等）、菱锰矿
低级晶族	斜方晶系	无高次轴，二次轴或对称面多于一个	橄榄石、托帕石、黝帘石（含坦桑石）、堇青石、金绿宝石、顽火辉石
	单斜晶系	无高次轴，二次轴和对称面不多于一个	硬玉、透辉石、锂辉石、绿帘石
	三斜晶系	无二次轴或者对称面	天河石、蔷薇辉石、绿松石

注：高次轴是指高于二次轴的三次轴、四次轴和六次轴

19. 刚玉在宝石学中是一个族，这个族有两个成员，红宝石和蓝宝石，红宝石是指红色的刚玉，除了红色以外所有颜色的刚玉称为蓝宝石，例如橙红色蓝宝石，绿色蓝宝石，通常意义上的蓝宝石是指蓝色刚玉

课后阅读 5：晶体分类在宝石鉴定中的应用

常见宝石有钻石、尖晶石、萤石、石榴石、绿柱石、锆石、刚玉、碧玺、水晶、金绿宝石、托帕石等，每种宝石都具有自己固定的晶体特征。

高级晶族宝石多为粒状结晶习性，常见品种常以固定的结晶形态出现（表 9）。中级晶族、低级晶族宝石结晶习性为柱状、板状（表 10）。

表 9　高级晶族常见宝石晶体特征

宝石名称	晶体分类	重要晶体特征			
		结晶习性	常见晶体形态	常见双晶形态	常见晶面花纹形态、
钻石	等轴晶系	粒状结晶习性（图 290）常见八面体粒状	八面体是常见晶形，还可以出现包括菱形十二面体在内更加复杂的晶体形状，常常有圆拱的晶面，可以识别出三次对称性	三角扁平的双晶，有时不显凹角（图 291）	表面可见倒三角形蚀像凹坑（图 292、293）等晶面花纹（图 294、295）
尖晶石		粒状结晶习性（图 296） 常见八面体粒状	经常以八面体的形态产出，晶面可能非常的平，看上去好像抛磨过的（图 297）	双晶非常平，像是削了角的三角形（图 298）	表面可见蚀像凹坑，有的类似钻石为倒三角（图 299）
萤石		粒状结晶习性（图 300）	八面体、立方体晶形状（图 301）	穿插双晶	正方形阶梯生长标志，大部分有解理缝隙，色带平行于立方体六个面的方向
石榴石		粒状结晶习性，常见菱形十二面体粒状（图 302）	菱形十二面体或四角三八面体（图 303）	少见	可见与晶面形状相同的同心环带

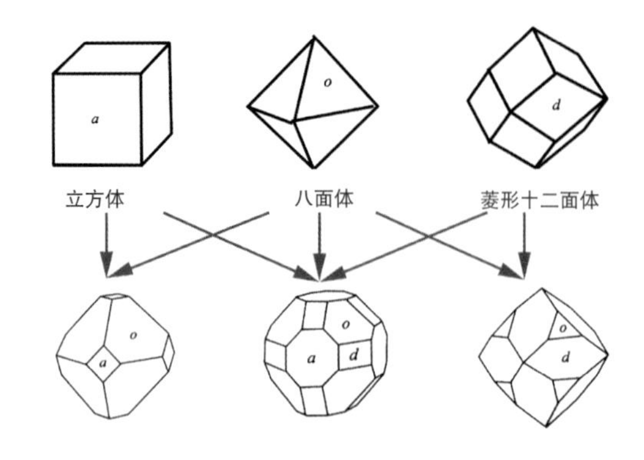

图 290　钻石结晶习性（单形及聚形）

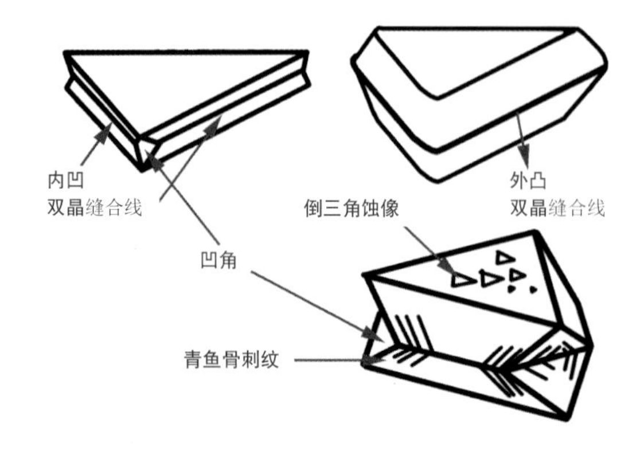

图 291　钻石[20]双晶习性

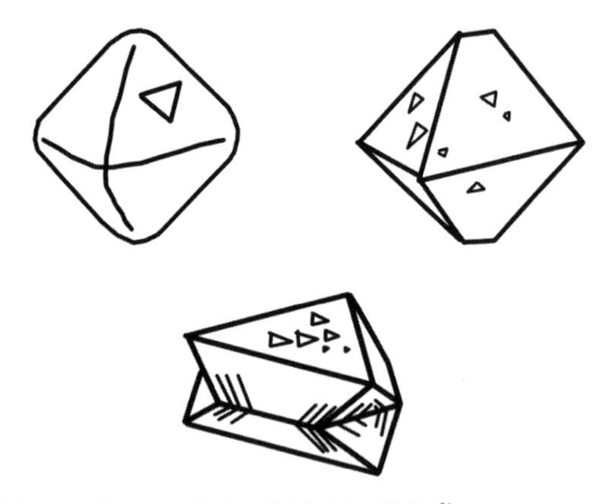

图 292　钻石八面体晶面的倒三角形蚀像[21]

图 293　钻石八面体晶体表面倒三角蚀像

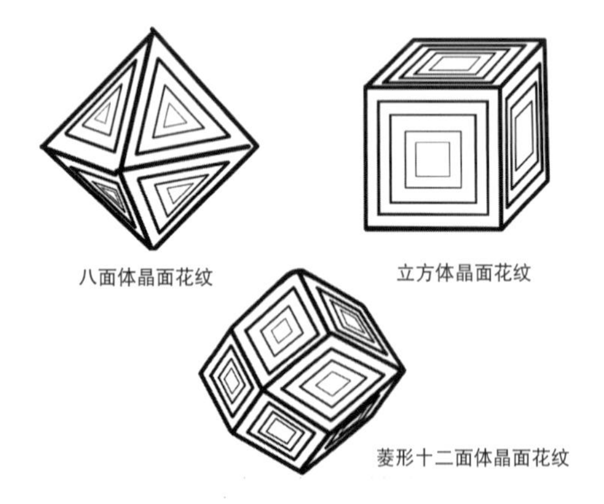

图 294　钻石晶体表面的花纹

图 295　钻石八面体晶体晶面花纹

20. 青鱼骨刺纹商业中也称结节。
21. 钻石立方体晶面呈现四边形蚀像。

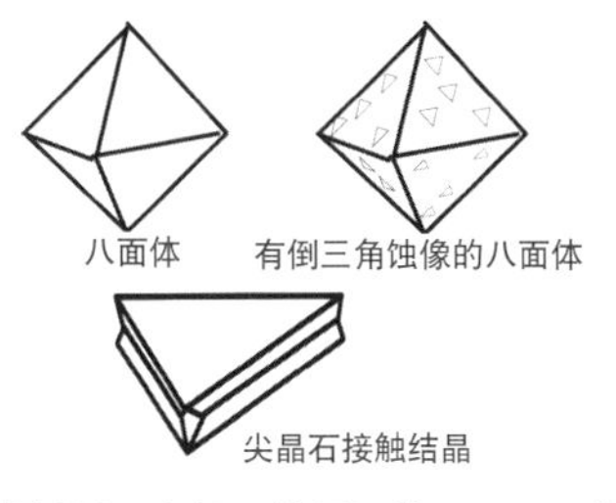

图 296 尖晶石结晶习性

图 297 尖晶石晶体常见形态

图 298 尖晶石的接触双晶

图 299 尖晶石表面倒三角蚀像

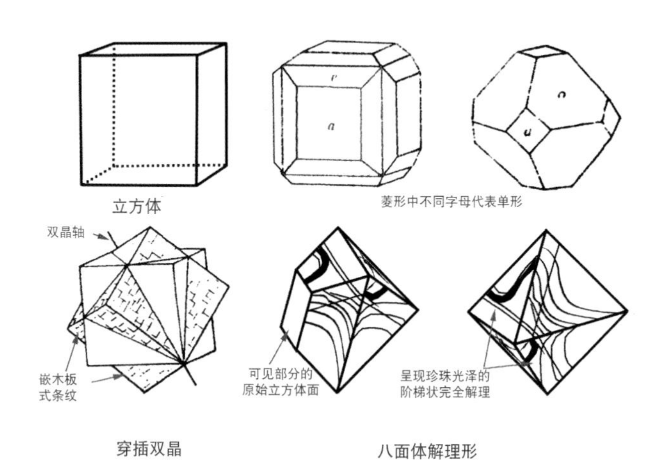

图 300 萤石结晶习性（单形及聚形）

图 301 萤石晶体

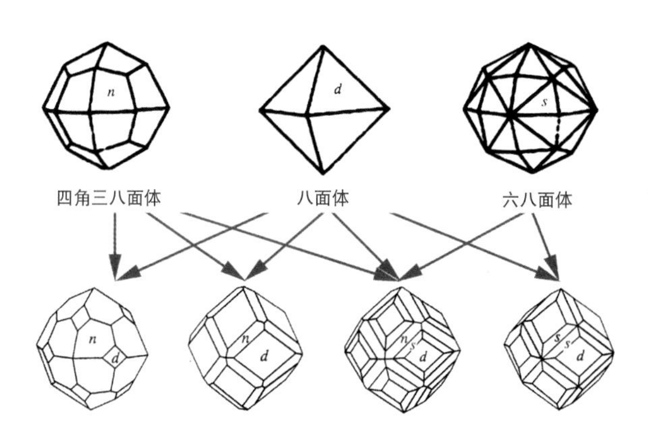

图 302 石榴石结晶习性（单形及聚形）

图 303 石榴石晶体表面同心环带

表 10　中级晶族、低级晶族常见宝石晶体特征

宝石名称	晶体分类	重要晶体特征			
		结晶习性	常见晶体形态	常见双晶形态	常见晶面花纹形态、
绿柱石	六方晶系	柱状结晶习性（图 304）	六方柱晶形（图 305～图 306）	少见	可见纵纹
锆石	四方晶系	柱状结晶习性（图 307）	具有横断面是正方形的的四方柱，与四方双锥一道出现（图 308）	可见膝状双晶	
刚玉	三方晶系	板状结晶习性，柱状结晶习性（图 309）	红宝石常呈现六棱柱的板状（图 310），蓝宝石常呈现六方双锥的桶状晶体形态(图 311）	常见聚片双晶	可见横纹
碧玺		柱状结晶习性（图 312）	晶体两端晶面不同，横断面呈球面三角形（图 313）	少见	可见纵纹（图 314）
石英（晶体石英）		柱状结晶习性（图 315）	横截面六边形，六方双锥少见（图 316、317），六方单锥常见	接触双晶常见（也称日本双晶）	晶体表面常见横纹
金绿宝石	斜方晶系	柱状结晶习性（图 318）	单晶少见	三连晶常见（图 319，六边形和凹角可作为识别依据	三连晶的的条纹可作为识别依据
托帕石		柱状结晶习性（图 320）	横截面为菱形，顶端常呈信封状（图 321）	双晶罕见	可见纵纹

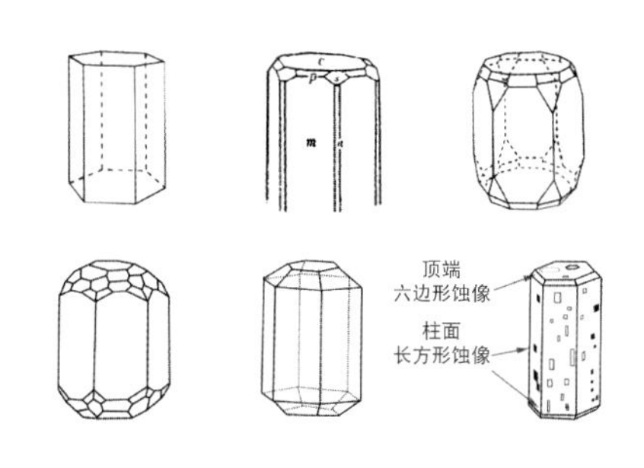

图 304　绿柱石结晶习性

图 305　祖母绿晶体常见形态

图 306　海蓝宝石晶体常见形态

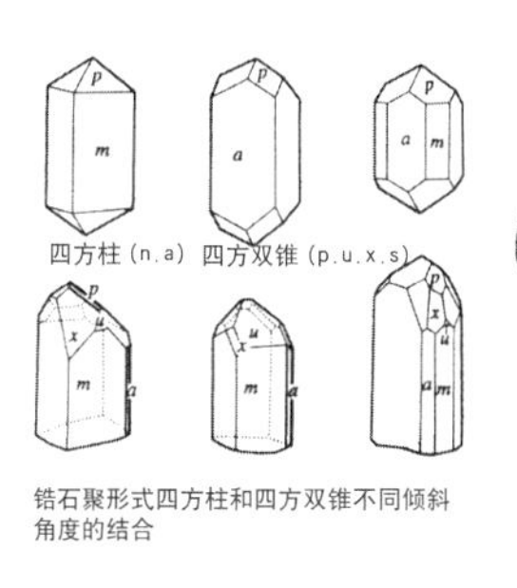

图 307　锆石结晶习性

图 308　锆石晶体

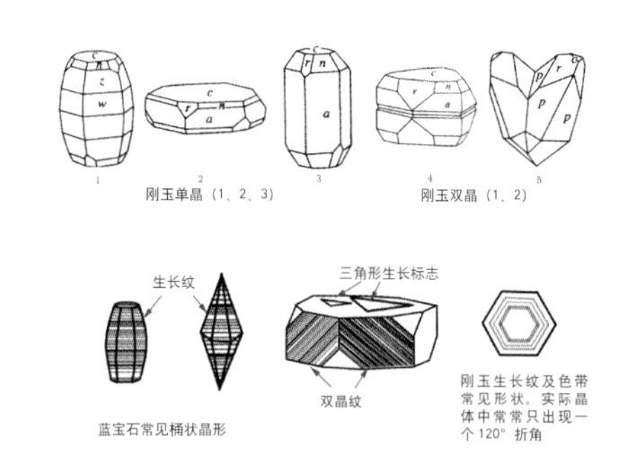

图 309　刚玉结晶习性

图 310　红宝石晶体

图 311　蓝宝石晶体

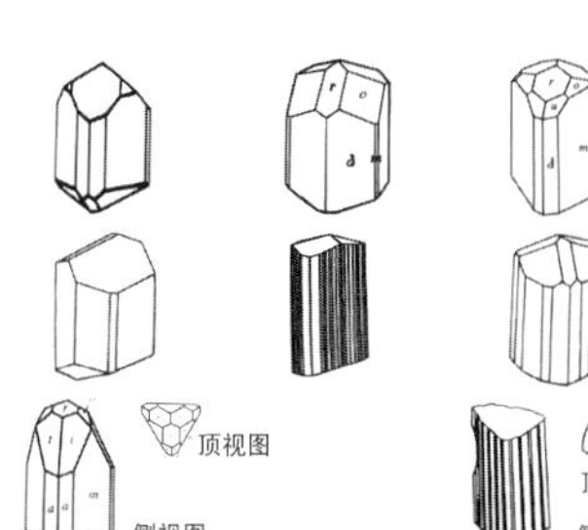

图 312　碧玺结晶习性

图 313　碧玺晶体

图 314　碧玺晶体表面纵纹

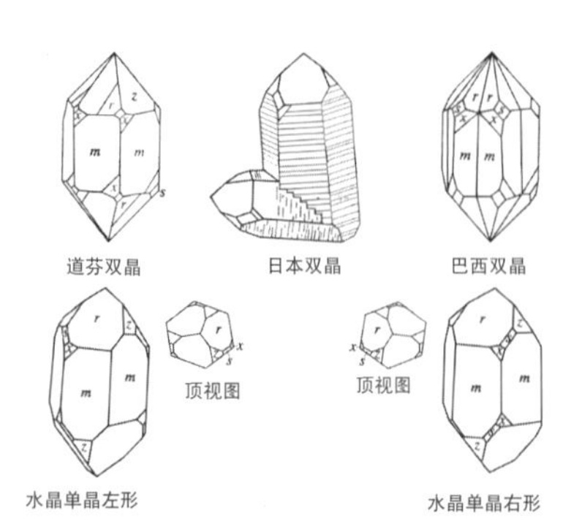

图 315　水晶结晶习性

图 316　水晶晶体

图 317　水晶晶体

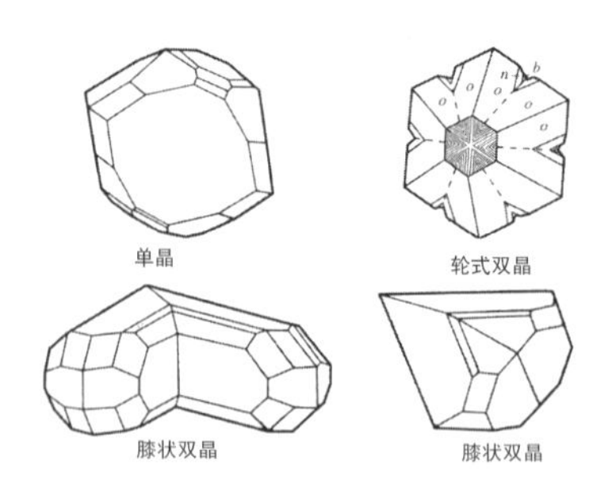

图 318　金绿宝石结晶习性

图 319　金绿宝石晶体

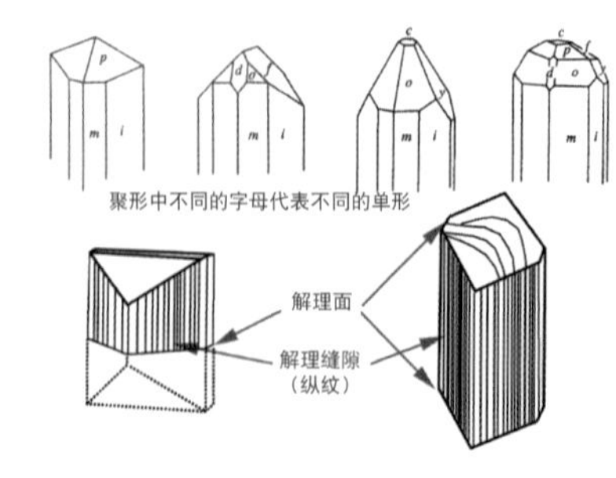

图 320　托帕石结晶习性

图 321　托帕石晶体

（二）宝石琢型

宝石在加工之前的形状，根据其是否为天然几何体，可以分为晶体（图 322）和集合体（图 323）两大类。但是天然的宝石形态不足以满足我们对于美的追求，在漫长的人类历史中，宝石本身的稀缺性和符号化的作用，使得宝石随着人类文化的发展需要，逐步被琢磨、雕刻为某些特定的形状，这种宝石被加工之后的形态称为琢型。

宝石琢型的分类方案有很多，为了与后面宝石实验室常规检测仪器的使用相呼应，这里将宝石琢型简单刻面型、弧面型、珠型和异型四大类。

1. 刻面型

刻面型又称棱面型和翻光面型，其基本持点是宝石造型由许多小翻面按一定规则排列组合构成，呈规则对称的几何多面体（图 324、325）。常见切磨为刻面型的宝石是为了突出宝石光泽和色散。

刻面型琢型的种类很多，据统计达数百种之多。常见的也有 20 多种。宝石学中常常使用腰围轮廓形状 + 刻面型的方式来进一步描述刻面型，例如椭圆刻面型、马眼刻面型等。

刻面型中常出现一个叫做异型，异型是相对于市场上，宝石对应常见刻面型以外的形状的统称，例如钻石常见为圆形刻面型（图 324），那么相对于这种圆形刻面型以外的少见琢形祖母绿阶梯型、玫瑰琢型、公主方琢型就称为异型（图 325）。

需要注意的是异型的范围是相对的，并且会伴随市场喜好发生改变。

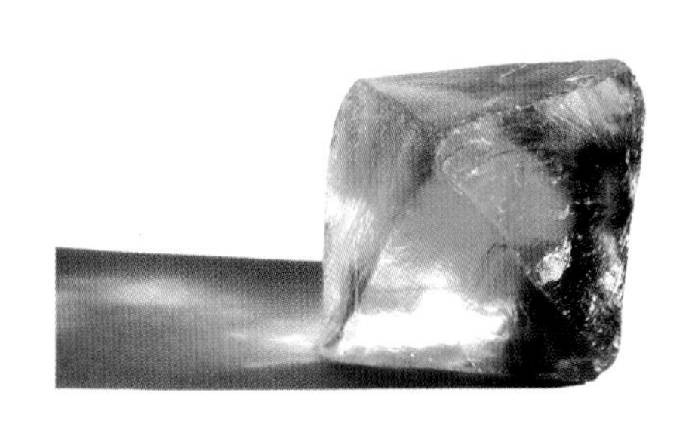

图 322　晶体

图 323　集合体

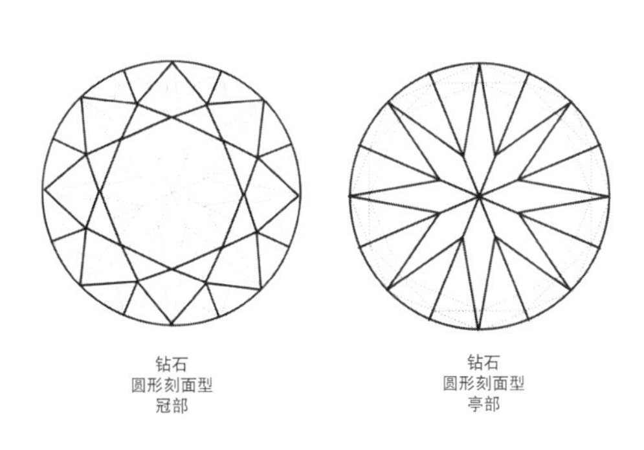

图 324　圆形刻面钻石

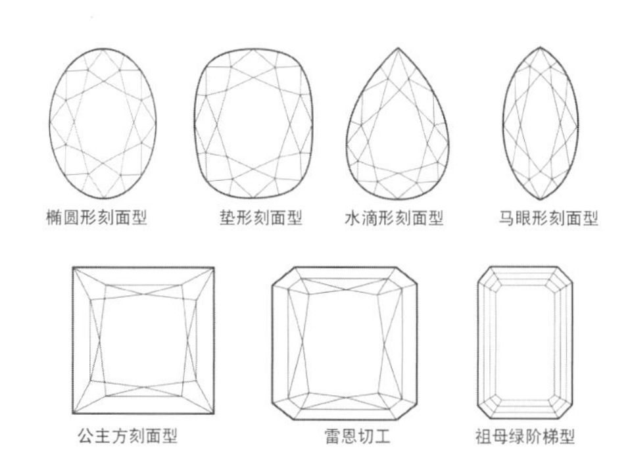

图 325　异型钻石

2. 弧面型

弧面型，又称凸面型或素身型，是指宝石切磨后的形状，有一个或两个凸起的弧面（图 326）。常见切磨为弧面型的宝石是为了突出宝石的色彩或者保重目的。

宝石学中常常使用腰围轮廓形状 + 弧面型的方式来进一步描述弧面型，例如圆形弧面型、椭圆形弧面型、十字弧面型等。

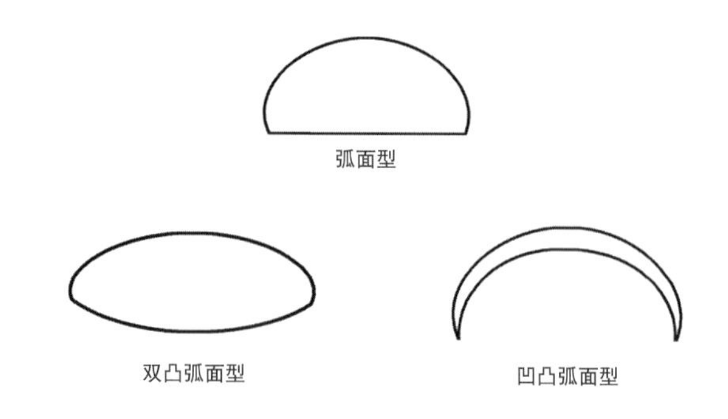

图 326 弧面型宝石侧视图

3. 珠型

珠型也是宝石中最见造型之一，对于珍珠（图 327）而言，珠型是天然的形状，对于其他晶体（图 328）或者集合体宝石而言，珠型通常用于中、低档品质的宝石琢磨之中，珠型的魅力并不主要表现在单粒珠子上，而是在十几个乃至上百颗同一琢型或不同琢型的珠子所串连形成的造型上，这种整体造型可简可繁，可长可短，变化万千。人们可以根据自己的爱好、服饰需要等进行选择。因此，珠型宝石是人们最常佩带的首饰石之一。目前珠宝市场上的大宗货就是珠型宝石，特别是项链珠员常见。珠型根据其形态特点可进一步分为许多类型。比较常见的有圆珠型、椭圆珠型、扁圆珠型、腰鼓珠型、圆柱珠型和棱柱珠别。

4. 其他

除了刻面型、弧面型和珠型之外的形状，还有一些市场普遍接受的一些名称，例如手镯、挂件、手串等（图 329、330），这种在形状描述的时候，直接使用约定俗成的名称即可。

图 327 珍珠

图 328 水晶串珠（市场俗称草莓晶）

图 329 手镯

图 330 挂件

课后阅读 1：游标卡尺在宝石检测中的应用

一、游标卡尺类型

游标卡尺是一种测量长度、内外径、深度的量具，分电子数字式与机械式两种。

电子数字式游标卡尺（图 331），精确度为 0.01mm，在珠宝行业应用广泛。

传统机械式游标卡尺（图 332），精确度为 0.02mm。传统机械式游标卡尺通常用于钻石测量中，测量得到数据可用于部分钻石切工比率值计算与钻石克拉重量的估算。

图 331　电子数字式游标卡尺

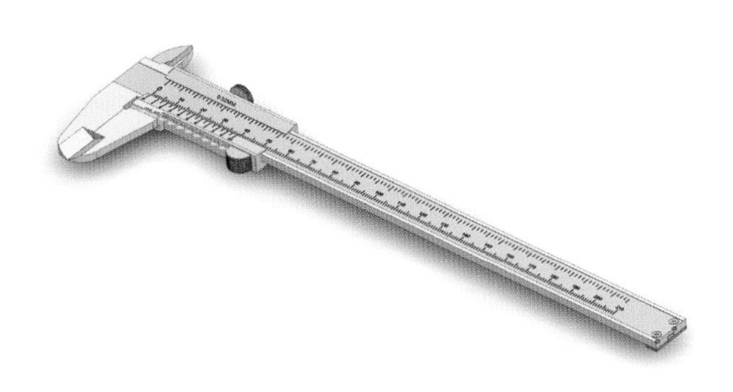

图 332　传统机械式游标卡尺

二、游标卡尺读数步骤

传统机械式游标卡尺读数步骤：

步骤一：游尺的左边的 0 所在刻度对应主尺 12 到 13 毫米之间，取小值 12；

步骤二：游尺刻度 1 右边第四条刻度与主尺刻度对齐，即游尺第 9 条刻度与主尺对齐，将 9 乘以游标卡尺分度值 0.02 得到 0.18，即得到游尺度数；

步骤三：将步骤一和步骤二所得数值相加得到 12.18，即得到测量样品尺寸。（图 333）。

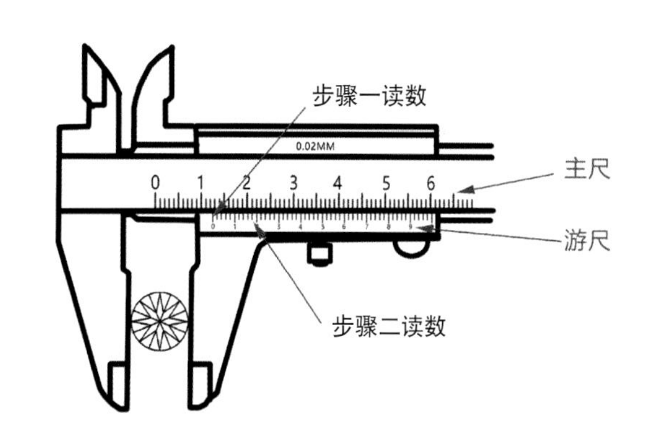

图 333　传统机械式游标卡尺读数方法

三、游标卡尺测试数据记录格式

游标卡尺观察记录参考表 11。

表 11　游标卡尺观察记录表

样品编号			
游标卡尺测　试	样品琢型	游标卡尺类型	宝石尺寸（长 × 宽 × 高 mm）

课后阅读 2：切工镜在宝石检测中的应用

切工镜（图 334）是专门用来观察某些标准圆钻型切工的宝石，其特定的光路设计而产生的特定图案的仪器。通常用来观察钻石，也可以用来观察碳化硅等宝石。

一、切工镜的结构

切工镜外观多为长筒状，一般由中空圆筒状框架、滤色薄膜、双凸透镜三个部分组成（图 335），并配有特制黑色宝石托盘（图 335）。

中空圆筒状框架根据观察的需要靠近观察者眼睛一端被设计为不透明，靠近被观测宝石部分被设计为磨砂半透明状，红蓝双色滤色薄膜是将红色向外，蓝色向内卷起后放置入中空圆筒状框架不透明内。

起放大作用的双凸透镜是固定于中空圆筒状框架不透明部分和半透明之间。

二、切工镜的使用方法及应用

（一）切工镜的使用步骤

（1）将标准圆钻型宝石根据观察的需要放置在特制黑色宝石托盘中央的凹槽中（图 336）；

（2）将切工镜半透明磨砂状一端放置在特制黑色宝石托盘上方（图 337）；

（3）观察宝石是否存在因其而切工产生特殊的图案，并记录结果；

（4）上下颠倒宝石并将宝石放置在特制黑色宝石托盘中央的凹槽中，重复步骤（1）、（2）、观察宝石是否存在因其而切工产生特殊的图案，并记录结果。

（二）切工镜的应用

观察切工对称性好的标准圆钻型宝石中的“八心八箭”现象，“八心八箭”的现象出现与否与宝石的品种没有必然关系，例如切工对称性好的标准圆钻型合成立方氧化锆中也可见“八心八箭”的现象。

“八心八箭”现象是指：切工对称性好的标准圆钻型宝石中，垂直台面向亭尖方向观察可见以钻石亭尖为放射点等距离排列的“八箭”（图 338），而垂直亭尖向台面方向观察可见以钻石亭尖为放射点等距离排列的“八心”（图 339）的这两个现象的统称。

图 334　左边切工镜，右边为切工镜附件（特制黑色宝石托盘）

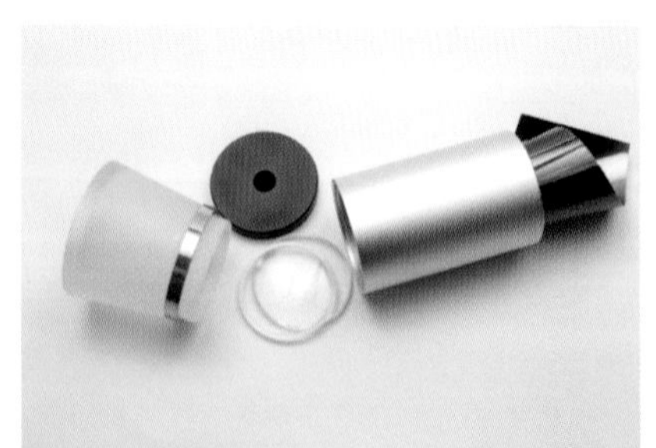

图 335　切工镜结构

图 336　特制黑色宝石托盘中宝石的放置位置及观察方向

图 337　观察现象时仪的放置

图 338　从台面往亭尖方向观察到的八箭现象（图 18 垂直往下看）

图 339　从亭尖往台面方向观察到的八心现象

三、切工镜观察记录格式

切工镜观察记录参考表 12。

表 12　切工镜观察记录表

样品编号				
样品特征描述	琢型	颜色	光泽	火彩
切工镜观察结果	观察位置	观察图案素描图		观察图案文字描述

第三章 常规仪器检测及应用

第一节　10× 放大镜和宝石显微镜

一、10× 放大镜和镊子

（一）宝石镊子

宝石镊子是一种辅助夹持固定宝石以便更好定向观察宝石的工具。根据其用途可分为宝石镊子（图 340、341）和仪器附加宝石夹（图 342）。

宝石镊子：一般配合 10× 放大镜使用，内侧有凹槽或者“#”纹以加紧和固定宝石。根据宝石式硬度不同还有专门设计或者增加特定附件用来夹取不同宝石的镊子，例如珍珠由于外形的流线的外形和摩氏硬度比一般的镊子低的特性，夹取珍珠的镊子一般尖端末尾会被设计为圆形或者会在普通镊子上套上黑色的橡胶套。

仪器附加宝石夹：极少单独使用，一般配合显微镜，台式分光镜配套使用。

宝石镊子在使用时一般是将镊子较粗、圆滑的一端放置在掌心，用拇指和食指控制镊子开合，为了观察的稳定性如果有条件可以将手肘支撑在桌面，为了防止宝石的意外损害，初学者使用镊子时，在镊子下方一定要配备一个黑色托盘，这样当用力不足时，宝石会掉落在黑色托盘上，同时还要注意不要太用力，防止宝石夹取宝石过紧后宝石的蹦出。

图 340　不带锁的宝石镊子外观

图 341　带锁的宝石镊子外观

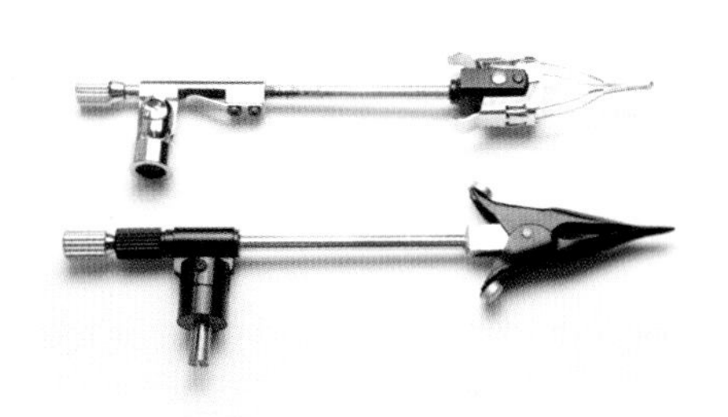

图 342　仪器附加宝石夹

（二）10 倍放大镜（10× 放大镜）

放大镜有很多种，日常生活中用的放大镜是由单片凸透镜构成。其放大倍数与凸透镜的曲率有关系，放大倍数越大，凸透镜曲率越大，常引起视域范围边部图像畸变（像差）和出现彩色边缘（色差）；宝石，放大镜，观测者之间工作距离取决于放大倍数；工作距离 = 清晰影像的最小距离（正常视力为 25cm）/ 放大倍数（10×）。放大倍数越大，工作距离越小，操作不便，视域范围亦缩小。

宝石学中一般选择 10 倍放大（用 10× 表示）放大镜（图 343）。在放大镜的结构上也作了改进，以消除像差和色差（图 344）。检验放大镜的质量的好坏可以用放大镜观察米格纸上 1×1mm 正方形格子图形，注意方格是否变形来确定。

1. 10× 放大镜结构

10× 放大镜结构基本一致（图 345），但是根据放大棱镜的层数可以将放大镜分为两种：

双合镜放大镜：由两片凸透镜构成。无像差。

三合镜放大镜：由两片铅玻璃制成的凹凸透镜中夹一无铅玻璃制成的爽凸透镜粘合而成（图 346）。无像差无色差。

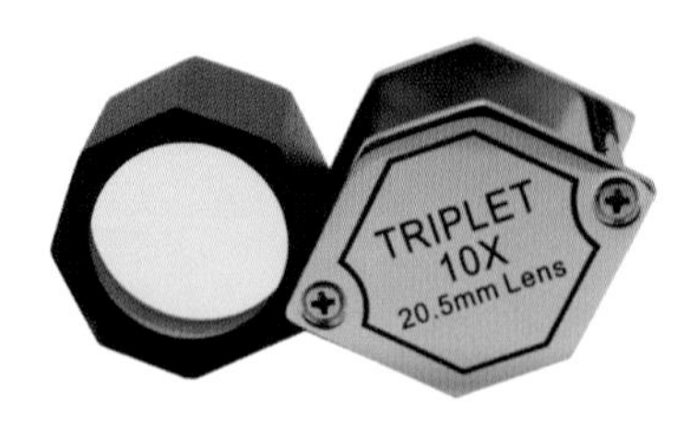

图 343　放大镜外观

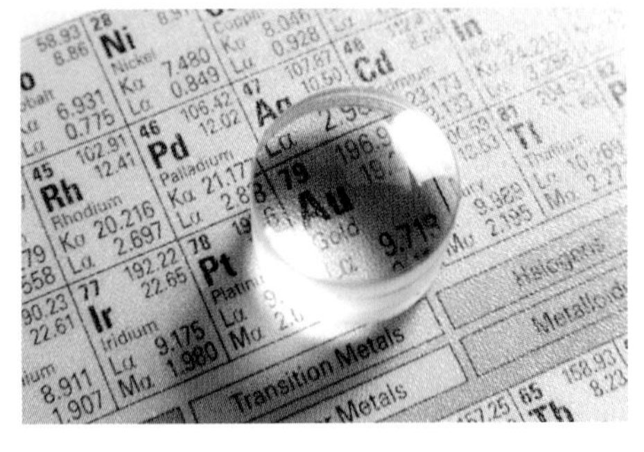

图 344　视域内无像差和色差的放大镜

图 345　放大镜结构

图 346　三合镜侧视图

2. 10× 放大镜的使用方法及应用

10× 放大镜基本操作步骤

a. 擦净样品及其放大镜；

b. 双目睁开，一手拿放大镜（可以将放大镜套在一只手的食指上，如图 347），另一手用镊子夹住宝石。放大镜靠近眼睛，距离约 2.5cm（可将按照图 348 中姿势将拿放大镜的手的拇指贴在脸上）；样品靠近放大镜，距离亦为 2.5cm 左右，为保持工作距离及放大镜和样品的稳定，可将夹有宝石的镊子放在拿放大镜的那只手的中指和无名指之间，方便调整样品与放大镜之间距离，并将胳膊支撑在桌子上。

图 347　放大镜套在食指上

图 348　镊子与放大镜的距离及放置的位置

图 349　透过放大镜看到的现象

c. 调整好姿势后，根据观察的需要选择光源的强弱及其合适的照明方式；

d. 转动样品观察样品内外部特征，并随时微距调节工作距离，以便始终清晰的观察到各种影像。（图349）

10× 放大镜的应用

a. 反射光下可观察到的现象：表面特征（图350），例如宝石表面光泽差异、凹坑、抛光纹等。

b. 透射光下可观察到的现象：内部特征（图351），例如晶体包裹体，双晶纹，昆虫，植物等。

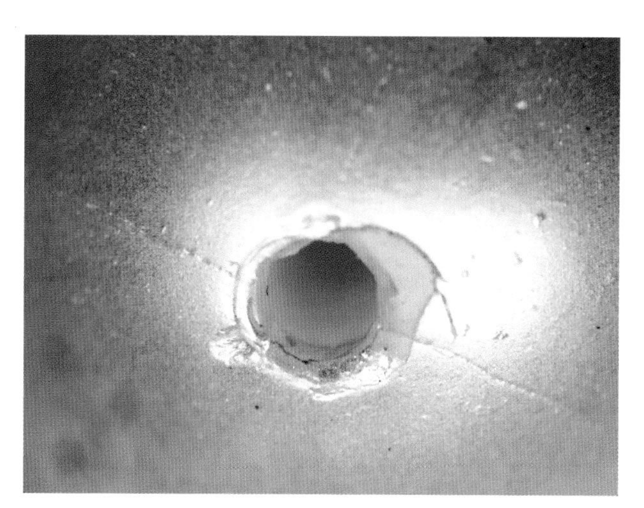

图 350　反射光下镀膜仿珍珠中膜和基底之间的光泽差异

图 351　透射光下琥珀内部的昆虫

（三）10× 放大镜观察记录格式

10× 放大镜观察记录参考表 13。

表 13　10× 放大镜观察记录表

样品编号	
内部特征描述	
外部特征描述	

二、宝石显微镜

(一)宝石显微镜的类型

宝石显微镜有许多种类型，如单筒显微镜、双筒显微镜、双筒变焦显微镜、双筒立体显微镜、双筒立体变焦显微镜（图 352）、带视频功能的双筒立体变焦立式显微镜（图 353）等。目前宝石显微镜多采用立式双筒立体连续变焦显微镜也有卧式双筒立体变焦显微镜(图 354)。本章节重点介绍双筒立体变焦宝石显微镜。

宝石显微镜物镜工作距离较大，能观察足够大的宝石，不会因调焦不当而对宝石和显微镜有所损害。镜下物像呈现三维立体图像，并可连续放大，通常为 10 — 60 倍。

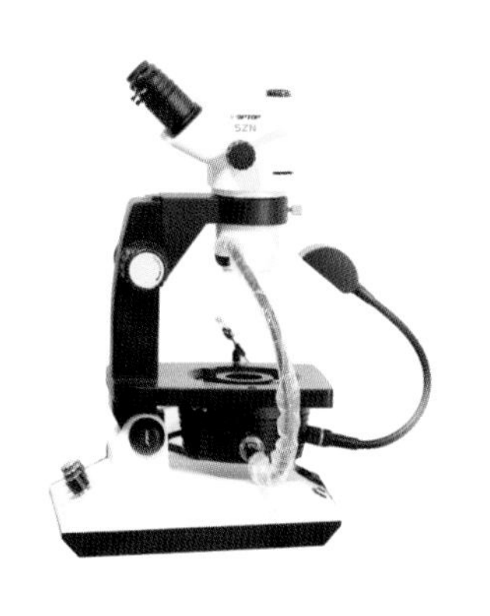

图 352 双筒立体变焦立式显微镜

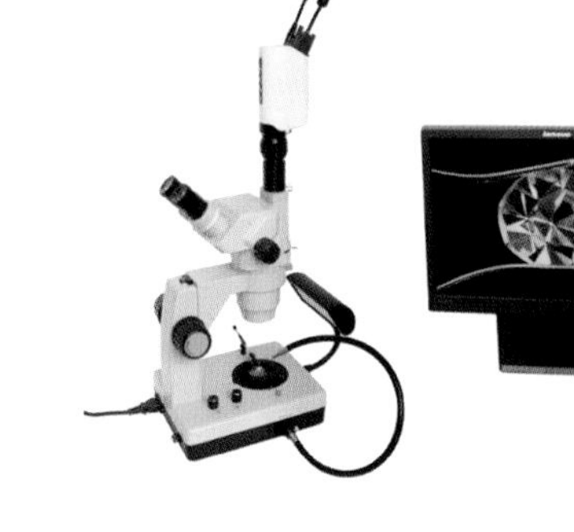

图 353 带视频功能的双筒立体变焦立式显微镜

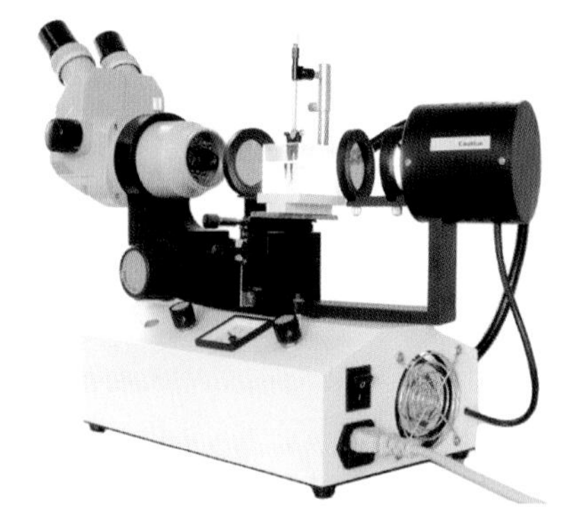

图 354 双筒立体变焦卧式显微镜

(二)双筒立体变焦宝石显微镜的结构

该显微镜的结构基本由三部分组成：显微镜放大系统、支架系统和光源照明系统。（图 355）

显微镜的放大系统分为显微镜镜头、目镜、目镜焦距调节旋钮、连续变倍旋钮、调焦手轮、上偏光片或物镜。

显微镜的支架系统分为支架直臂、调焦手轮、支架直臂与底座连接螺丝、底座、宝石夹、镜头托架、镜头固定螺丝。

显微镜的光源照明系统分为顶光源开关旋钮、底下光源开关旋钮、侧光源开关旋钮、底座、底光源及反射系统底座，电源开关旋钮、电源线、暗域亮域切换旋钮、宝石夹、缩光圈调节把手、下偏光片、载物台、锥光干涉球、顶光源、侧光源。

其中调焦旋钮既是放大系统组件也是支架系统组件，底座既是属于支架系统的底座，也是属于光源照明系统，内部集成相应照明电路及元器件。

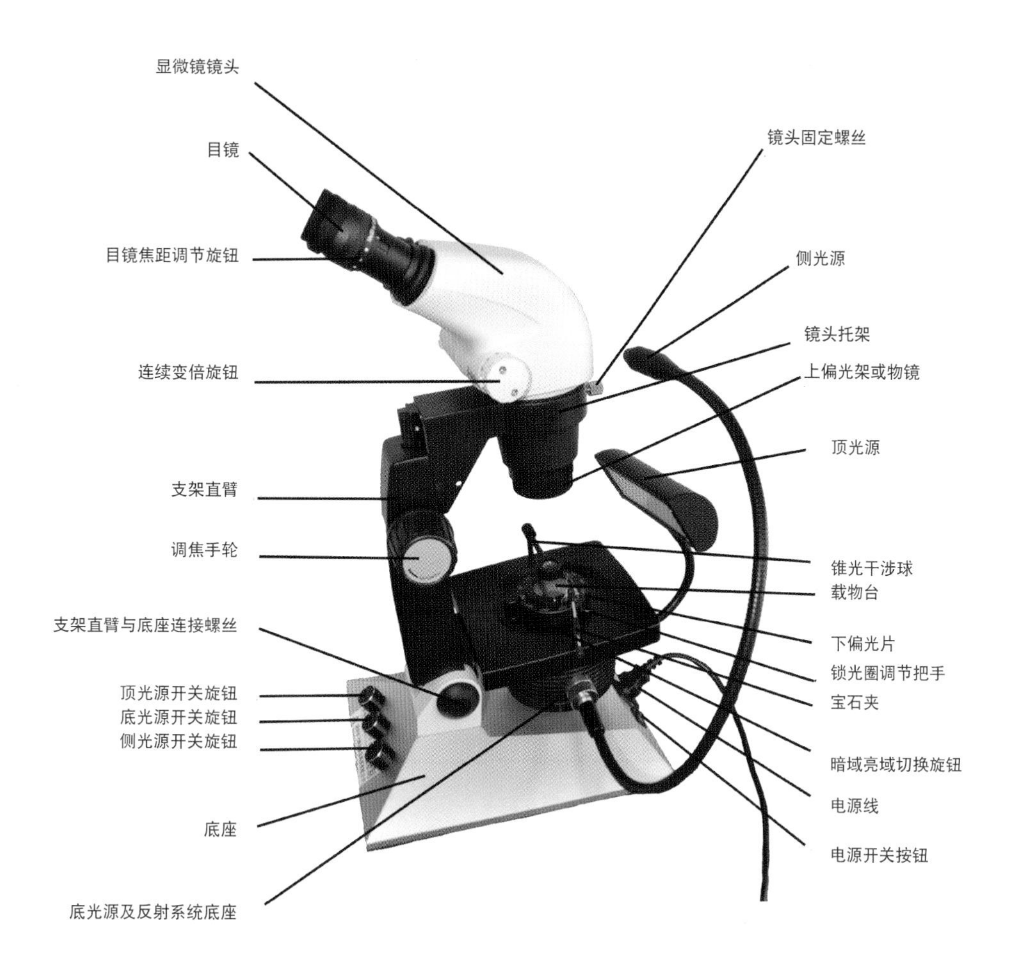

图 355　宝石显微镜结构名称图

（三）双筒立体变焦宝石显微镜的操作

1. 显微镜使用前的视度调节及调焦

瞳距调节

推拉左右目镜筒（图 356），可以改变两目镜筒的瞳距，调节左右目镜筒位置，直到左右目镜两个圆形视域重合为一个圆形视域为止。应该注意的是由于个体的视力及眼睛的调节差异，因此，不同的使用者或即便是同一使用者在不同时间使用同一台显微镜时，应分别进行齐焦调整，以便获得最佳的观察效果。（图 357）

调焦流程

将左右目镜筒上的视度圈均调至 0 刻线位置；选择显微镜宝石夹，置于显微镜视域中央（图 357）；将左右目镜调节旋钮转至最低倍位置，连续变倍旋钮调节至最低倍数 0.63×，先从右目镜筒中观察，转动调焦手轮直至标本的图像清晰后，再从左目镜筒观察，如左目镜筒观察不清晰则沿轴向调节左目镜筒上的视度圈，直到标本的图像清晰为止；将左右目镜调节旋钮转至最高倍位置，连续变倍旋钮调节至最低倍数 0.63×，先从右目镜筒中观察，转动调焦手轮直至标本的图像清晰后，再从左目镜筒观察，如左目镜筒观察不清晰则沿轴向调节左目镜筒上的视度圈，直到标本的图像清晰为止。（图 358—360）；重复以上两个步骤 2—3 次，视度调节更精确。

图 356　可以小范围左右推拉的左右目镜

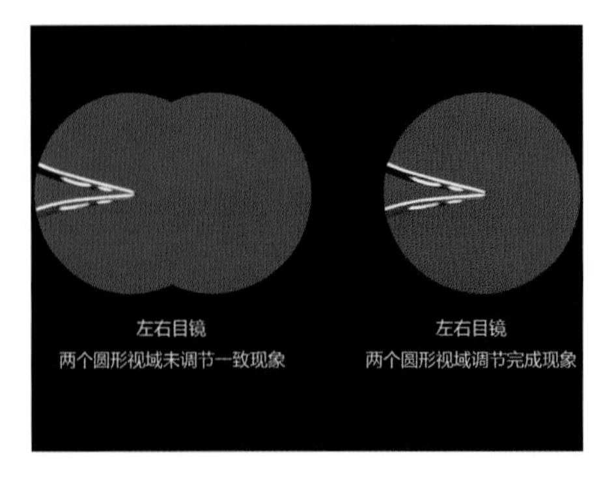

图 357　左右目镜两个圆形视域调节完成现象

图 358　目镜调节旋钮低倍和高倍位置示意图

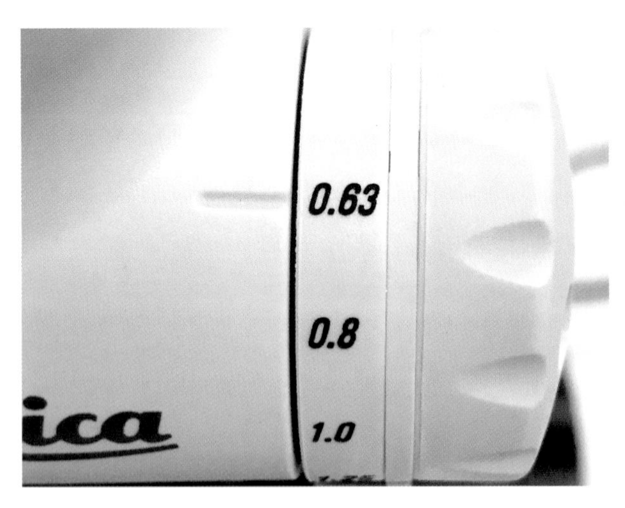

图 359　连续变倍旋钮调节至最低倍数 0.63× 状态

图 360　左右目镜调节旋钮转至最高倍位置，先从右目镜筒中观察，调节至视域中参照物清晰，再如图调节左边目镜调节旋钮，直到两眼观察参照物都清晰为止

2. 显微镜的使用

（1）接通显微镜电源线，全球通用宽电压，100-240V 之间均可。

（2）打开电源开关按钮，电源开关按钮变亮，表示电源正常可以工作。

（3）调节显微镜至双眼能够清晰的观察到宝石夹（图 356、357）。

（4）在宝石夹上固定需观察宝石，水平放置于显微镜镜头正下方；

（5）选择观察所需的照明光源和照明方式。根据照明的需要，调节顶光源开关旋钮、底光源开关旋钮和侧光源开关旋钮，调节光亮大小，同时可以利用锁光圈调节把手调节暗域或亮域照明方式下通光量，顺时针方向拨动锁光圈调节把手，通光量增大，逆时针方向拨动锁光圈调节把手，通光量减少（图 361、362）；

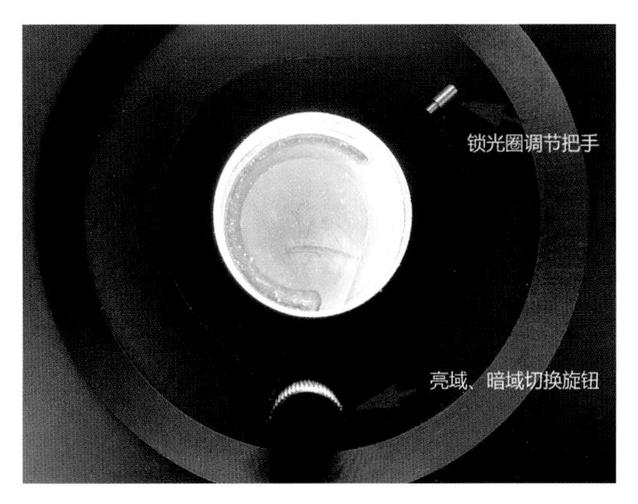

图 361　暗域照明法下锁光圈通光量最大状态

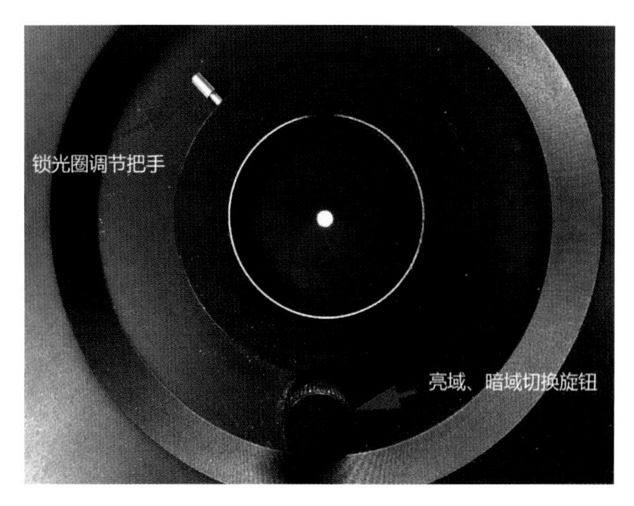

图 362　暗域照明法下锁光圈通光量最小状态

图 363　显微镜放大倍数（左边显示为最大放大倍数 40×，右边为不推荐刻度对齐位置）

根据放大需要，调节连续变倍旋钮，选择合适的放大倍率，放大倍率为：连续变倍旋钮对齐刻度数字 × 显微镜目镜倍率，连续变倍旋钮最大可以调节至刻度数字为 4。例如使刻度对齐 2.5 的位置，即放大倍数为连续变倍旋钮对齐刻度数字 2.5× 显微镜目镜倍率 10，即最终显示放大倍率为 25×。需要注意的是刻度对齐放大倍数两个之间的数值时，其实际放大倍数不是按照两个数值之间的距离等比例缩放，因此实际操作时，尽量使得刻度对齐放大数值位置。如放大倍率仍不能满足需要，可以在显微镜镜头底端加载物镜或更换更高倍率显微镜目镜，此时显微镜放大倍率为：连续变倍旋钮对齐刻度数字 × 显微镜目镜倍率 × 物镜倍率（图 363）；

放大观察完毕，顺时针调节调焦手轮至最低位置，关闭电源开关按钮，拔掉电源线，将宝石和显微镜配件放入指定位置或盒子保存，并用防尘罩罩住宝石显微镜。

3. 显微镜的照明方式及调节方式

（1）垂直照明：显微镜调节好之后打开顶光源开关旋钮（图 364）；

（2）暗域照明：显微镜调节好之后打开底光源开关旋钮，根据需要调节至合适亮度，并将暗域亮域切换按钮逆时针转动至不能动即可（图 365）；

（3）亮域照明：显微镜调节好之后打开底光源开关旋钮，根据需要调节至合适亮度，并将暗域亮域切换按钮顺时针转动至不能动即可（图 366）；

（4）侧向照明：显微镜调节好之后打开侧光源开关旋钮，并将侧光源调节至合适照明角度（图 367）。

（5）散射照明：显微镜调节好之后打开底光源开关旋钮，根据需要调节至合适亮度，并将暗域亮域切换按钮顺时针转动至不能动，在宝石夹之下，载物台之上放入一层纸巾即可（图 368）；

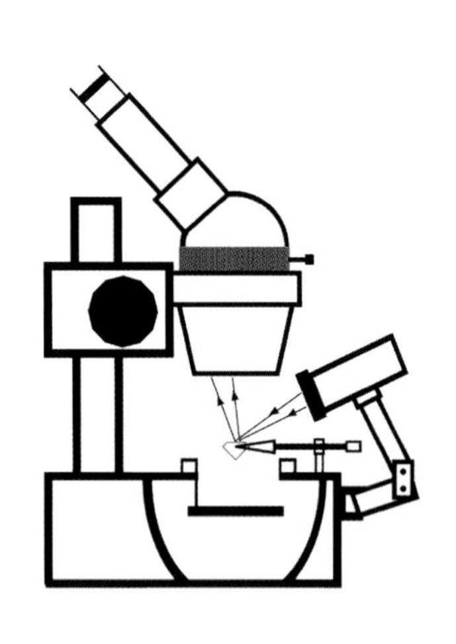

图 364　垂直照明

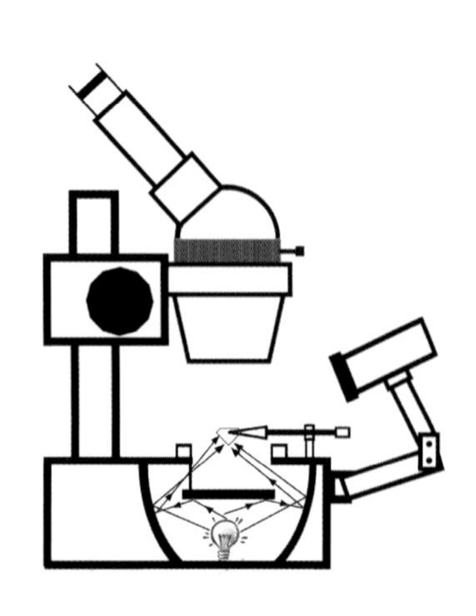
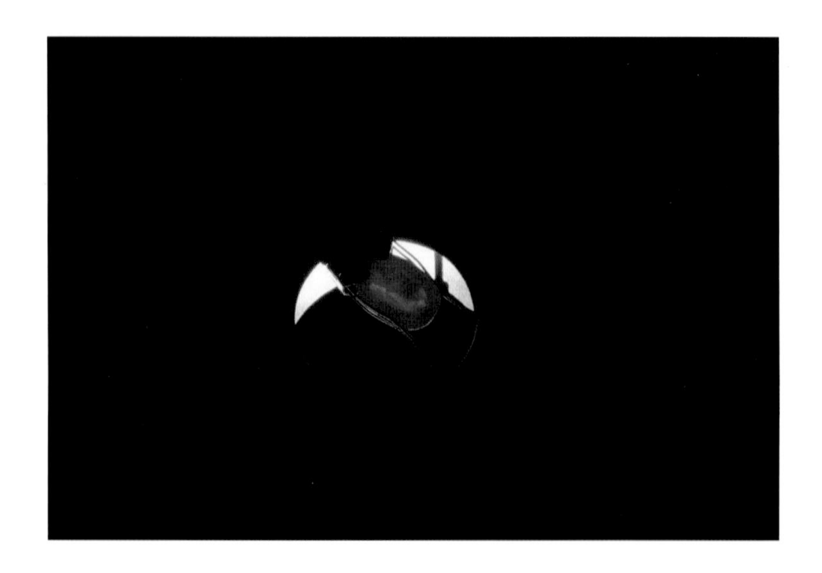

图 365　暗域照明

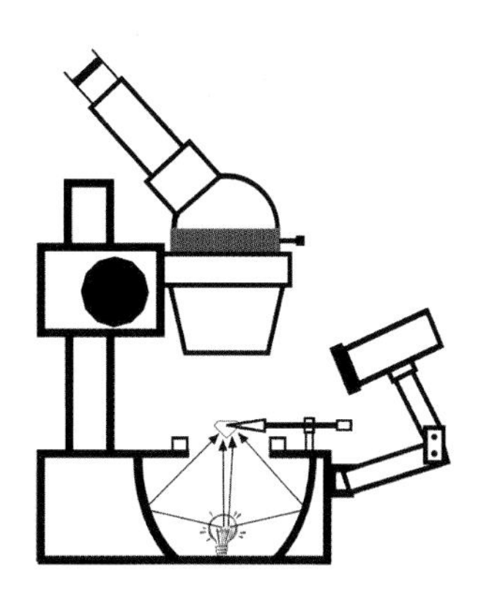
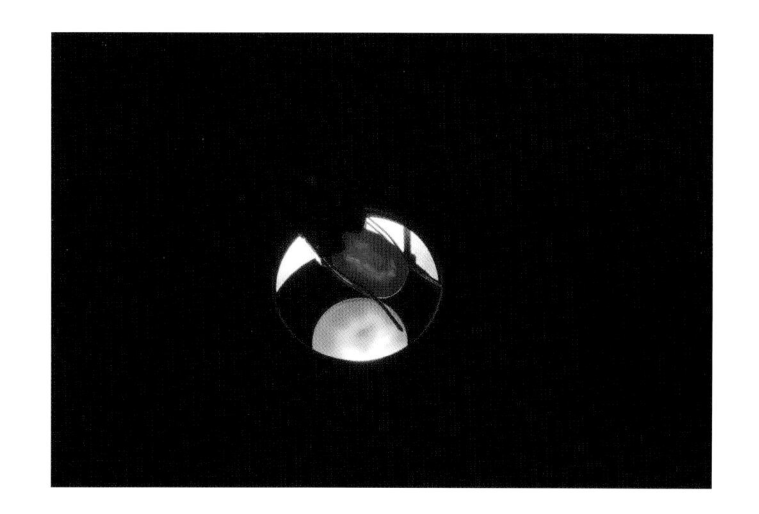

图 366　亮域照明

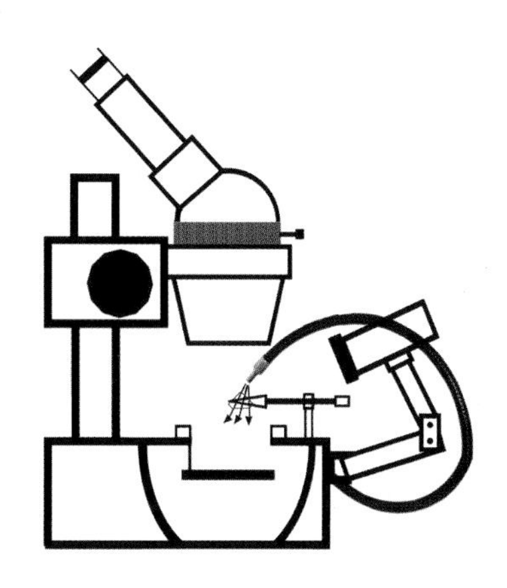

图 367　侧向照明

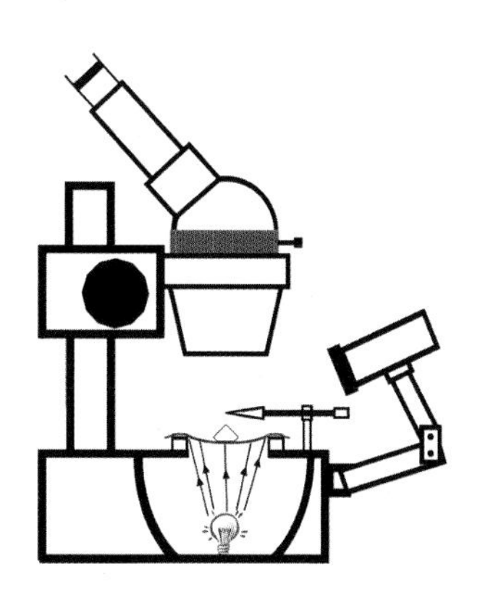
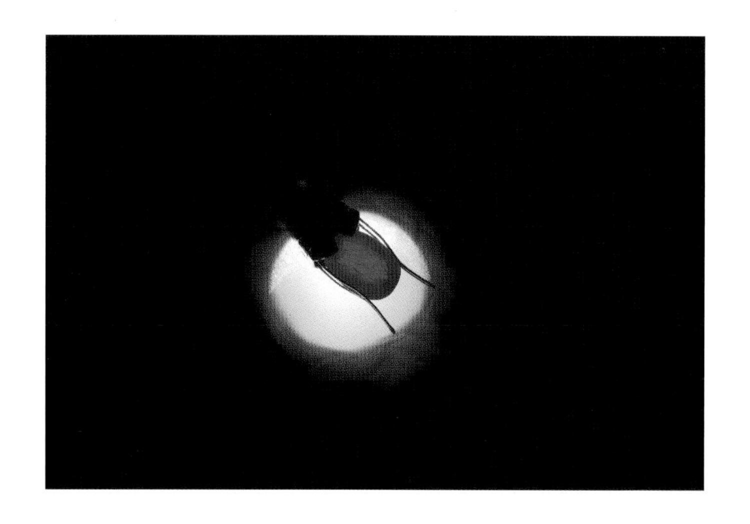

图 368　散射照明

（四）宝石显微镜的应用

宝石显微镜的应用主要在 3 个领域：宝石内外部特征的观察、干涉图的观察和测试宝石近似折射率的测试，在宝石学中，前两种是较为常用的。

1. 宝石内外部特征观察

表面特征的观察

表面特征是指宝石表面的凹坑，划痕，断口，破口，表面印记等现象。如解理层及其薄膜干涉效应（图 369），六射星光石榴石近表面三组定向排列包裹体（图 370）、晶体表面生长纹（图 371）等。

常使用垂直照明观察。

内部特征的观察

内部特征是指宝石内部的矿物（图 372），生长纹，裂隙，其他物质填充痕迹，颜色色形，重影（图 373）等现象。特殊内含物的对宝石具有鉴定意义，如月光石的蜈蚣足状包体、玻璃里的气泡、具有矿床成因意义的流体包裹体（图 374）、脱玻化玻璃里的雏晶（图 375）等。

常用：暗域照明法，亮域照明法，侧向照明法，散射照明法观察宝石内部特征，用垂直照明观察宝石近表面内部特征

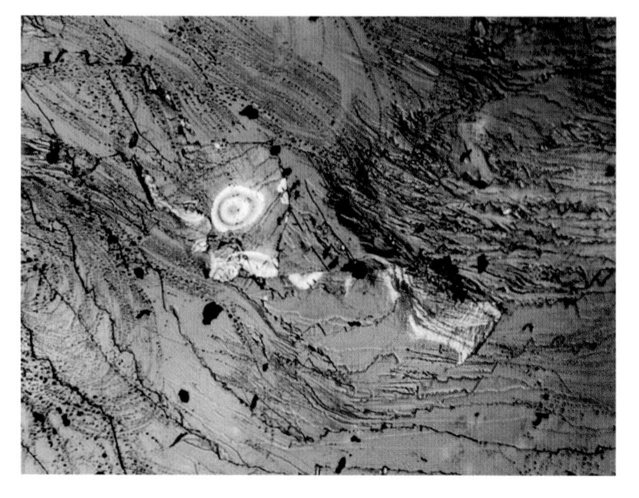

图 369　解理及其薄膜干涉效应（蓝柱石）

图 370　近表面三组定向排列包裹体（六射星光石榴石）

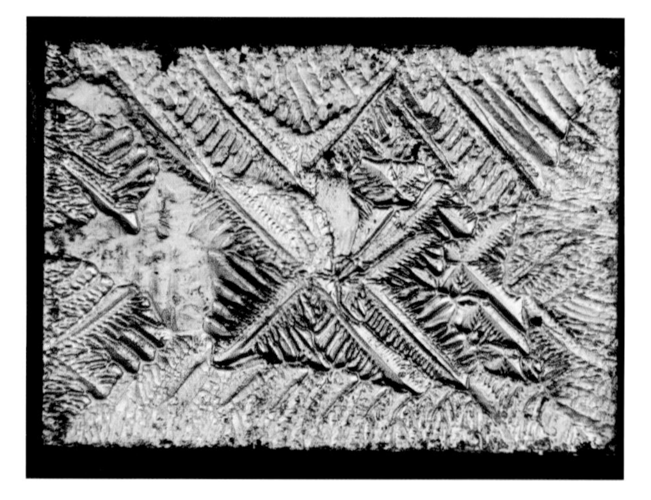

图 371　晶面花纹（高温高压合成钻石）

图 372 翠榴石内部的马尾丝包裹体

图 373 矿物包裹体的重影（硼铝镁石，双折射率 0.036–0.039）

图 374 流体包裹体

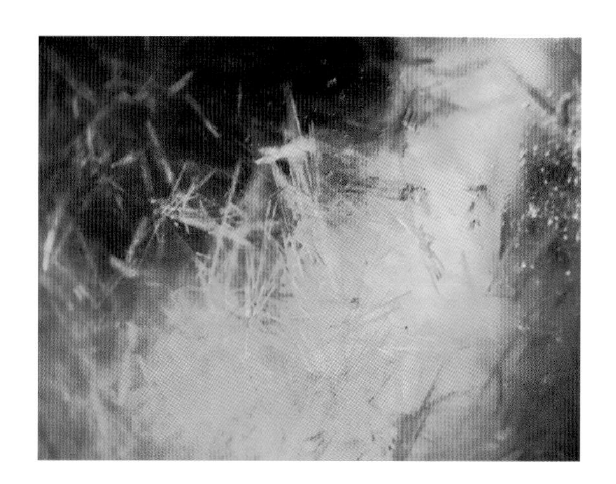

图 375 脱玻化玻璃里的雏晶

2. 干涉图的观察

在显微镜镜头底端加载上偏光片，在显微镜通光口位置加载下偏光片和载物台（图 376），在亮域照明状态（图 377），顺时针方向拨动锁光圈调节把手，至通光量最大位置，观察转动上偏光片至从显微镜目镜观察视域最黑位置即可（图 378），将宝石至于载物台正中间，加载锥光干涉球，使锥光干涉球透镜正对宝石，此时从显微镜目镜观察宝石锥光干涉图（图 379）。

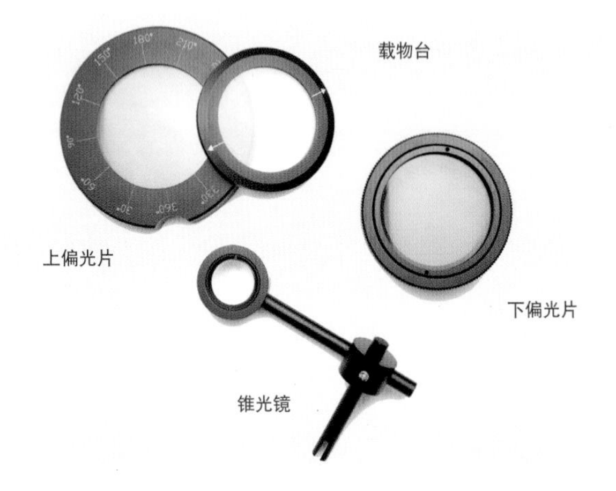

图 376　显微镜偏光附件（上偏光片、下偏光片和载物台）

图 377　显微镜偏光附件安装位置，显微镜照明方式

图 378　显微镜偏光附件调试到位后现象

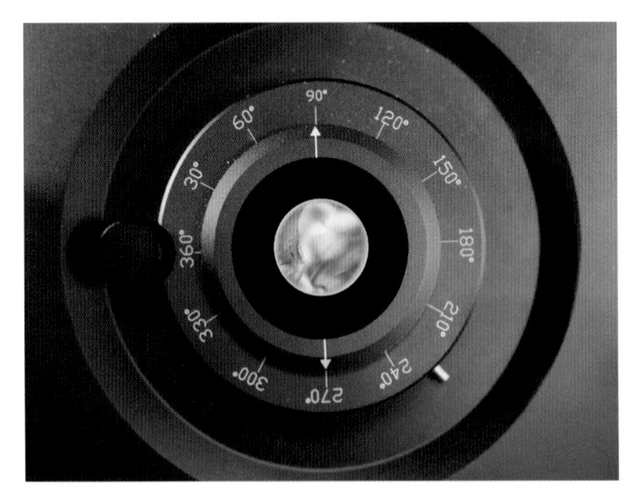

图 379　显微镜偏关附件下观察到宝石消光现象

3. 测试宝石近似折射率

贝克线法

将样品浸入已知折射率的浸液中，在显微镜下观察。当样品与浸液的折射率不同时，准焦后样品边缘出现亮线——贝克线。此时提升镜筒，若亮线向样品快速移动，说明样品的折射率比浸液折射率大；若亮线向浸液移动，则反之。亮线移动速度快，说明两者折射率差值大；亮线移动速度慢，说明两者折射率差值小。

柏拉图法

将样品浸入已知折射率的浸液中，观察样品，调节焦距，使之准焦于样品上方的液体中，若样品的折射率大，此时样品的边缘呈白色，下降镜筒，准焦点下移，变棱变黑；若浸液比样品的折射率大，样品的边棱呈黑色，准焦点下移，边棱变白。

直接测量法（真厚度 / 视厚度法）

用此法测试折射率，要求镜柱上安装游标卡尺；样品多为圆多面型。测量步骤如下：

用胶泥将样品固定在载玻片上。要求台面向上，并平行于载玻片，底与载玻片接触。将固定有样品的载玻片置于载物台上。

转动变焦调节圈，在适当的放大倍数（稍大一点）下观察样品（放大倍数大，所获得结果准确性大）。

调节焦距，分别准焦于样品的台面和底，准焦时各自读出游标卡尺上的数据，两个数据相减，即获得视厚度。

测量样品的真厚度。有两种方法，一种用卡尺直接测量，另一是测量视厚度后，将样品轻轻的移出视域，然后准焦于载玻片，并读出游标卡尺上的数据，此数与准焦于台面所获数值相减，即为真厚度。用真厚度除以视厚度获样品近似折射率。

（五）宝石显微镜观察记录格式

宝石显微镜观察记录参考表 14。

表 14　宝石显微镜观察记录格式

样品编号			
放大倍率（×）		照明条件	
外部特征观察文字描述		内含物特征素描图绘制	
内部特征观察文字描述			
其他附件		观察现象	
结论			

宝石显微镜建议观察流程图

课后阅读：内含物定义及分类

一、宝石内含物定义

宝石的包裹体又可称之为内含物，早在19世纪初人们就开始对宝玉石矿物中的内含进行了研究，现代科技的飞速发展使得宝玉石的合成技术日益完善，许多人工宝玉石与天然宝玉石之间的差别越来越小，因此包裹体在宝石学上的意义也越来越重要，对宝石包裹体的研究有助于评价宝玉石的质量、了解其性质、判别其产地和推断其成因。

包裹体的概念最早出现在矿物学中，不少学者对包裹体都下过定义。

卢焕章在1981年定义：包裹体是指在地质过程中矿物生成时，一些成矿溶液或岩浆（硅酸盐熔融体）被包裹在矿物晶格缺陷或漩涡中，至今与主矿物有着明显的相的界限。

何知礼在1982年定义：包裹体是指“矿物形成过程中被俘获的成矿介质，被称为成矿流体的样品。

李兆麟在1989年定义：矿物中的包裹体广义来说是指矿物中所包含的物质，而确切地说就是矿物中由一相或多相物质组成的，并与主矿物具有相的界限的封闭系统。

由此可以看出，在地质学中对包裹体的认识基本上形成共识并强调：

包裹体在矿物中是一个封闭的地球化学系统；

该系统是由一相或是多相物质组成，且与主矿物具有相的界限，其物质来源可以是与主矿物无关的外来物或是相同于主矿物的成岩、成矿介质。

综上所述，宝石包裹体可以这样定义：在宝石内部与主体宝石有成分、结构或相态差异的内部缺陷及内部包含的物质。

二、内含物的分类

宝玉石中包裹体的概念是在矿物学中包裹体概念的基础上有所拓宽，它包括两个方面的含义：

矿物学中的包裹体：包含在宝玉石矿物内部的固相（图380）、气相（图381）和气相物质（图382），即平常所说的狭义包裹体；

包裹体还指那些凡是影响宝玉石透明度、净度的所有内外部特征，具体是指：

带状结构，包括颜色分带和生长带等（图383—385）；

双晶；

断口、解理及裂隙；

与内部结构有关的表面特征，如代表钻石（100）面的凹坑（图386），水晶表面的生长纹，珍珠的叠瓦状构造等（图387）。

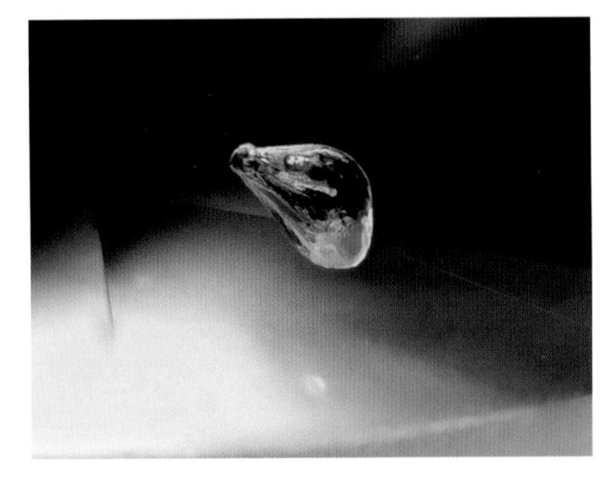

图380　硼铝镁石的固相包裹体

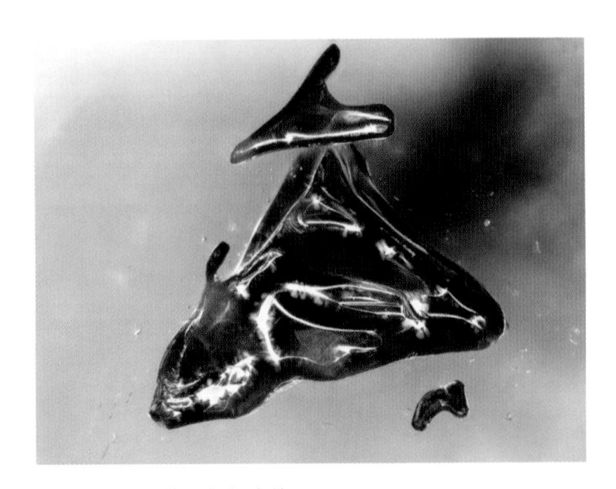

图381　水晶的固相包裹体

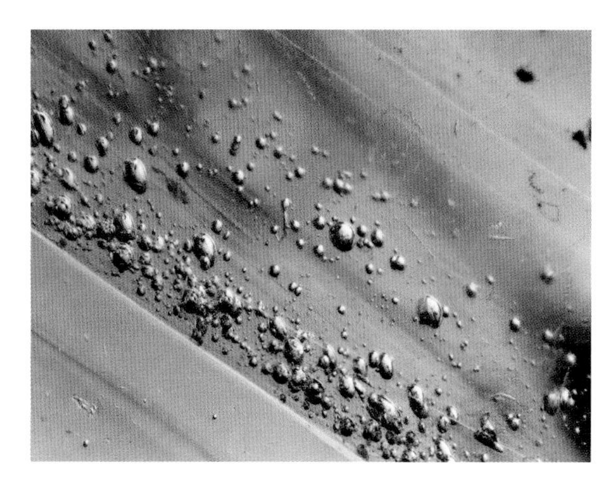

图 382 琥珀内的气相包裹体

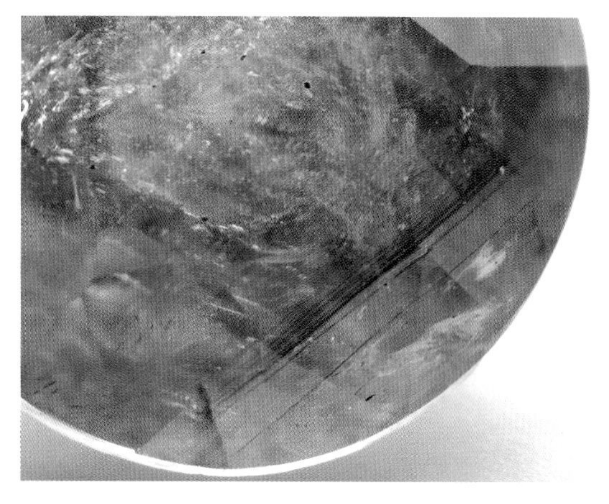

图 383 色带（锡石）

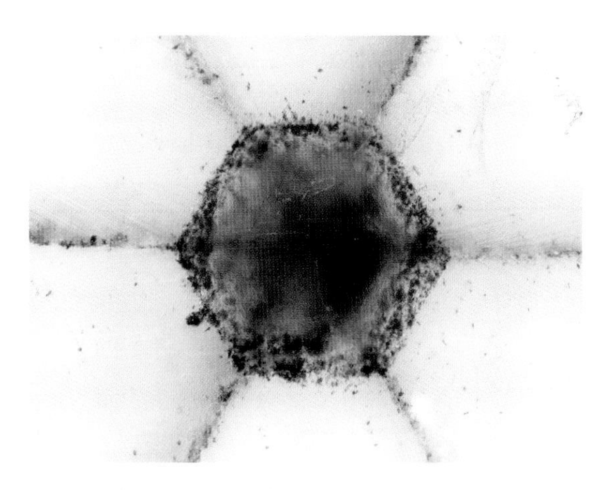

图 384 达碧兹祖母绿六边形生长环带

图 385 天蓝石的色带。生长纹和流体包裹体

图 386 高温高压合成钻石表面代表钻石（100）面的凹坑

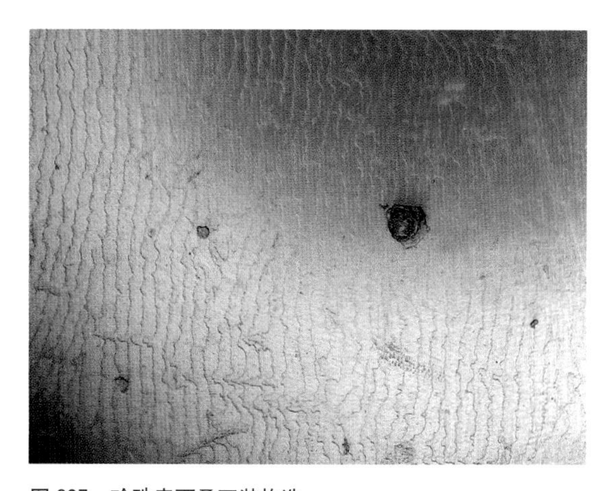

图 387 珍珠表面叠瓦装构造

第二节　偏光镜在宝石检测中的应用

一、偏光镜的原理及结构

偏光镜底部光源发出自然光经过下偏光片转换成偏振光，通过非均质体宝石，再转换成两束传播方向不同，振动方向相互垂直的偏振光。其中有偏振光振动方向与上偏光片偏光位置一致，则可以通过上偏光片，此时通过上偏光片就能观察到宝石是亮的。如果偏振光方向与上偏光片位置不一致，则不能通过上偏光片，此时观察宝石是暗的。

偏光镜可以通过明暗变化的观察进行宝石光学性质的判断；可以通过干涉图的观察进行宝石轴性的判断；可以通过多色性的观察进行宝石光性、轴性的初步判断。

偏光镜由一个装灯的铸件和两个偏振片起偏镜（下），检偏镜（上）所构成（图 388）。

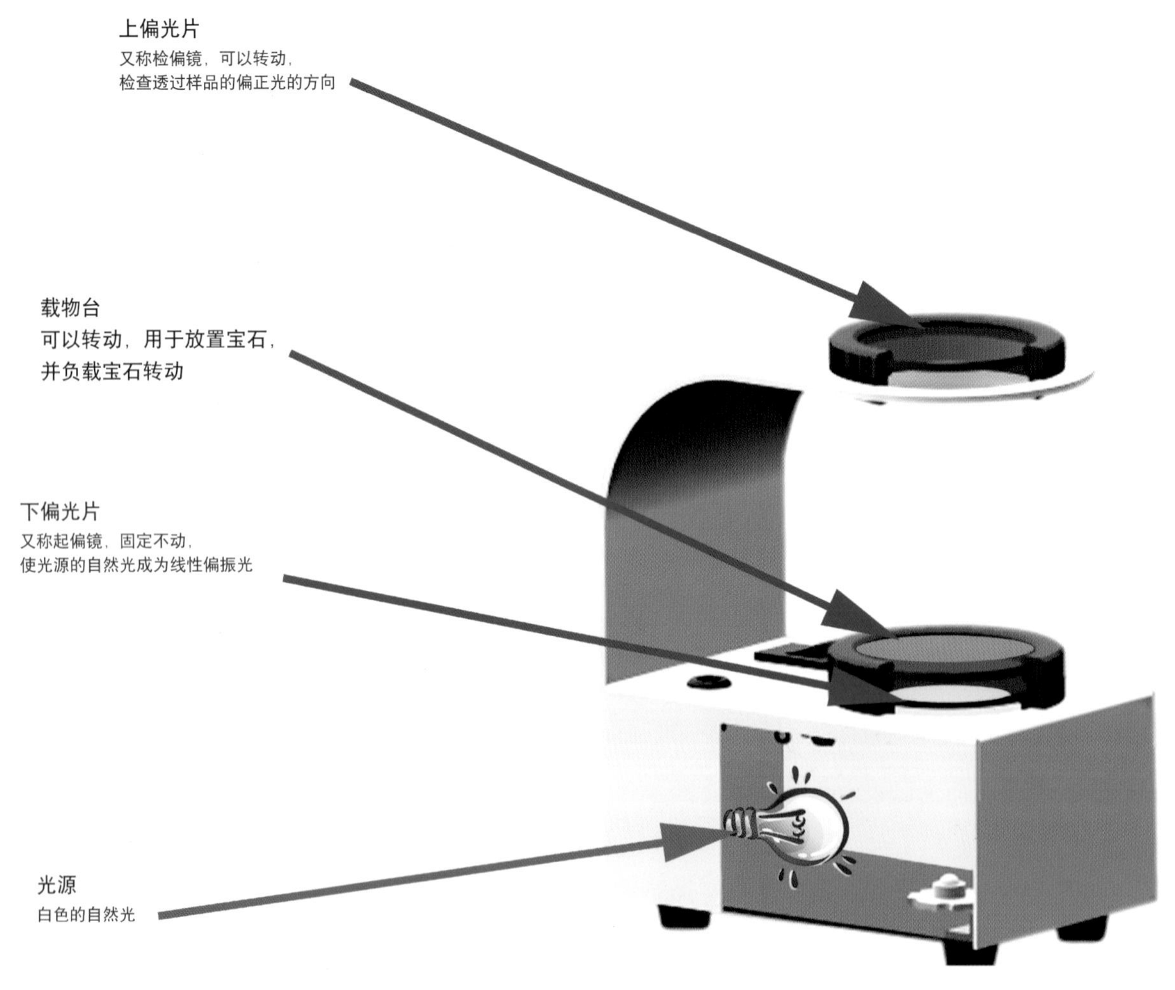

图 388　偏光镜结构示意图

二、偏光镜的操作及现象分析

（一）明暗状态观察及宝石光学性质判断

1. 偏光镜基本操作步骤

（1）接通宝石偏光镜电源，打开偏光镜上电源开关。

（2）转动上偏光片可见视域出现明暗变化（图389、390），转动上偏光偏至最黑位置（图390）。

（3）将透明宝石置于偏光镜载物台（下偏光片）上（图391）。

（4）转动载物台（下偏光片）360°，从上偏光片往下观察宝石明暗变化现象（图392—399）。

（5）记录宝石随载物台转动的明暗变化现象及明暗交替次数，对于某些典型特征可采用素描图的方式绘图。

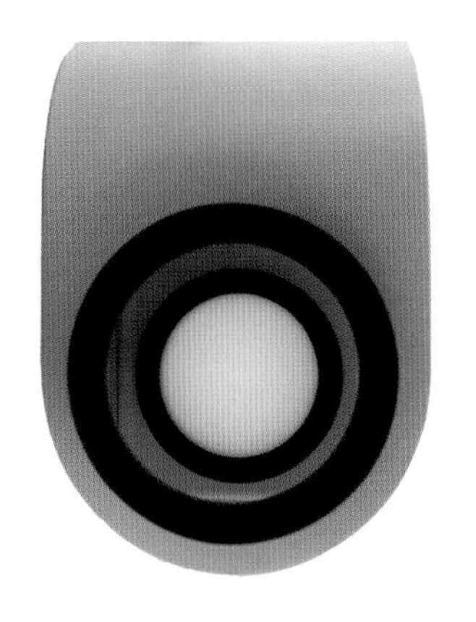

图389　正交偏光镜下视域全亮状态现象

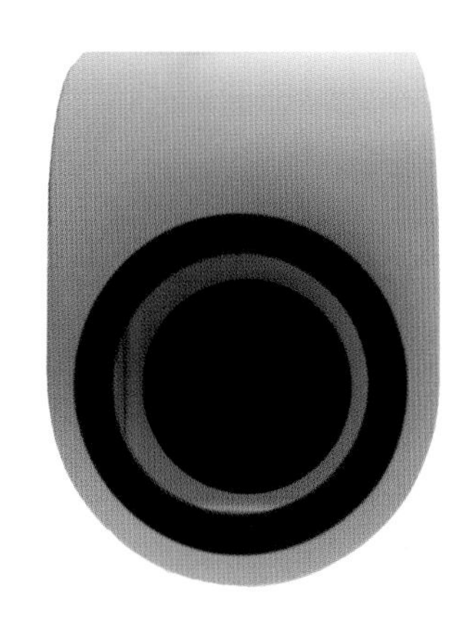

图390　正交偏光镜下视域全暗状态现象

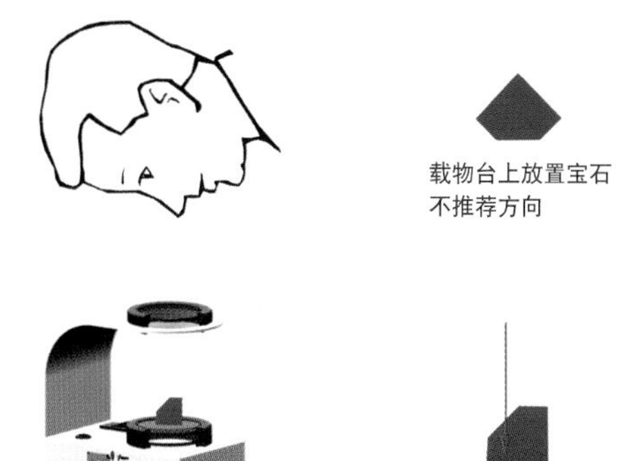

图391　偏光镜观察姿势图宝石常见放置角度

2. 基本现象及观察结果解析

（1）正交偏光镜下，转动宝石360°，四明四暗（图392—399），非均质体（如水晶、碧玺、绿柱石族宝石、刚玉族宝石、橄榄石、托帕石等）。

图392　非均质体在0°时正交偏光镜下现象

图393　非均质体在45°时正交偏光镜下现象

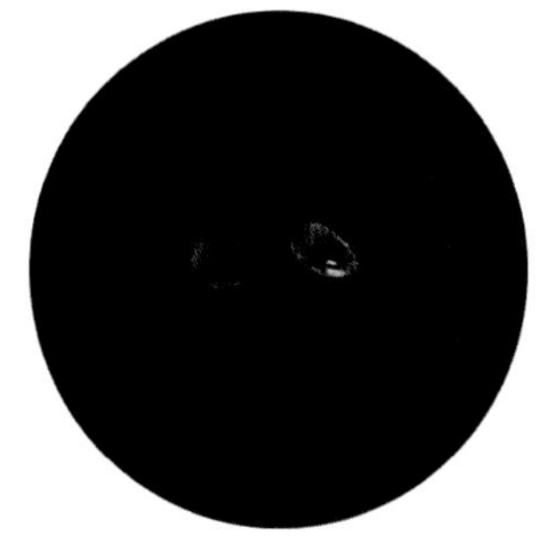

图394　非均质体在90°时正交偏光镜下现象

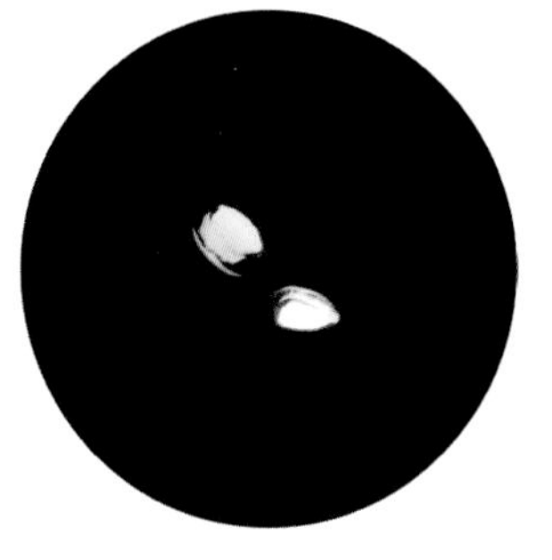

图395　非均质体在135°时正交偏光镜下现象

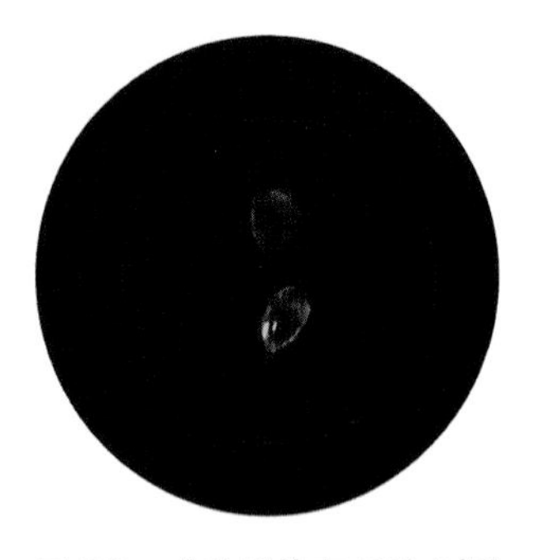

图 396　非均质体在 180° 时正交偏光镜下现象

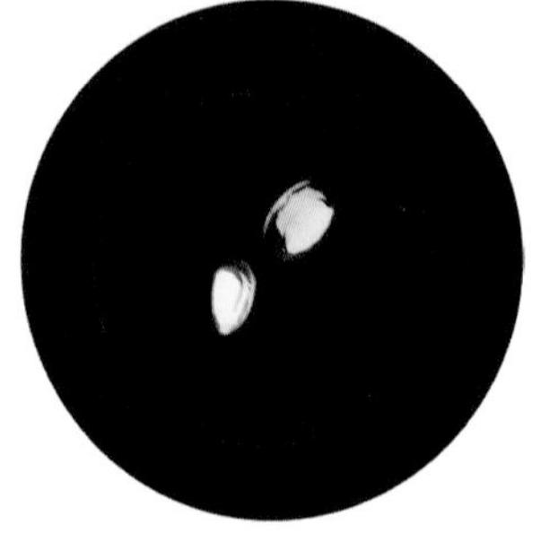

图 397　非均质体在 225° 时正交偏光镜下现象

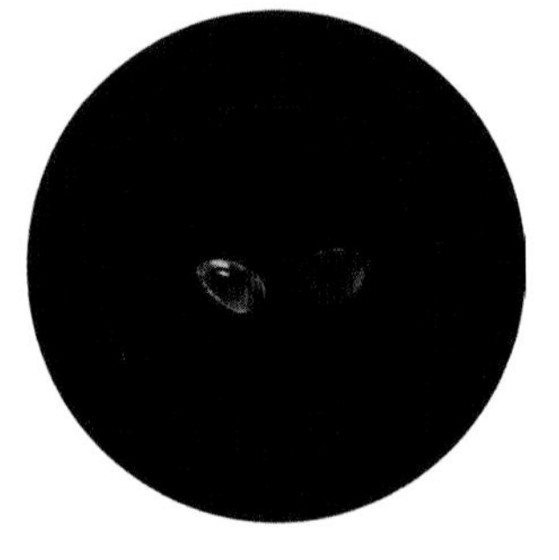

图 398　非均质体在 270° 时正交偏光镜下现象

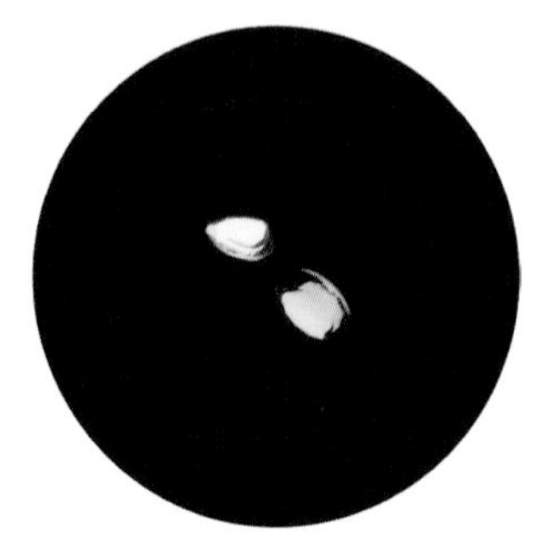

图 399　非均质体在 315° 时正交偏光镜下现象

（2）正交偏光镜下，转动宝石 360°，全暗（图 400—407），均质体（如钻石、萤石、尖晶石、石榴石、玻璃、欧泊、塑料等）。

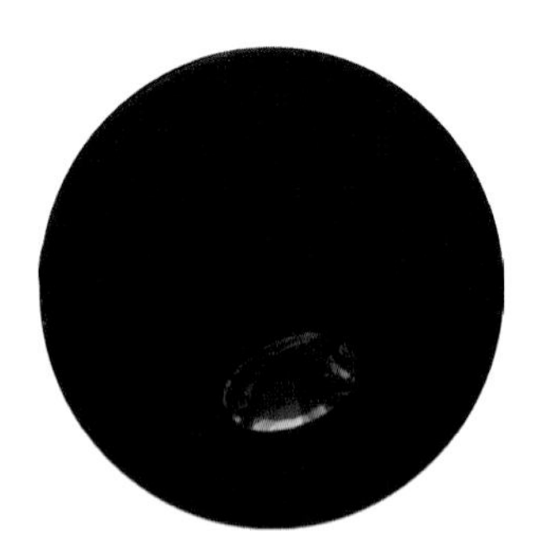

图 400　均质体在 0° 时正交偏光镜下现象

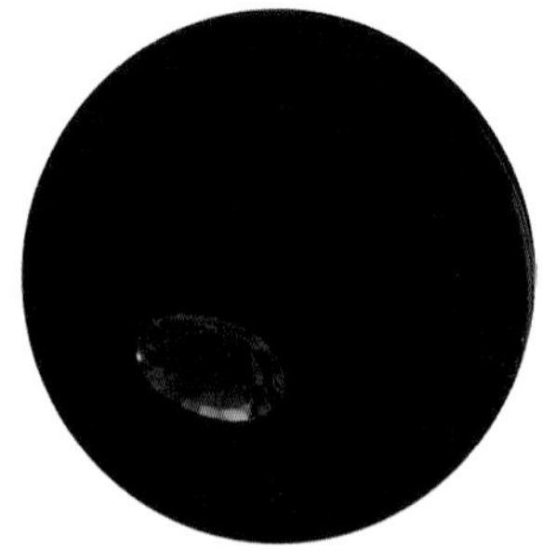

图 401　均质体在 45° 时正交偏光镜下现象

图 402　均质体在 90° 时正交偏光镜下现象

图 403　均质体在 135° 时正交偏光镜下现象

图 404　均质体在 180° 时正交偏光镜下现象

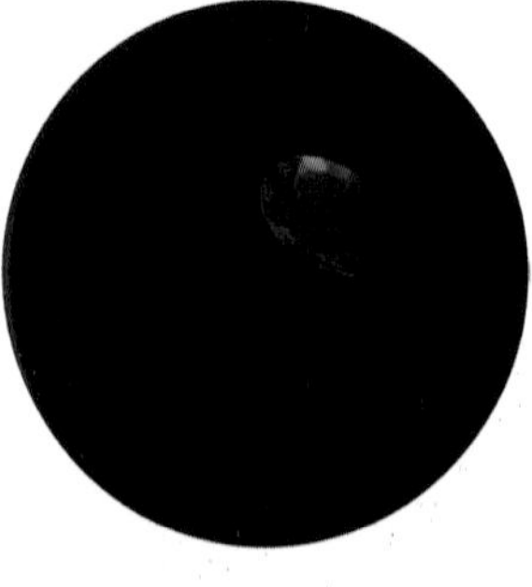

图 405　均质体在 225° 时正交偏光镜下现象

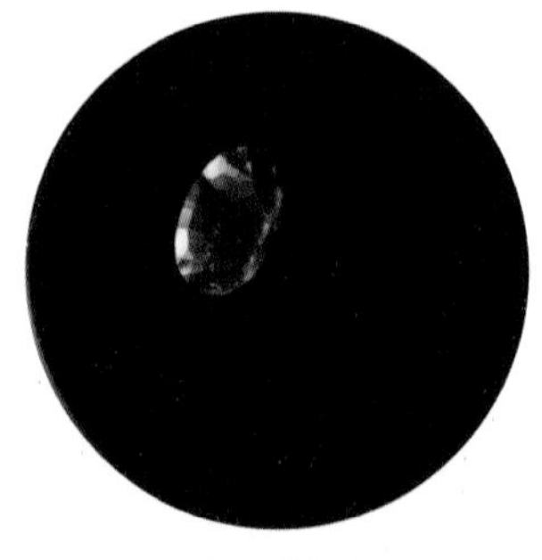

图 406　均质体在 270° 时正交偏光镜下现象

图 407　均质体在 315° 时正交偏光镜下现象

（3）正交偏光镜下，转动宝石 360°，全亮（图 408—415），多晶质集合体（如翡翠、软玉、石英岩、玉髓、玛瑙等）。

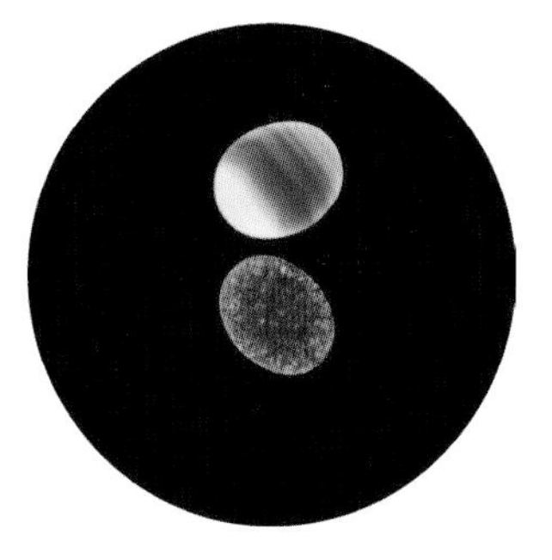

图 408　集合体在 0° 时正交偏光镜下现象

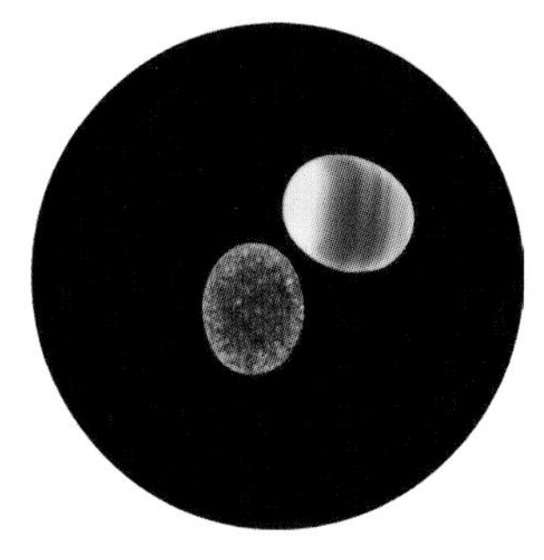

图 409　集合体在 45° 时正交偏光镜下现象

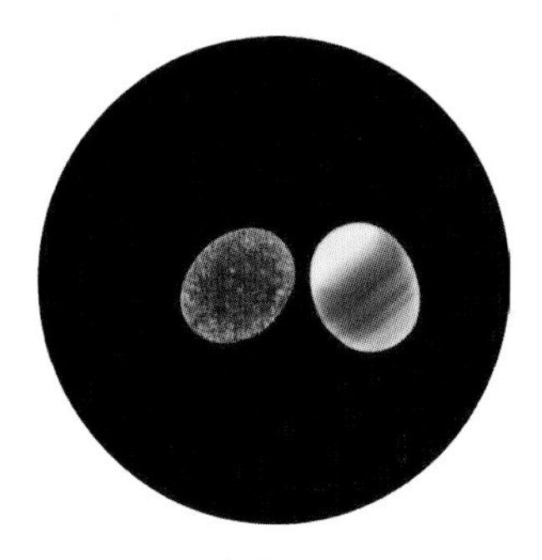

图 410　集合体在 90° 时正交偏光镜下现象

图 411　集合体在 135° 时正交偏光镜下现象

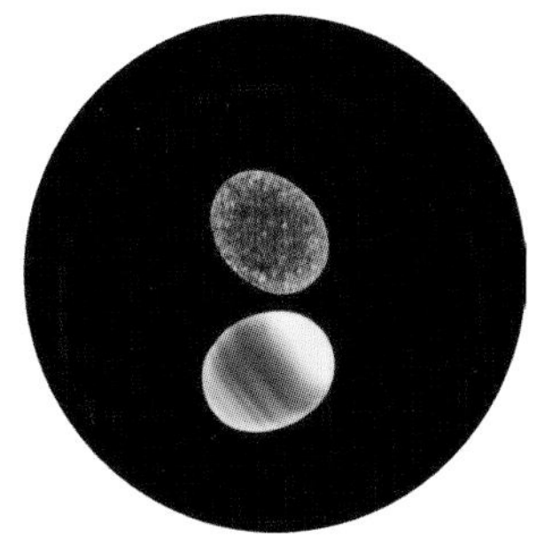

图 412　集合体在 180° 时正交偏光镜下现象

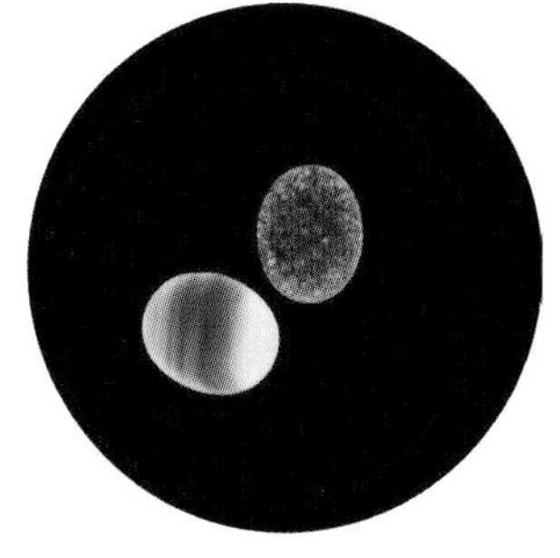

图 413　集合体在 225° 时正交偏光镜下现象

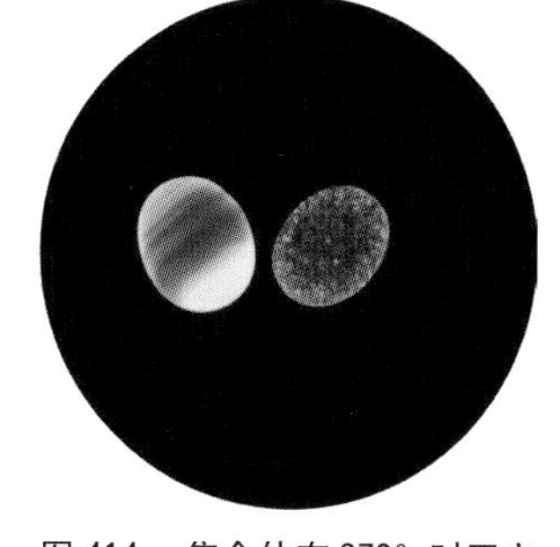

图 414　集合体在 270° 时正交偏光镜下现象

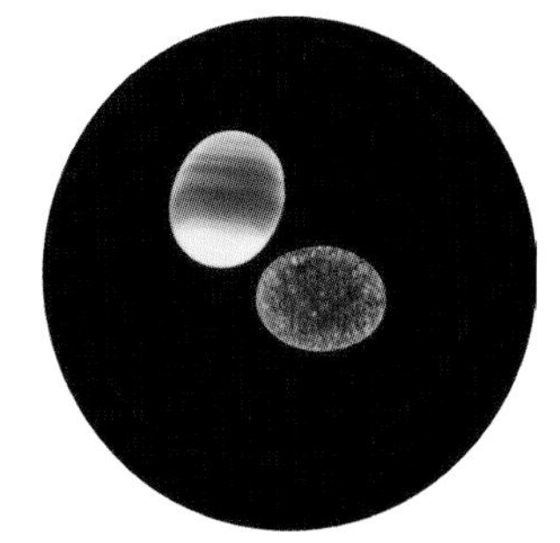

图 415　集合体在 315° 时正交偏光镜下现象

3. 异常情况分析

均质体宝石呈现全亮状态

现象：正交偏光镜下，转动宝石 360°，晶体类宝石呈现全亮的状态（图 416—423，图中黄色为折射率大于 1.78 人造钇铝榴石，蓝色为折射率 1.520 的玻璃）

分析：高折射率本质和近似全内反射切工的原因进入宝石偏振光发生折射，从而显示类似全亮的状态。此类现象宝石具有以下共性：高折射率，色散明显，亚金刚光泽 - 金刚光泽。钻石、合成立方氧化锆、人造钇铝榴石等。

图 416　均质体在 0° 时正交偏光镜下现象

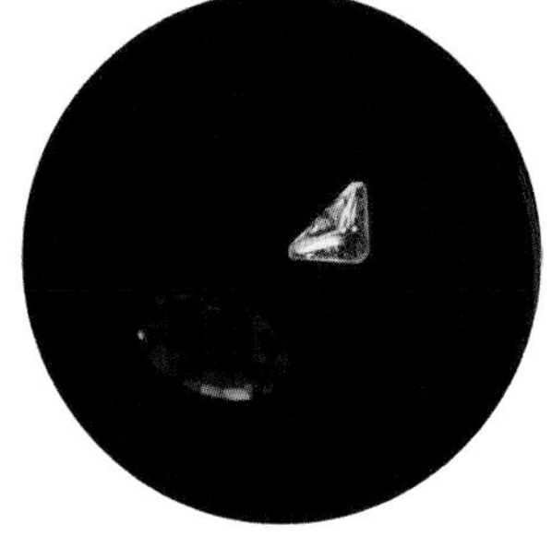

图 417　均质体在 45° 时正交偏光镜下现象

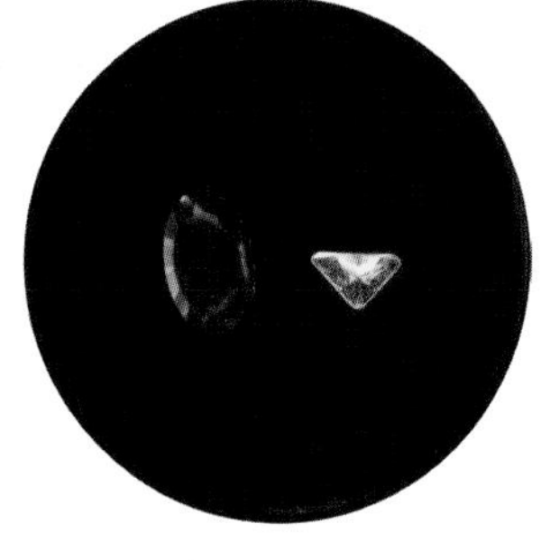

图 418　均质体在 90° 时正交偏光镜下现象

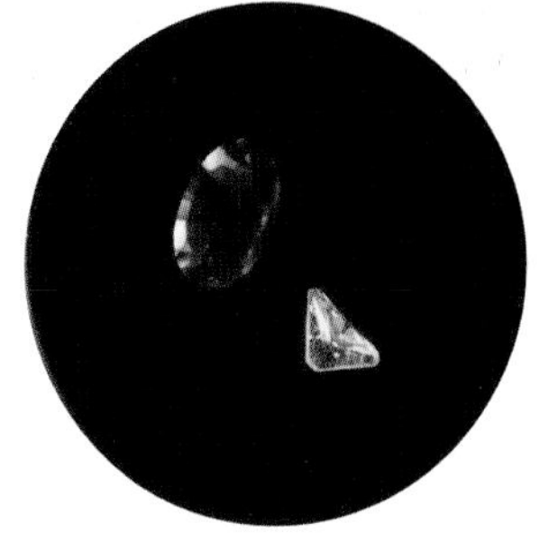

图 419　均质体在 135° 时正交偏光镜下现象

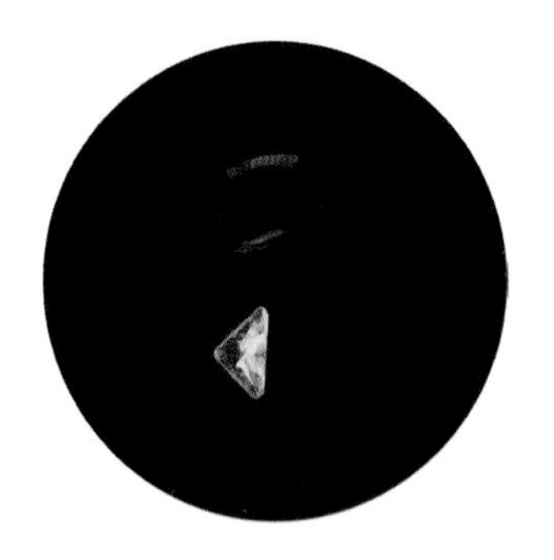

图 420　均质体在 180° 时正交偏光镜下现象

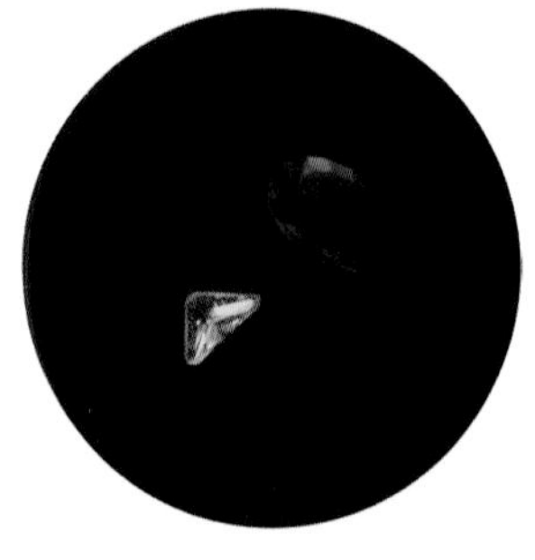

图 421　均质体在 225° 时正交偏光镜下现象

图 422　均质体在 270° 时正交偏光镜下现象

图 423　均质体在 315° 时正交偏光镜下现象

均质体的异常消光

现象：正交偏光镜下，转动宝石 360°，消光没有规律性，可称为异常消光（图 424），某些消光的明暗会呈现一定的图案，如合成尖晶石，合成钻石的榻榻米结构（偏光镜下观察时宝石中可见由两组近似相互垂直的平行阴影线条和略微明亮的宝石背景组合而成图案）。

分析：宝石为具有明显异常双折射的均质体，如钻石、尖晶石、合成钻石、合成尖晶石等。不同生长环境下，同一宝石异常双折射造成的异常消光现象，例如在钻石中，CVD 合成钻石、HTHP 钻石和钻石三者异常消光存在明显差异，可帮助我们有效区分钻石和合成钻石。

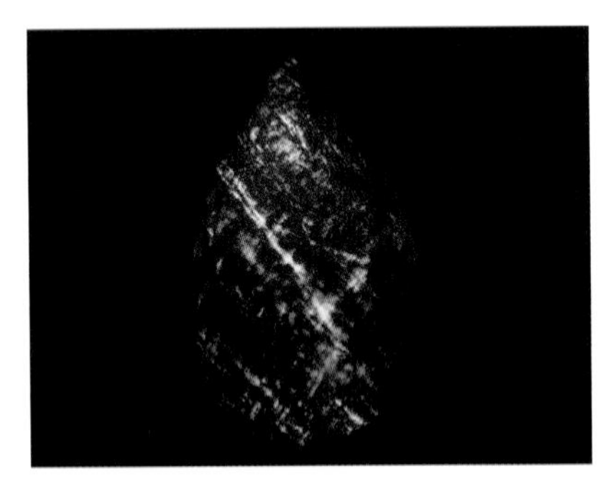

正交偏光镜下均质体的异常消光现象（萤石中的榻榻米结构）

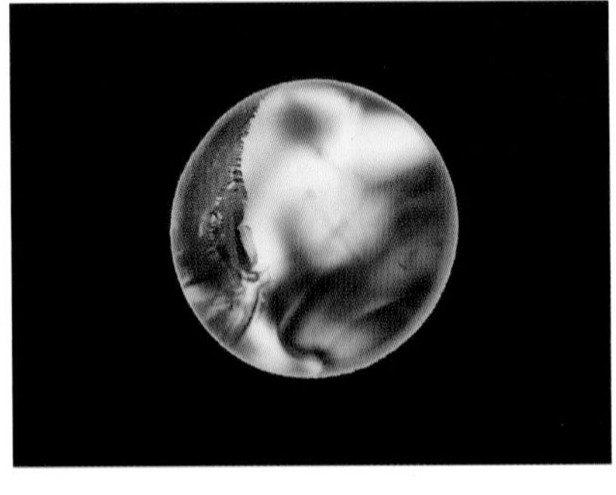

正交偏光镜下均质体的异常消光现象（琥珀的异常消光）

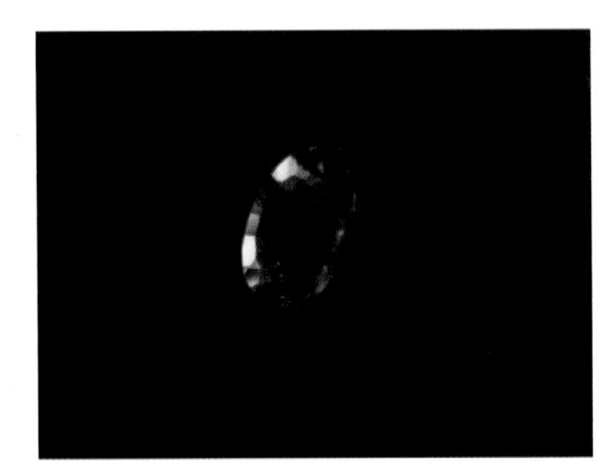

正交偏光镜下均质体的全暗现象

图 424　正交偏光镜下均质体异常消光现象与全暗现象对比图

（二）干涉图观察及宝石轴性判断

在台式偏光镜和带偏光功能宝石显微镜中，仔细翻转非均质体宝石可以在某个特定的方向看到宝石的干涉图，根据干涉图的形态将非均质体宝石细分为一轴晶宝石和二轴晶宝石，某些宝石还可以根据干涉图直接进行定名，例如根据牛眼干涉图，可以判断宝石为水晶。

1. 偏光镜基本操作步骤

在正交偏光镜下上下、左右各个方向转动宝石，当转到某个位置从上偏光片上观察到宝石出现虹彩效应时（图 425），在特定位置加入锥光干涉球（图 426、427），观察宝石干涉图（图 428）。

图 425　非均质体宝石在偏光镜下的虹彩效应（右上角为放大图）

图 426　锥光干涉球外观及结构图

图 427　锥光干涉球的加入(右上角为加入干涉球后干涉图的放大)

图 428　水晶干涉图（右上角为水晶干涉图放大图）

2. 基本现象及观察结果解析

宝石的干涉图是宝石某个特定方向才能见到的特征，因此在观察宝石干涉图时需要翻转宝石。

（1）一轴晶宝石黑十字干涉图（图 429、430），除水晶以外的刚玉族、碧玺等所有中级晶族宝石均可见此干涉图。

图 429　一轴晶宝石黑十字干涉图

图 430　一轴晶宝石黑十字干涉素描图

（2）二轴晶宝石单臂干涉图（图 431、432），橄榄石、托帕石等所有低级晶族宝石均可见此干涉图。

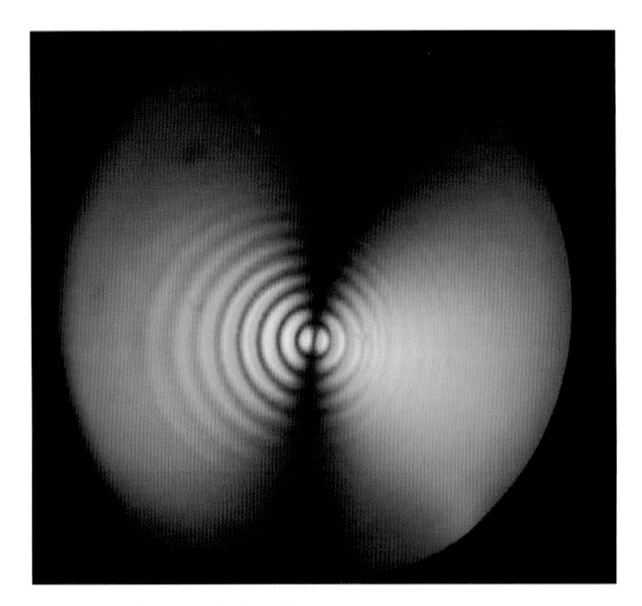

图 431　二轴晶宝石单臂干涉图

图 432　二轴晶宝石单臂干涉素描图

3. 异常情况分析

（1）均质体宝石中有时出现一种假黑十字干涉图（图 433），与非均质体中级晶族宝石的正常黑十字干涉图（图 434）容易混淆，但是可以有无带彩色干涉色圈来区分，有彩色干涉色圈为正常非均质体宝石干涉图（图 435），无彩色干涉色圈（图 434）则为均质体的假黑十字干涉图，需要注意的是均质体宝石某些时候也能看到类似非均质体的干涉色现象（图 436、437），当加入锥光干涉球后，只有非均质体才能呈现十字，中空黑十字或者一字型黑带部分（图 438）。

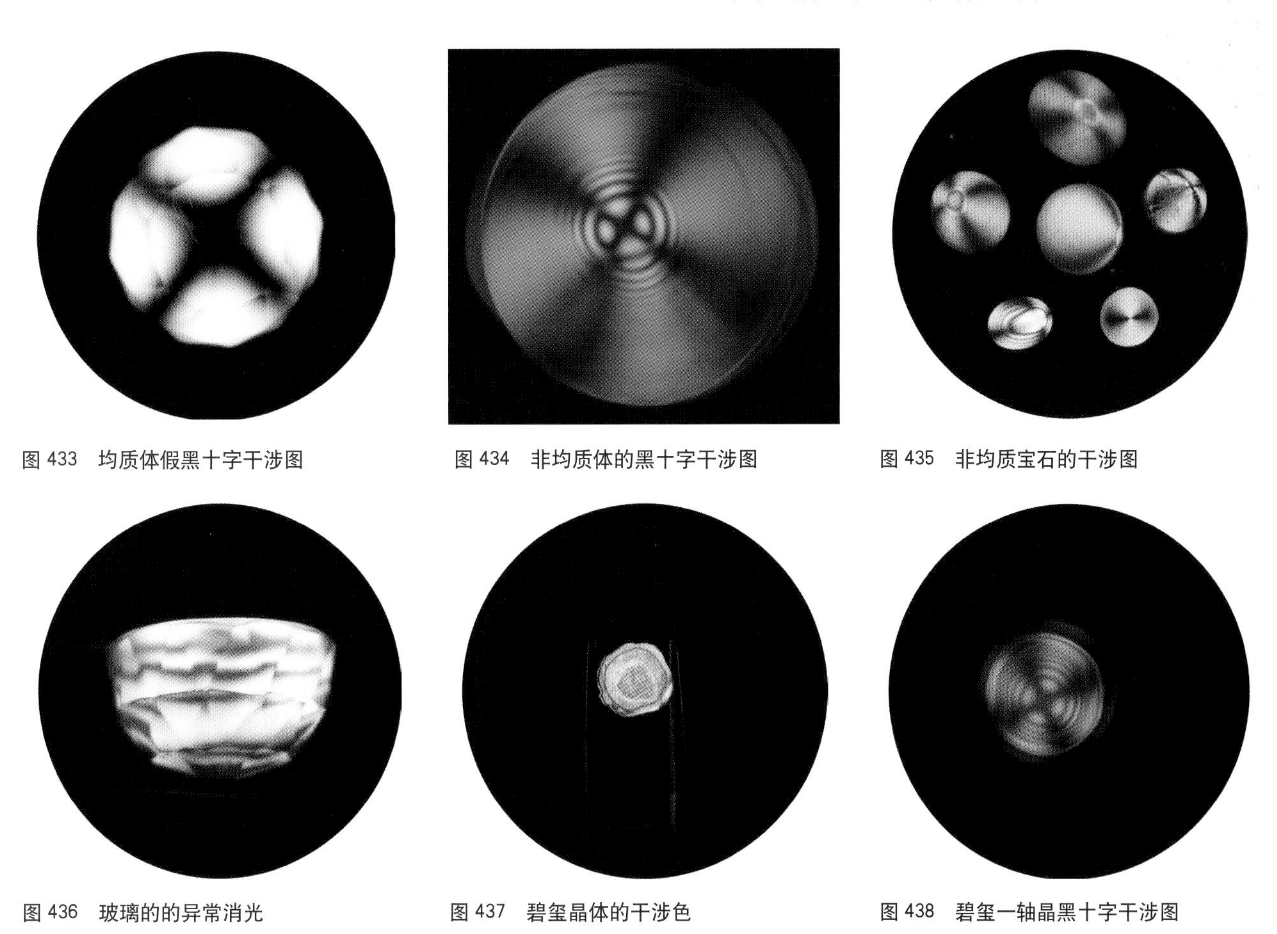

图 433　均质体假黑十字干涉图

图 434　非均质体的黑十字干涉图

图 435　非均质宝石的干涉图

图 436　玻璃的的异常消光

图 437　碧玺晶体的干涉色

图 438　碧玺一轴晶黑十字干涉图

（2）水晶螺旋桨状干涉图，水晶牛眼状干涉图（图 439—441），仅水晶中可见此现象，其他宝石迄今尚无报道。

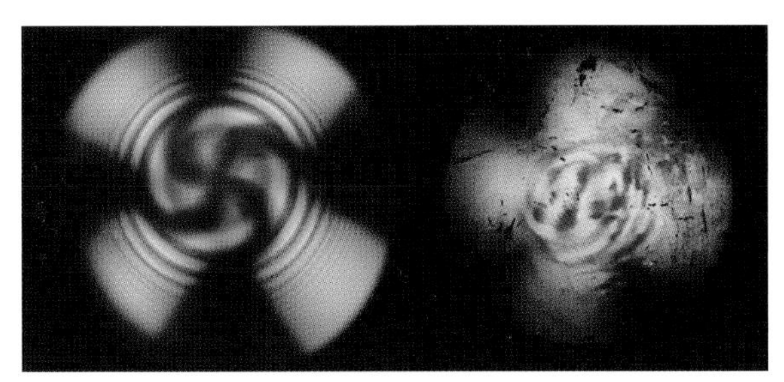

图 439　水晶的螺旋桨状干涉图（左边为理想情况，右边为实际观察现象）

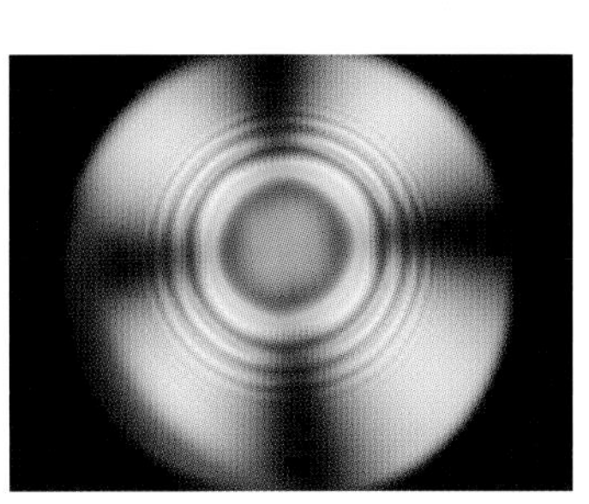

图 440　水晶的牛眼干涉图

图 441　水晶的牛眼干涉图素描图

（3）二轴晶宝石双臂干涉图（图 442、443），橄榄石、托帕石等所有低级晶族宝石均可见此干涉图。

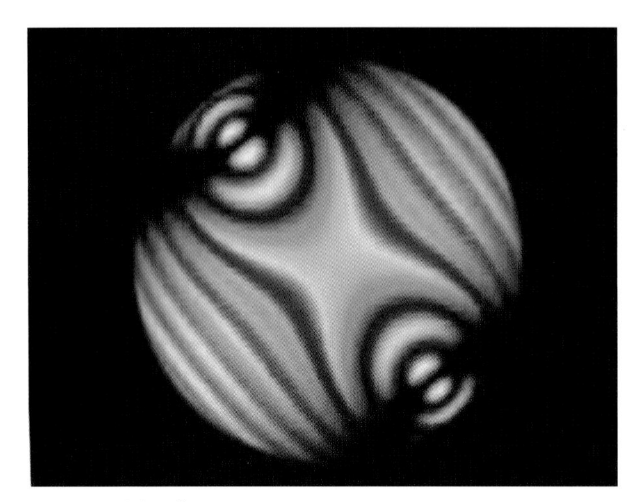

图 442　双臂干涉图

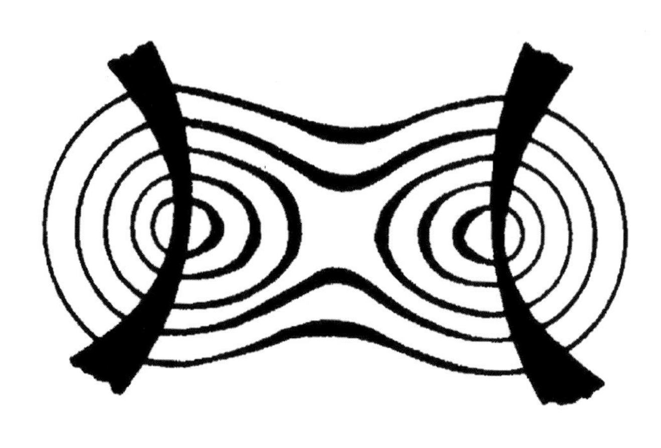

图 443　双臂干涉图其素描图

（三）多色性观察及轴性判断

利用偏光镜，在上下偏光片平行的条件下，将宝石贴近载物台，多角度翻转宝石，在某些特定的方向可观察宝石的多色性，可以根据看到的不同颜色数量，判断宝石是具有二色性还是三色性的。但是要准确地描述宝石的多色性，还是需要借助二色镜。

1. 偏光镜基本操作步骤

（1）转动偏光镜的上偏光片，使上下偏光振动方向平行，视域呈全亮（图 444）。

（2）将宝石贴近载物台，用手或者宝石夹转动宝石，分别从2— -3个不同的方向上，对宝石颜色进行观察（图 445、446）

2. 基本现象及观察结果解析

（1）翻转宝石，发现宝石未出现颜色的变化，可能的原因是宝石不具有多色性或者多色性弱，可使用二色镜进一步判断。

（2）翻转宝石，发现宝石出现两种颜色的变化，可以判断宝石为非均质体宝石（图 445、446）。

（3）翻转宝石，发现宝石出现三种颜色的变化，可以判断宝石为非均质体中的低级晶族的宝石。

图 444　正交偏光镜视域全亮状态

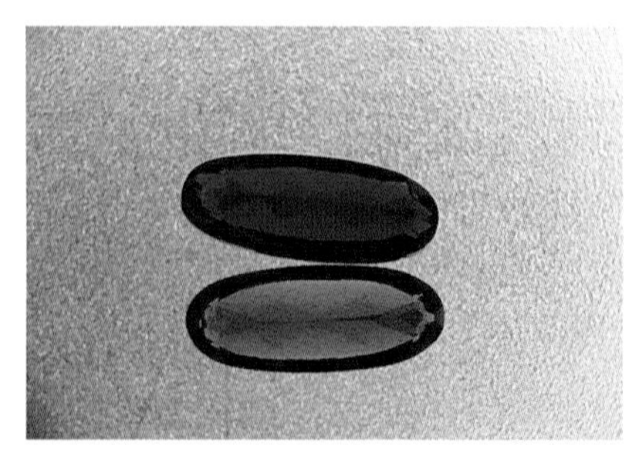

图 445　正交偏光镜视域全亮状态，上、下两个合成宝石颜色不同

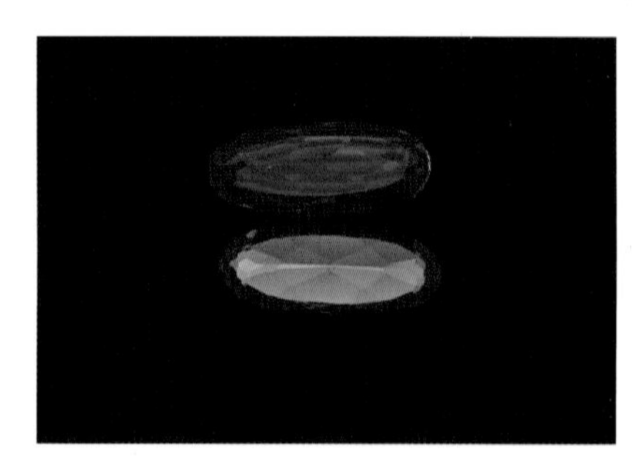

图 446　正交偏光镜视域全暗状态，上、下两个合成宝石英光轴方向不同，造成宝石体

三、正交偏光镜常见异常情况分析

现象：非均质体宝石偏光镜下出现全亮消光现象，比如红宝石、祖母绿、月光石等（图 447、448）。

分析：多裂隙、多杂质的红宝石、祖母绿消光现象与多晶质集合体类似。若宝石较为干净且通过其他仪器测试为非均质体，可能原因是宝石为双晶，例如蓝宝石双晶在正交偏光镜下为全亮。

现象：多晶质集合体玉石偏光镜下出现全暗消光，比如绿松石、青金石等（图 449、450）。

分析：多晶质集合体玉石不透明，导致没有光线能够通过宝石，造成全暗的假象。

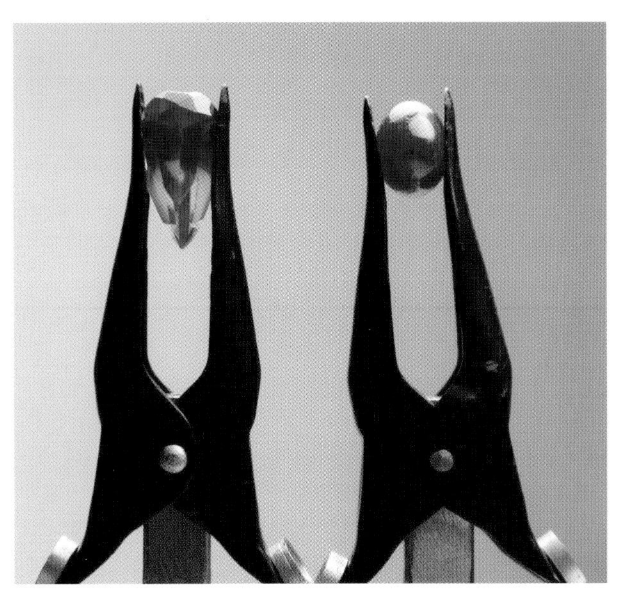

图 447　透明度不同的红宝石（左边为透明的红宝石：可见典型四明四暗现象，右边为微透明的红宝石：可见全暗现象）

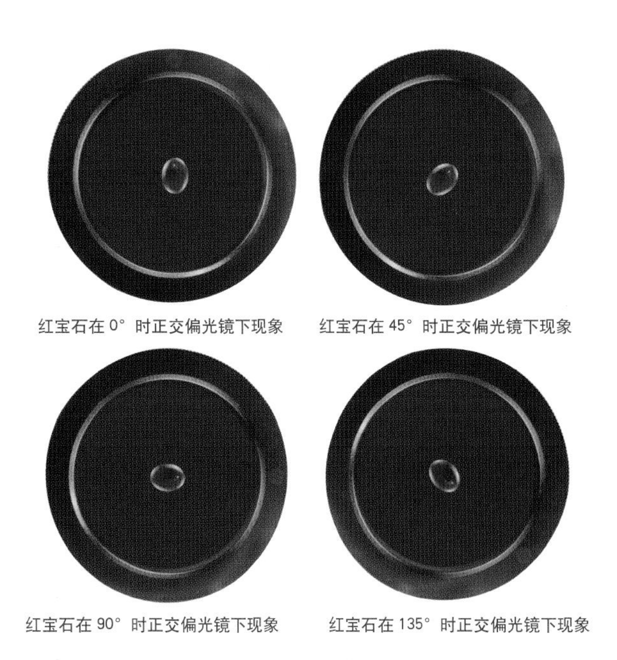

图 448　微透明红宝石在正交偏光镜下全暗

图 449　绿松石外观图

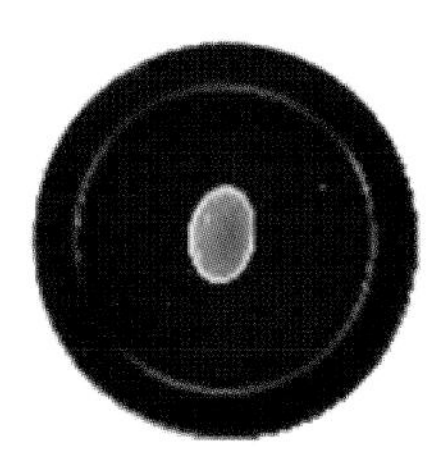

绿松石在 0° 时正交偏光镜下现象

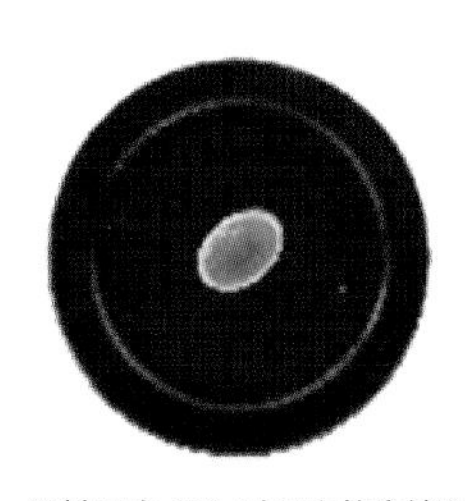

绿松石在 45° 时正交偏光镜下现象

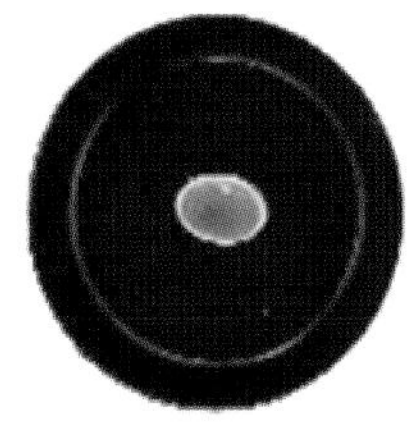

绿松石在 90° 时正交偏光镜下现象

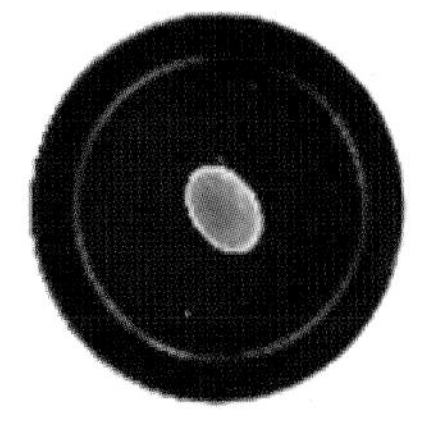

绿松石在 135° 时正交偏光镜下现象

图 450　不透明绿松石在正交偏光镜下全暗

现象：标准圆钻型切工非均质体宝石出现全暗现象（图 451）。

分析：光线在切工好的标准圆钻型钻石的内部发生全内反射，导致光线无法从亭部出来，所以有全暗假象出现。在一些折射率大于 1.78 且琢型为切工好标准圆钻型的其他宝石中也可以见到类似现象，例如合成金红石、合成碳化硅等。

现象：颗粒较小的宝石，没有典型消光现象可以观察。

分析：颗粒太小的宝石，偏光镜下肉眼观察消光现象比较困难，可借助具有放大功能的偏光显微镜进行观察。

均质体在 0° 时正交偏光镜下现象

均质体在 90° 时正交偏光镜下现象

均质体在 180° 时正交偏光镜下现象

均质体在 270° 时正交偏光镜下现象

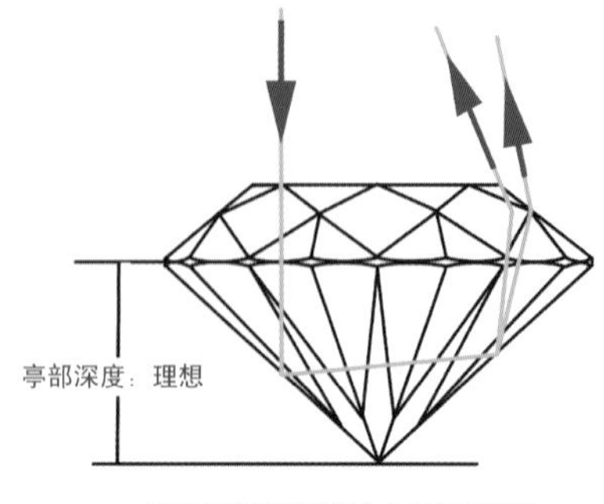

切工好圆钻型宝石全内反射示意图

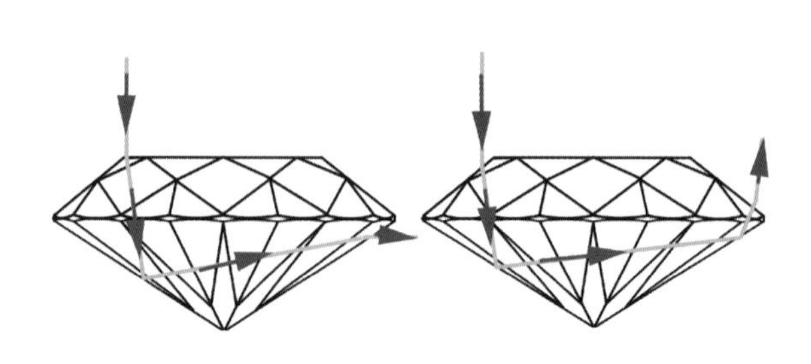

亭部浅的标准圆钻型宝石，光线从宝石腰部漏出，该类切工非均质体宝石可见四明四暗现象，

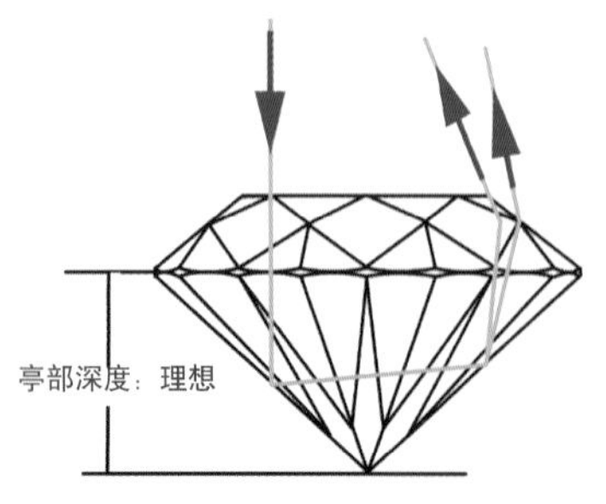

亭部浅的标准圆钻型宝石，光线从宝石台面全部折回，该类切工非均质体宝石可见全暗现象

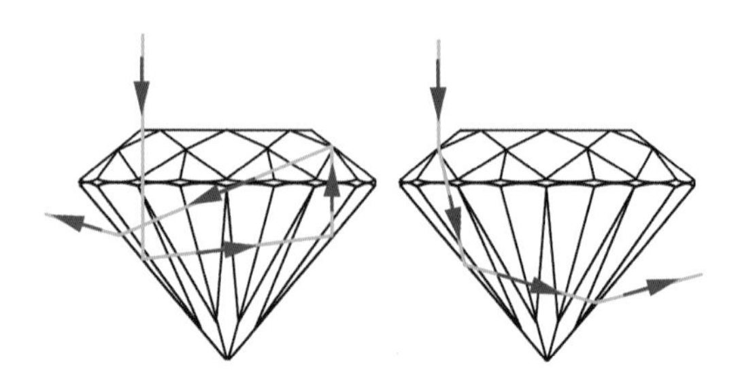

亭部深的标准圆钻型宝石，光线从宝石亭尖漏出，该类切工非均质体宝石可见四明四暗现象

图 451　不同切工标准圆钻型宝石光线反射示意图

四、偏光镜测试宝石条件小结

不透明宝石不能进行偏光下光性检测。

颗粒偏小的宝石不能进行偏光下光性检测。

多孔、多裂隙、多杂质宝石进行偏光下光性检测时需要结合其他仪器结果最终确定宝石光性。

光泽强、火彩明显，切工具有全内反射效果宝石进行偏光下光性检测时需要结合其他仪器结果最终确定宝石光性。

聚片双晶的样品、拼合处理的样品会因不同部分消光方位不同出现视域全亮的现象，进行偏光下光性检测时需要结合其他仪器结果最终确定宝石光性。

五、偏光镜记录格式

偏光镜观察记录参考表15。

表15　宝石偏光镜观察记录格式

样品编号				
	颜色	透明度	净度	火彩
样品特征描述				
正交偏光镜下现象			光性	
锥光干涉图素描			轴性	
单偏光镜下现象			光性 轴性	

宝石偏光镜建议观察流程图

晶体光学名词关系小结表

课后阅读 1：自然光、偏振光

一、自然光

一般光源发出的光中，包含着各个方向的光矢量，在所有可能的方向上的振幅都相等（轴对称），这样的光叫自然光。自然光用两个互相垂直的、互为独立的（无确定的相位关系）、振幅相等的光振动表示，并各具有一半的振动能量（图 452）。

自然光是我们肉眼观察宝石的重要光源之一，可以获取的途径很多，例如晴天背阴处的光线，手电筒的光线，特定色温灯管的光线。

二、偏振光

光振动只沿某一固定方向的光叫做偏振光。在使用偏振光的时候会单独注明，未注明时默认为自然光（图 453）。

偏振光获取的方式主要是让自然光穿过特制的偏振片产生偏振光，也可以让自然光穿过晶体宝石产生偏振光。

偏振光可以用来解释宝石多色性的出现，宝石的双折射现象，也是偏光镜的设计的基本原理。

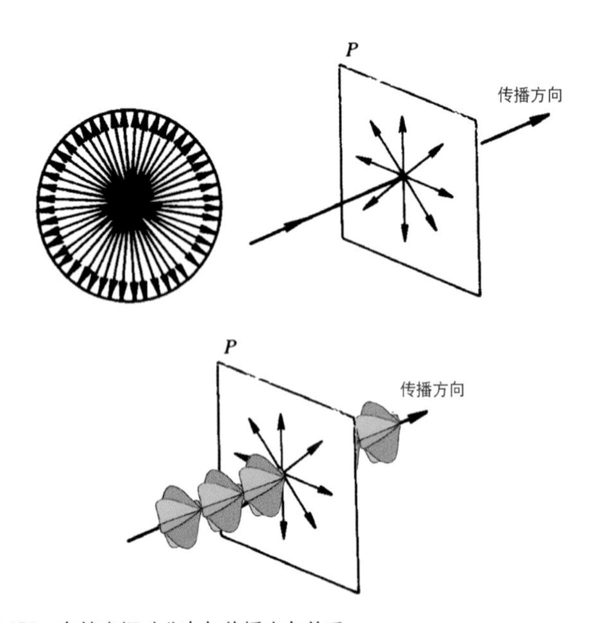

图 452　自然光振动分布与传播方向关系

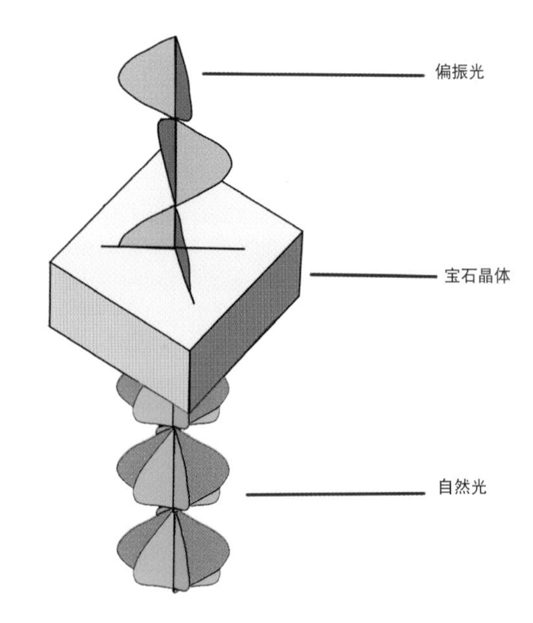

图 453　自然光穿透宝石晶体成为偏振光

课后阅读 2：均质体和非均质体

在晶体光学中，根据光线进入矿物材料传播速度是否产生改变将矿物材料分为均质体和非均质体两大类。

一、均质体

均质体（也可称为各向同性）是指光波入射晶体后，光波在晶体中各个方向的传播速度都相等，晶体各个方向均相同光学性质的现象，表现为不改变入射光波的性质，只有一个折射率。包括等轴晶系的宝石，也包括一些非晶体与透明——半透明的有机宝石（图 454 — 456）。

识别方法：加工之前的均质体可以通过外形初步判断，加工之后的均质体绝大部分通过仪器才能区分，例如观察宝石在折射仪是否为单折射，放大观察是否无重影，偏光镜下是否为全暗或者异常消光。

图 454　高级晶族等轴晶系的宝石（钻石）

图 455　非晶体（天然玻璃）

图 456　有机宝石（黄色透明的琥珀）

二、非均质体

非均质体（也可称为各向异性）是指光波入射物质后，光波传播速度随其振动方向不同而发生变化，晶体各个方向光学性质不同，表现为改变入射光波的性质，宝石折射率值因振动方向不同而不同。非均质体包括中级晶族的三方晶系（图 457）、四方晶系（图 458）、六方晶系（图 459），低级晶族的斜方晶系（图 460）、单斜晶系（图 461）、三斜晶系（图 462）。

识别方法：加工之前的非均质体可以通过外形准确识别，加工之后的非均质体部分宝石如果具有肉眼可以观察到的多色性，可以准确识别，但是大部分非均质体需要通过折射仪、显微镜、偏光镜、二色镜才能区分。

图 457　中级晶族三方晶系的碧玺

图 458　中级晶族四方晶系的锆石

图 459　中级晶族六方晶系的祖母绿

图 460　低级晶族斜方晶系的托帕石

图 461　低级晶族单斜晶系的锂辉石

图 462　低级晶族三斜晶系的天河石

课后阅读 3：光率体、光轴、一轴晶、二轴晶

一、光轴

光线进入非均质体后通常发生双折射，但是在中级晶族的宝石中，有一个方向是入射光线进入后不分解的，在低级晶族的宝石中，有两个方向是入射光线进入后不分解的，我们会把非均质体宝石光率体中这种入射光进入后不分解的一到两个方向叫做光轴，在晶体光学中用 OA 表示（图 464 — 471）。

二、光率体

在晶体光学中，自晶体中心在各振动方向上按比率截取相应的折射率值。所有振动方向上都可以截取一个线段，把各线段端点连起来会得到一个立体的封闭图形，称之为光率体。即光率体是围绕着晶体中的一点在光波的振动方向上以折射率的大小为向量半径所作的几何曲面。光率体根据晶体是否改变入射光线的性质和振动方向分为均质体光率体，一轴晶光率体，二轴晶光率体三类。对于其中的一轴晶光率体可进一步细分为一轴晶正光性光率体和一轴晶负光性光率体；二轴晶光率体可进一步细分为二轴晶正光性光率体和二轴晶负光性光率体。

一个假想的封闭球体，其半径等于被测宝石各个方向折射率。虽然被测宝石折射率有差异，但是光率体总体来说形状只有两个：圆球体和椭球体。

均质体的光率体是球体。通过球体中心任何方向的切面都是圆切面，其半径代表均质体宝石的折射率值（图 463）。非均质体的光率体为椭球体，其中中级晶族光率体为横截面是圆形的椭球体（图 464），低级晶族光率体为横截面是椭圆形的椭球体（图 469）。

三、一轴晶

有一个光轴的非均质体宝石叫做一轴晶。

中级晶族的宝石都是一轴晶宝石。例如三方晶系的碧玺、水晶、红宝石、蓝宝石；四方晶系的锆石；六方晶系的绿柱石族、磷灰石等宝石。

晶体形态较为完美的宝石可以通过外形直接判断是否为一轴晶（图 465）。

晶体形态不完美和加工之后的宝石无法通过外形判断是否为一轴晶宝石（图 466），只有在折射仪或偏光镜下观察到对应现象才能判定（图 467、468）。

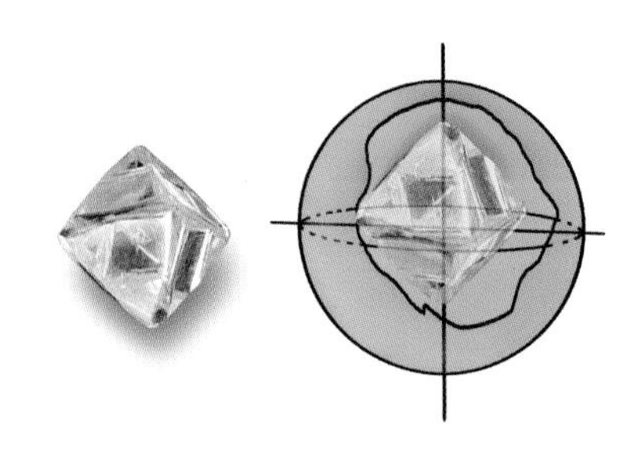

图 463　均质体的光率体

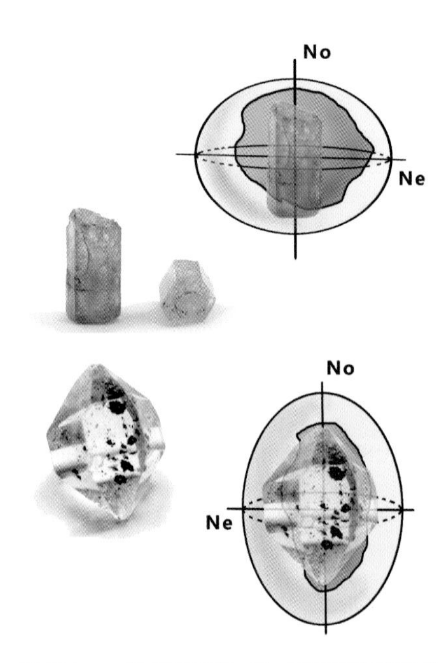

图 464　一轴晶光率体（No 是遵循光学定律的光折射方向，Ne 是不遵守光学定律的光折射方向，也称非常光方向，OA 方向与 No 重合，横截面是圆形，OA 表示光轴方向）

图 465　中级晶族的碧玺，晶体形态较为完美，可通过外形直接判断为一轴晶

图 466　加工后的宝石无法通过外形判断（左为祖母绿，右为碧玺）

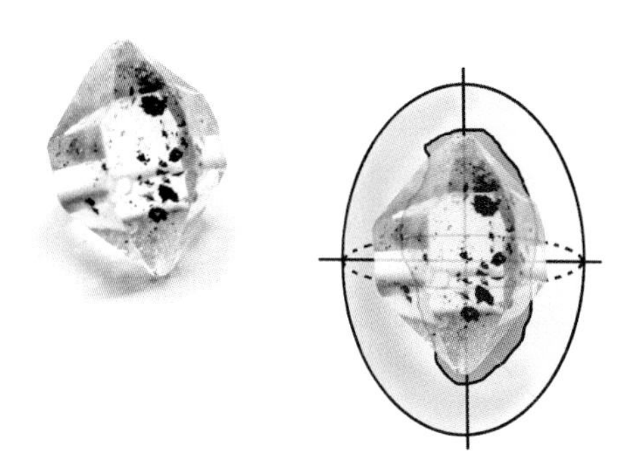

左为水晶晶体原石，右为水晶的光率体

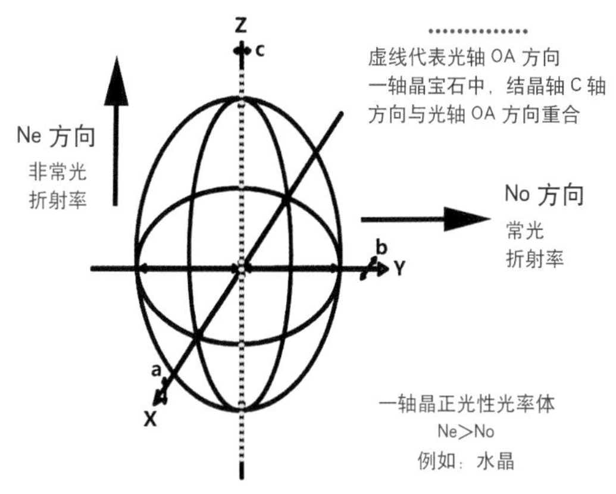

一轴晶正光性光率体素描图。
一轴晶正光性光率体（横截面为圆形的椭球体），光轴方向平行 C（Z）轴，Ne 方向平行 C（Z）轴，No 方向平行 Y 轴

图 467　一轴晶正光性光率体

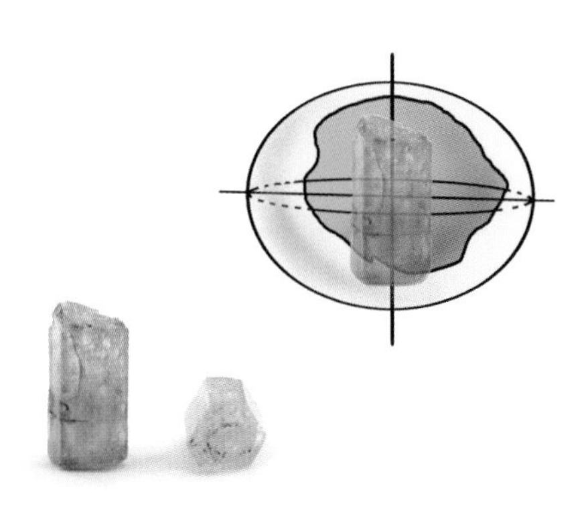

左为海蓝宝石晶体原石，右为海蓝宝石光率体

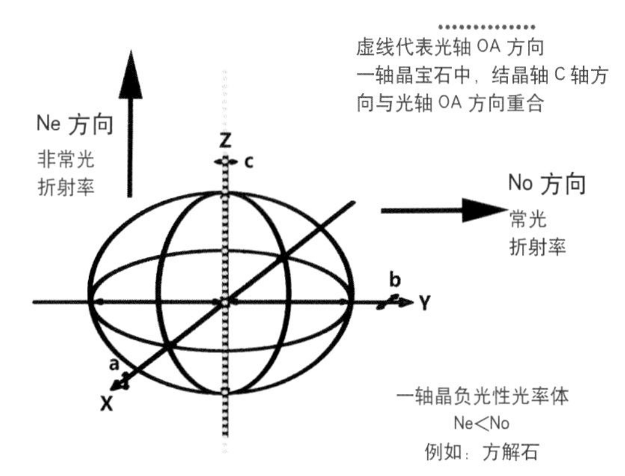

一轴晶负光性光率体素描图。
一轴晶负光性光率体（横截面为圆形的椭球体），光轴方向平行 C（Z）轴，Ne 方向平行 C（Z）轴，No 方向平行 Y 轴

图 468　一轴晶负光性光率体

四、二轴晶

有两个光轴的非均质体宝石叫做二轴晶。低级晶族的宝石都是二轴晶宝石（图 469）。例如斜方晶系的托帕石、橄榄石，单斜晶系的透辉石，三斜晶系的拉长石、日光石、月光石等宝石。

晶体形态较为完美的宝石可以通过外形直接判断是否为二轴晶（图 470）。

晶体形态不完美和加工之后的宝石无法通过外形判断是否为二轴晶宝石，只有在折射仪或偏光镜下观察到对应现象才能判定。（图 471）

图 469　低级晶族的托帕石，晶体形态较为完美，可通过外形直接判断为二轴晶

图 470　加工后的宝石无法通过外形判断

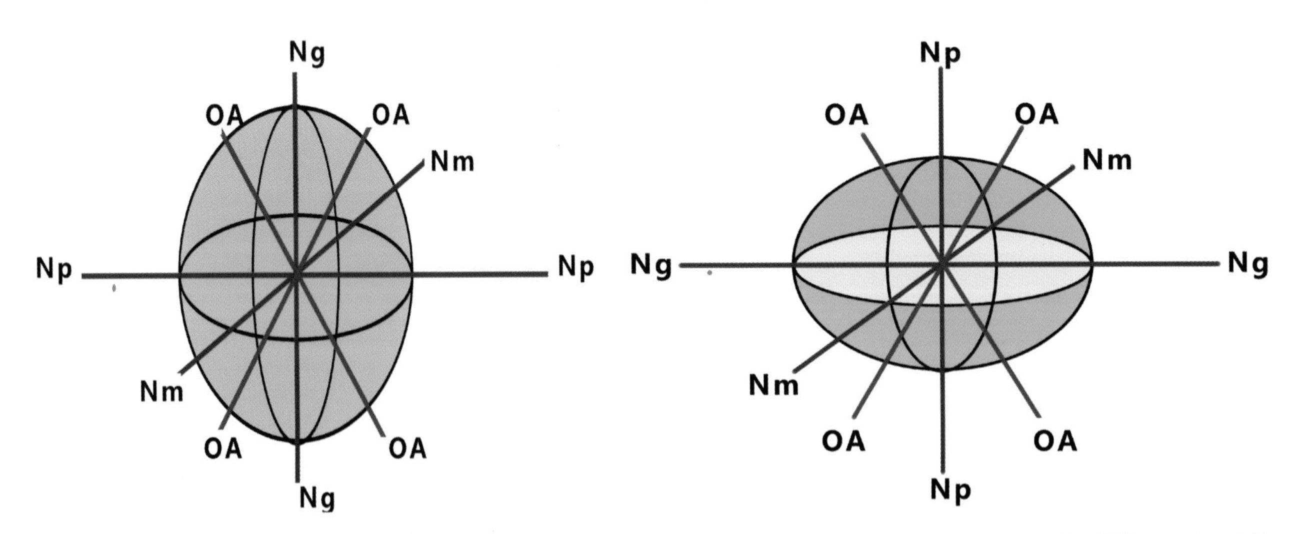

图 471　二轴晶光率体（Ng，Nm，Np 是宝石的折射率，其中 Ng 是最大折射率，Np 是最小折射率，Nm 是 Ng 和 Np 的平均值，OA 表示光轴方向，横截面是椭圆形）

第三节 折射仪在宝石检测中的应用

一、折射仪的原理及结构

折射仪（图 472）是根据光的全内反射原理制造设计的（图 473）。当光线由光密介质的铅玻璃半球进入光疏介质的宝石时，如果入射角稍微大于宝石的临界角（折射光线与法线方向垂直时入射光线与法线的夹角）就造成全内反射，光线就全内反射回玻璃半球内（图 474），并透射到已标定好的刻度尺上，再通过目镜和偏光片放大观察，直接读出标尺上的数值，就是宝石的折射率。刻度尺上的标定读数是根据标定读数（宝石折射率）等于玻璃折射率乘以临界角的 sin 数值计算出来的。

折射仪可以通过刻面型、弧面型宝石折射率的测定进行宝石品种的鉴别及区分，也通过刻面型宝石折射率、双折射率的测定判定宝石光性、轴性。

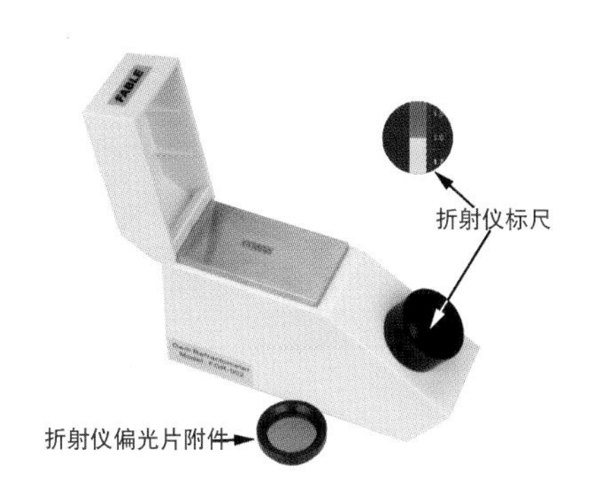

图 472 折射仪外观、偏光片附件、通过目镜看到的标尺

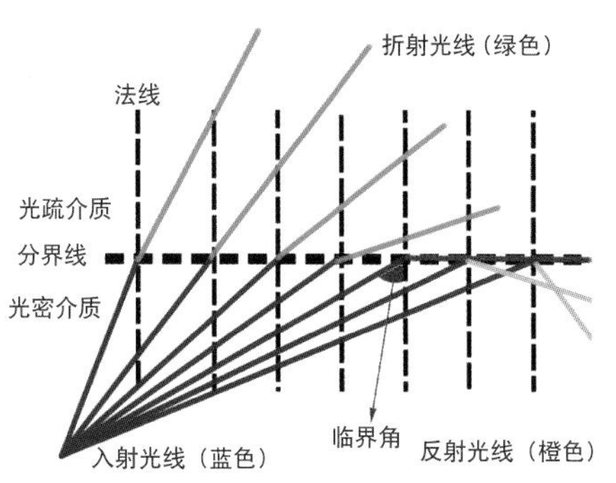

图 473 反射定律示意图

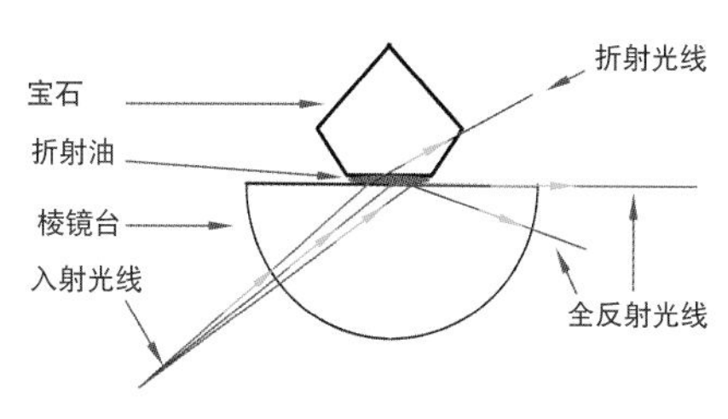

图 474 折射仪棱镜台与宝石交界处光的路径和全内反射

折射仪的型号很多，但大同小异，常用的一般主要由棱镜台、反射镜、标尺、透镜、目镜、套在目镜上的偏光片、光源和折射油（接触液）组成。（图 475、476）

棱镜：位于折射仪金属台正中央，构成测台。根据全内反射原理，相对于宝石来说，它应为光密介质，要求由高折射率的单折射材料制作。目前用于制作棱镜的材料是铅玻璃（折射率 1.86 — 1.96）或立方氧化锆（折射率 2.16）。由铅玻璃制作的棱镜，仪器的清晰度高，但铅玻璃硬度小，易被磨损；由立方氧化锆制作的棱镜耐磨，但仪器的清晰度差些。这两种材料的色散都较大。

反射镜：将全内反射的光折返，以便于观察。

标尺：一般安装在仪器内部棱镜与反射镜之间。标尺上标有折射率 1.40 — 1.80 的刻度和数字。

透镜：起聚焦作用。

偏光片：这是宝石仪器的附件，可以随意取舍。转动偏光片，测试时当全内反射的振动方向与偏光片的震动方向一致时，可以提高仪器的清晰度。

光源：不同波长的光通过给定的两个介质，所获得的折射率是不同的。日光由七色光组成。若以日光作为光源，由于棱镜的高色散材料制成，光通过后视域中出现的是一条宽的彩色谱带。单折射宝石出现一条彩色谱带，测试时可以黄与绿色的边界为准读数。双折射宝石会出现两条彩色谱带，特别是当双折射率不大，两条彩色谱带靠近，甚至重叠时，折射率读数将很困难。因此，用于折射仪的光源要求是单色光，一般采用波长为589.5nm 的黄光。

折射油（接触液）：无论待测样品测试面如何光滑平整，当与棱镜接触时，两者之间难免有空气进入而影响测试效果。为保持两者良好的光学接触，必须使用接触液。由二碘甲烷加晶体硫，加温使硫溶解并达到饱和状态，可获折射率为 1.78 的接触液；若再加 18% 的四碘乙烯，可获得折射率为 1.81 的接触液。折射率高的接触液价格高，毒性也大些。接触液的折射率控制了待测样品的范围，但也要考虑其毒性对检测者身体健康的影响。

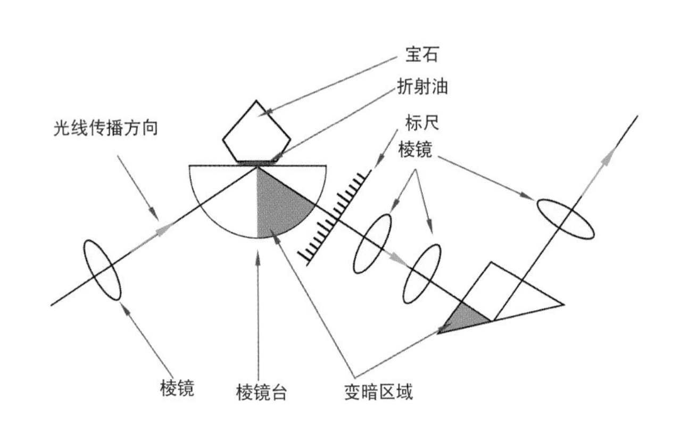

图 475　折射仪内部结构名称素描示意图

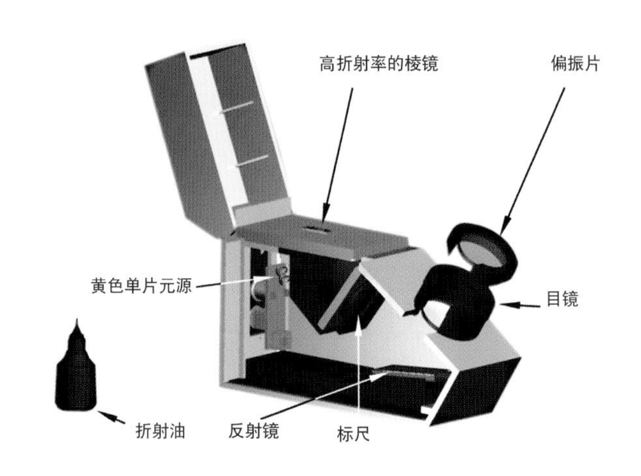

图 476　折射仪内部结构名称实物示意图

二、折射仪的操作及现象解析

判断宝石的琢型，选择相应测试方法：刻面型宝石选择大刻面宝石测定法；弧面型或者大刻面宝石测定法无法测试的刻面型宝石选择点测法；

（一）刻面型宝石折射率的测定，宝石双折射率的测定及光性的判定；

1. 大刻面宝石测定法的步骤

（1）擦净棱镜台（测试台）和宝石；

（2）接通宝石折射仪电源，打开折射仪上电源开关（或打开光源，使光进入折射仪）（图 477）；

（3）在棱镜台（测试台）正中央点少量折射油（接触液），一般直径 1 — 2mm 即可（图 478— 479）；

（4）选宝石最大，最平整光滑的面向下，用手轻推样品至棱镜台正中央（图 480）；

（5）眼睛靠近目镜观察阴影边界（图 481）。读数并记录。若阴影边界不清晰，可加偏光镜观察。观察时转动偏光片到阴影边界清晰时读数并记录；

（6）原地转动样品 360°，每转动 45° 按上述步骤读数记录，获样品不同位置上的折射率。测试最小误差宝石折射率也可以转动更小角度进行记录，例每转动 15° 进行一次度数的记录（图 482）。

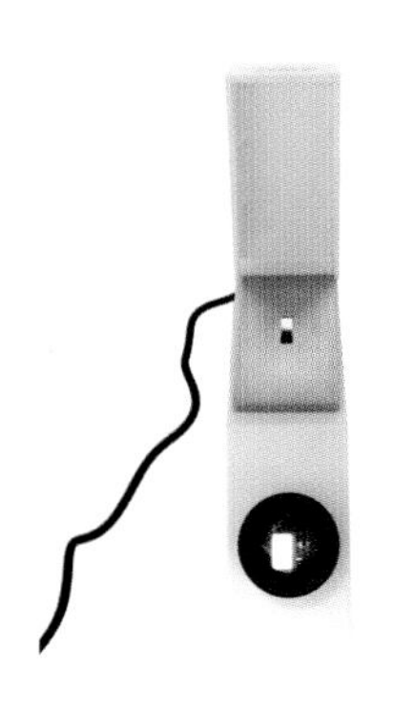

图 477　折射仪电源打开后

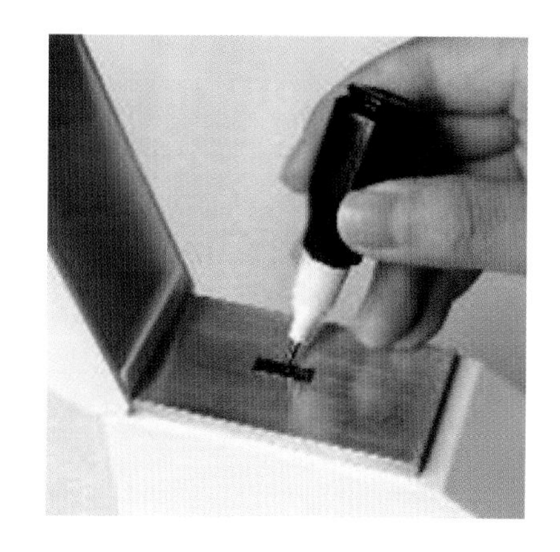

图 478　折射油点取的位置

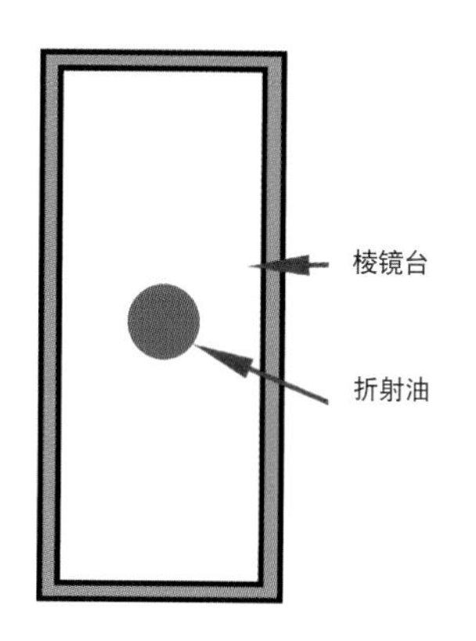

图 479　折射油点取相对大小

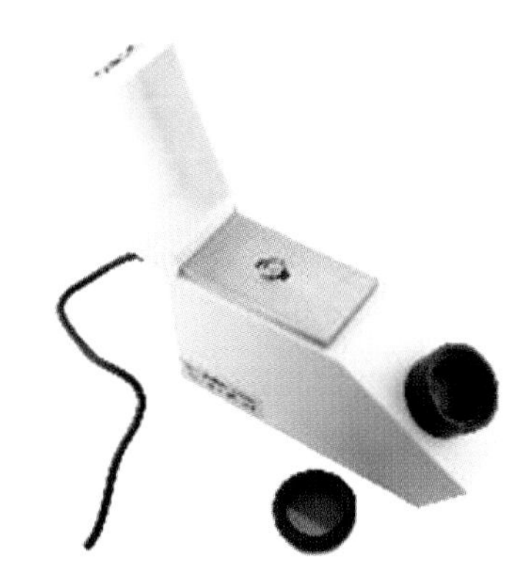

图 480　大刻面宝石测定法放置位置及宝石方向

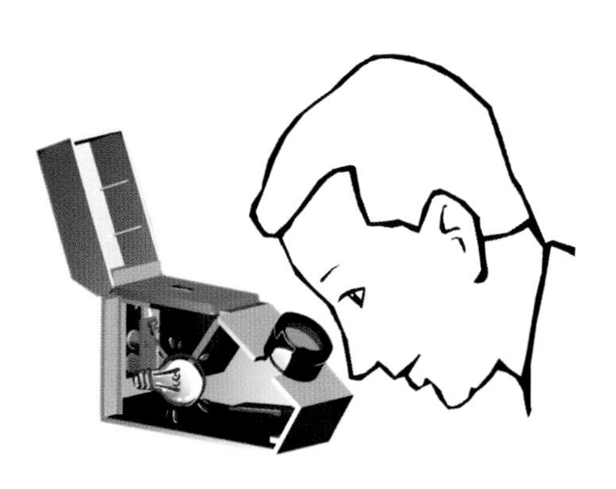

图 481　大刻面宝石测定法姿势图

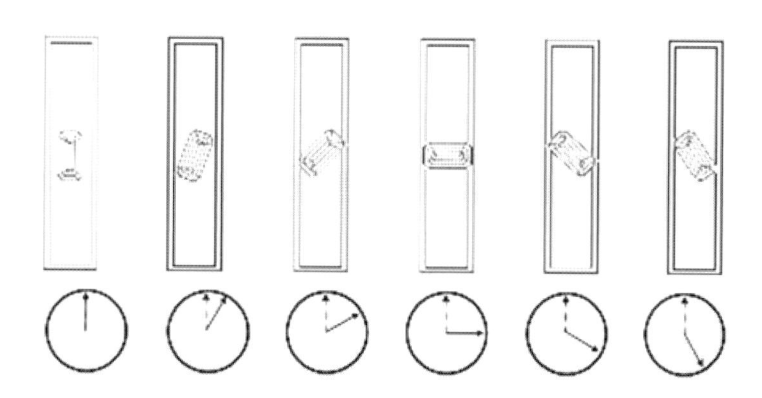

图 482　原地转动样品 180°，每转动 15° 记录时宝石方向示意图

2. 基本现象及观察结果解析

（1）测试过程中，显示一条阴影边界，且转动样品时，阴影边界位置不变（图 483）。可初步判断观察宝石为均质体（如萤石、尖晶石、石榴石、玻璃、欧泊、塑料等）。

（2）测试过程中，显示两条阴影边界，且转动样品时，两条阴影边界：一条移动，一条不移动（图 484 或图 485 中现象）。可判断观察宝石为非均质体一轴晶宝石（如水晶，碧玺，绿柱石族宝石，刚玉族宝石等）。

如果宝石的阴影边界是移动的是高值（Ne），可进一步判断宝石为一轴晶正光性(图484)。缩写为“U+”。

如果宝石的阴影边界是移动的是低值（No），可进一步判断宝石为一轴晶负光性(图485)。缩写为“U-”。

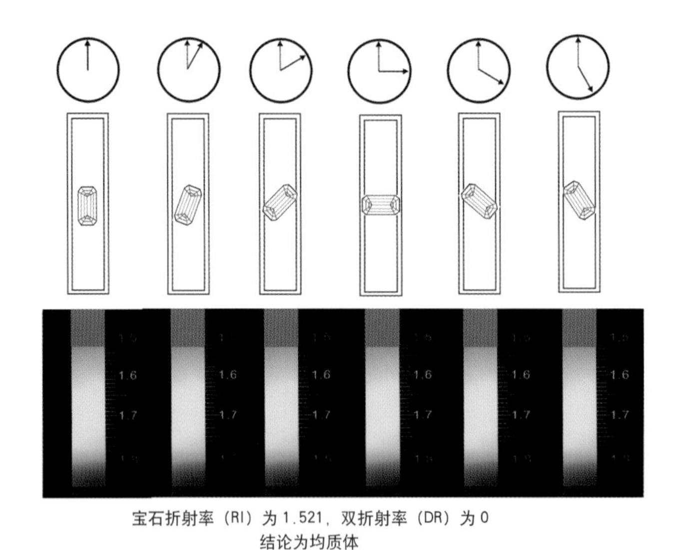

图 483 棱镜台上均质体折射率变化情况示意图（以每隔 15° 转动记录一次为例）及规范记录

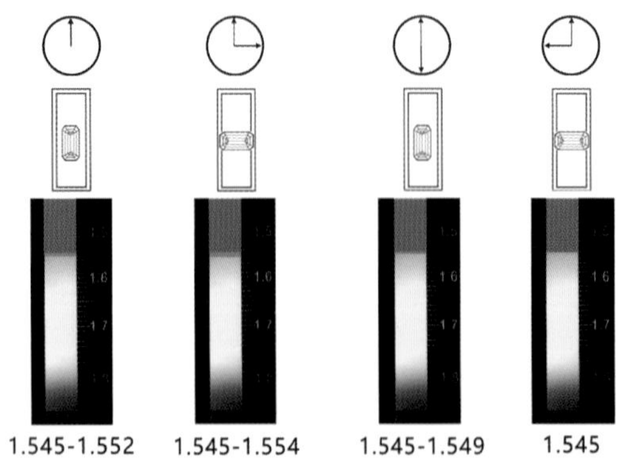

图 484 棱镜台上一轴晶正光性宝石转动不同角度时折射率变化情况示意图以及规范记录

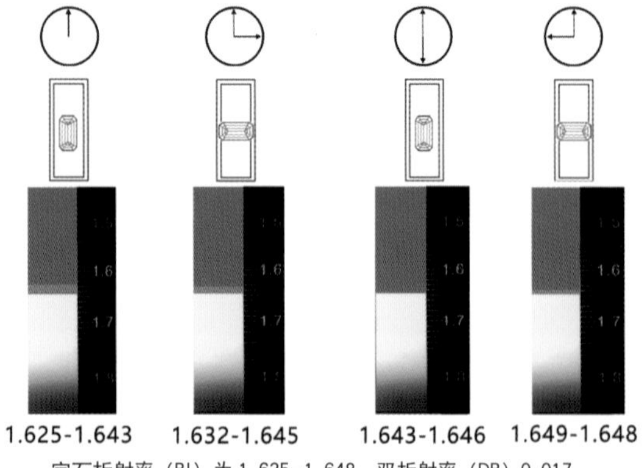

图 485 棱镜台上一轴晶负光性宝石转动不同角度时折射率变化情况示意图以及规范记录

（3）测试过程中，显示两条阴影边界，且转动样品时，两条阴影边界都移动（图 486 或图 487）。

可判断观察宝石为非均质体二轴晶宝石（如橄榄石，托帕石等）。

如果高值阴影边界（Ng）移动超过半程（Ng-Nm>Nm-Np，即 Bxa= Ng），可进一步判断宝石为分非均质体为二轴晶正光性宝石（图 486）。缩写为“B+”，标记为二（+）。

如果低值阴影边界（Np）移动超过半程（Ng-Nm<Nm-Np，即 Bxa= Np），可进一步判断宝石为分非均质体二轴晶负光性宝石（图 487）。缩写为“B-”，标记为二（-）。

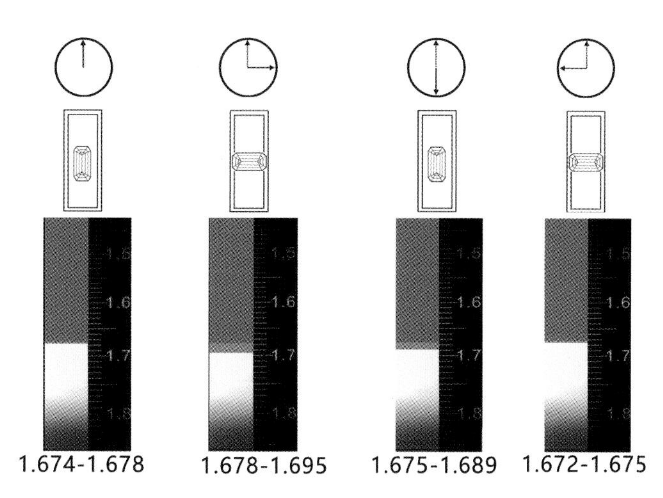

图 486 棱镜台上非均质体二轴晶正光性宝石转动不同角度时折射率变化情况示意图以及规范记录

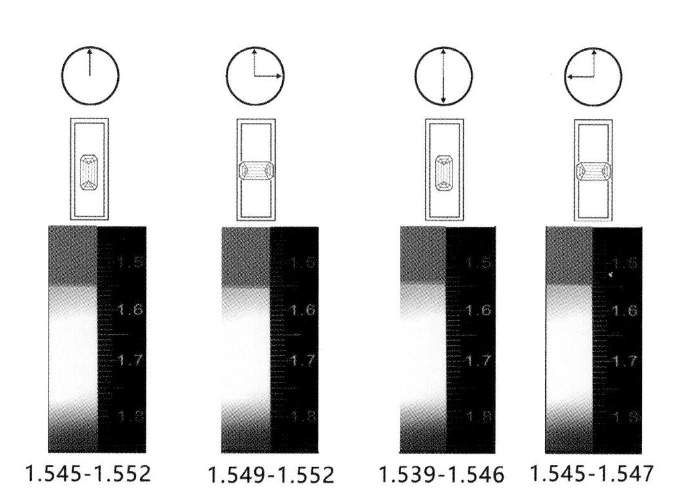

图 487 棱镜台上非均质体二轴晶负光性宝石转动不同角度时折射率变化情况示意图以及规范记录

（4）测试过程中，整个视域较暗，仅能观察到折射油所形成的位于 1.78± 附近的一条影像边界（图 488）（具体影像边界数值可因折射油配方不同而略有差异），或者位于 1.78± 附近的阶梯状黑带（图 489）可判断为宝石折射率超出范围。

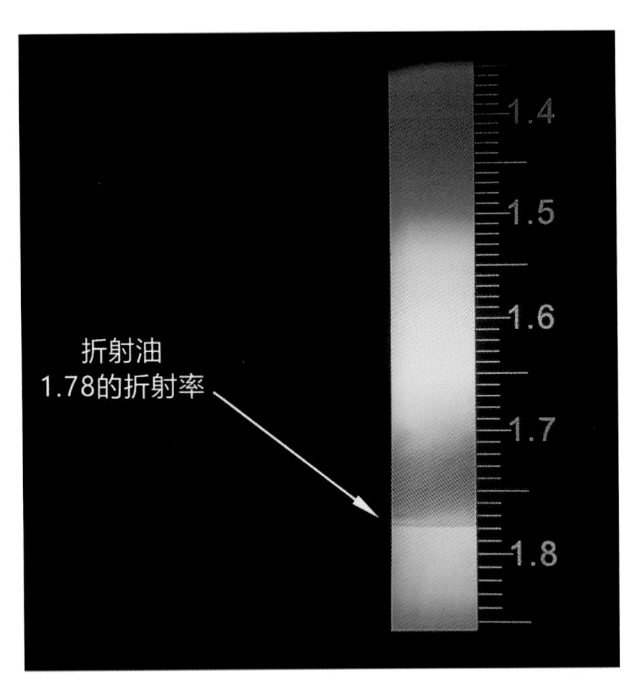

图 488　宝石折射率超出 1.78 现象之折射油边界

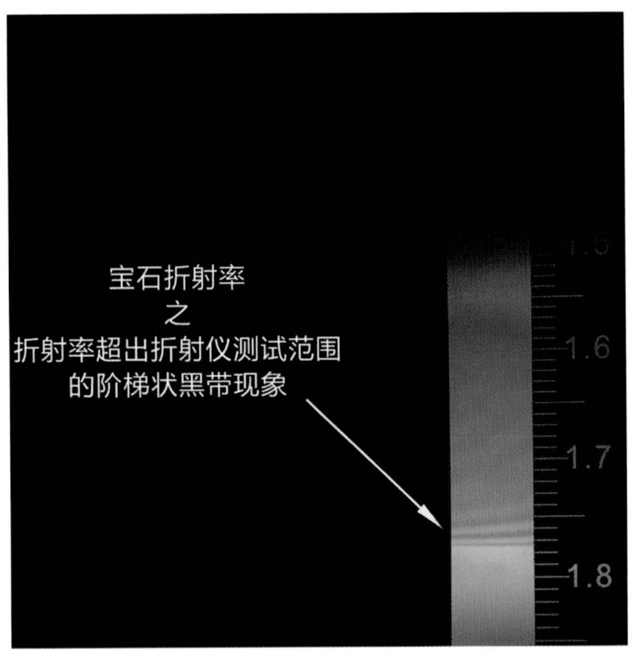

图 489　宝石折射率超出 1.78 现象之阶梯状黑带

3. 大刻面宝石测定法异常情况分析

（1）测试过程中，显示一条阴影边界，且转动样品时，阴影边界位置不变，并且在正交偏光镜下现象为四明四暗或者呈现明显多色性。

可判断为一轴晶正光性宝石，且其折射率高值大于 1.78，折射率低值小于 1.78，例如蓝锥矿（1.757—1.804）等。或者判断为双折射率小的非均质体宝石，例如磷灰石（1.634—1.638）等。

（2）测试过程中，显示一条阴影边界，且转动样品时，阴影边界位置不断变化，无固定值，并且在正交偏光镜下现象为四明四暗或者呈现明显多色性。

可判断为一轴晶负光性宝石，且其折射率高值大于 1.78，折射率低值小于 1.78，例如菱锰矿（1.621—1.847）。

（3）测试过程中，样品某一方向显示两条阴影边界，且阴影边界位置固定，转动宝石后观察该现象消失。

可判断为非均质体一轴晶宝石。如图光性未定的一轴晶宝石转动不同角度观察到的变化情况所示。

（4）测试过程中，样品某一方向显示两条阴影边界，两条阴影边界：一条移动，一条不移动。转动宝石后观察该现象消失。

可判断为非均质体二轴晶宝石。因为该方向可能为二轴晶宝石垂直 Ng、Nm、Np 的切面，又称假一轴晶宝石（Np 与 Nm 接近），例如托帕石（1.619 —1.627）。

（二）弧面型宝石折射率的测试

1. 点测法的步骤

（1）擦净棱镜台（测试台）和宝石。

（2）接通宝石折射仪电源，打开折射仪上电源开关（或打开光源，使光进入折射仪）。

（3）去掉偏光片（个别型号的折射仪还要去掉目镜）。

（4）在棱镜台（测试台）正中央直接点少量折射油（接触液），一般直径≤ 1mm 即可，或者将折射油点在金属台上而后用宝石弧面一端蘸取少量折射油（图490）。

（5）将宝石的弧面向下，用手放样品在棱镜台正中央（图 491）。

（6）眼睛远离折射仪 30cm—35cm 处观察。头部略上下移动，在标尺上寻找圆（椭圆）形的影像点（图492）。

（7）上方至下方圆形影像点由暗逐渐变亮。找出上半圆暗、下半圆亮的影像点位置，读取并记录明暗交界处标尺上的读数，即获此样品的近似折射率（图493）。

2. 基本现象及观察结果解析

（1）圆（椭圆）形的影像点处于上半圆暗、下半圆亮的位置时，读取并记录明暗交界线所对应处标尺上的读数，即获此样品的近似折射率。

（2）圆（椭圆）形的影像点在上下移动的过程中，如果发现影像点明暗变化区域只有四分之三或者二分之一，则选择有明暗变化的图形上面半个暗，下面半个亮的位置时，读取并记录明暗交界线所对应处标尺上的读数，即获此样品的近似折射率。

3. 点测法异常情况分析

（1）圆形影像点的明暗变化若是在标尺上方亮，下方暗，则需要重新测试。

（2）影像点形状不是上下对称的时（图 494），请调整宝石方向，确保影像点的上下对称型以便更加准确的读数。

（3）影像点在上下移动的过程中，发现明暗变化区域过小，影像点黑色轮廓较厚（图 495），则需要用纸巾吸取部分折射油后重新按照上述步骤测试。

图 490 折射油点取相对大小　图 491 弧面型宝石测定法放置位置及宝石方向　图 492 弧面型宝石测定法姿势图及宝石放置方向

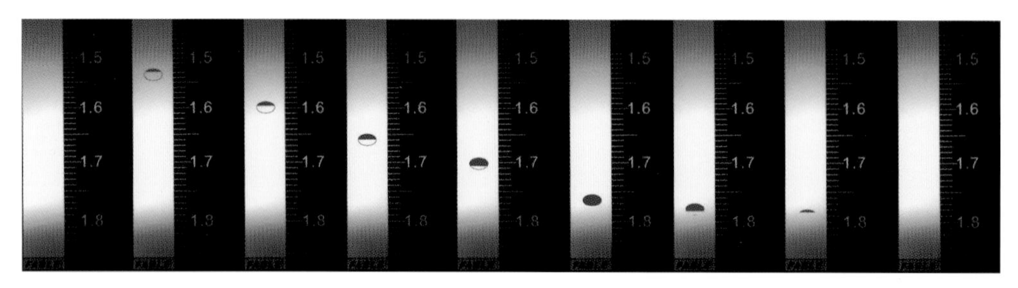

图 493　视线从标尺上方向下移动时可见椭圆形阴影变化情况（以点测折射率为 1.66 的翡翠 9 次观察变化角度为例）

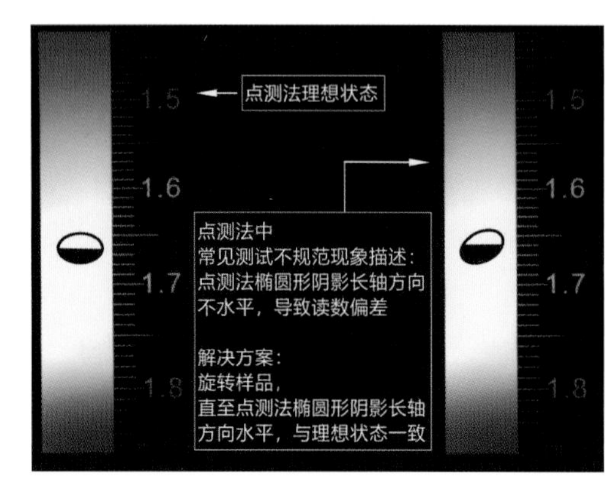

图 494　影像点黑色轮廓未呈现上下对称时需要转动宝石，直到影像点黑色轮廓上下对称为止

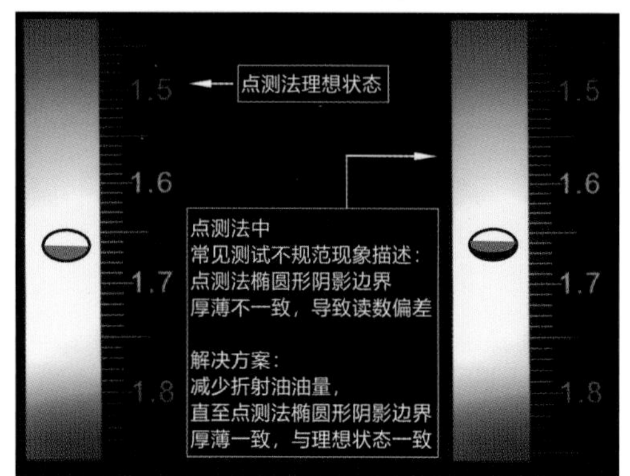

图 495　影像点黑色轮廓较厚需要减少折射油滴的大小重新测试

三、折射仪常见异常情况及其分析

现象：颗粒较小的宝石或者看起来较为平整且抛光的宝石，用大刻面宝石测定法无法准确读取数据。

分析：大刻面宝石测定法要求被测试宝石的有大的、平滑的、且抛光良好的平面，上述三个条件其中任何一条不满足，即无法使用大刻面宝石测定法读数宝石阴影边界数据。

现象：用大刻面宝石测定法观察宝石数据，无法读取到宝石数据阴影边界。

分析：重复大刻面宝石测定法后，仍然无法读取到宝石数据阴影边界的，可判断宝石折射率超出折射仪范围。

现象：用大刻面宝石测定法观察宝石数据，在 1.78 的附近位置读取到多条阴影边界线。

分析：重复大刻面宝石测定法后，仍然在 1.78 的附近位置读取到多条阴影边界线，可判断宝石折射率超出折射仪范围。

现象：用点测法观察宝石数据，无法读取到圆（椭圆）形的影像点，上半圆暗、下半圆亮的阴影边界。

分析：重复点测法后，仍然无法读取到圆（椭圆）形的影像点，上半圆暗、下半圆亮的阴影边界的，可判断宝石折射率超出折射仪范围；需要注意的是有些宝石折射率较高使用点测法测试时，读取数据可采用圆（椭圆）形的影像点变成灰色时，圆（椭圆）形的影像点一半位置所对应的读数。

现象：用点测法观察宝石数据，圆（椭圆）形的影像点，产生明暗变化的区域较小，有很厚的一层深色边界。

分析：拿起宝石，减少宝石与棱镜台接触点的接触液（折射油）的量后，重新使用点测法观察宝石数据，圆（椭圆）形的影像点厚的深色边界会变薄，从而提高读数的精确度。

四、折射仪测试宝石条件小结

未抛光或者抛光差宝石不能进行折射仪检测（图496）。

宝石的 RI<1.35 或者 >1.81 都无法读数。

宝石的颜色，透明度与是否能够使用折射仪测试不存在因果关系。

常见不能测试的未抛光宝石外观

常见能测试刻面型宝石外观

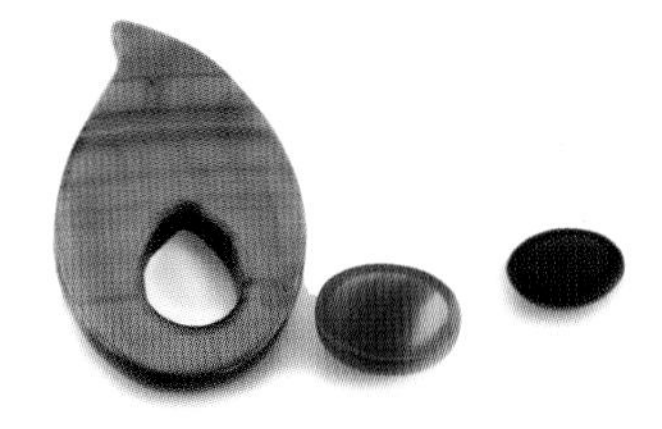

常见能测试弧面型宝石外观

图 496　宝石外形对比图

五、折射仪测试数据记录格式

折射仪观察记录参考表 16。

表 16　折射仪观察记录格式

样品编号				
大刻面法	折射率值（RI）	最大双折射率（DR）	折射率数值变化规律性描述	光性 轴性
弧面法 （点测法）	折射率值（RI）	油斑影像特征描述	对折射率值判断影响及处理方式	

折射仪建议观察流程图

常见折射率范围及其对应宝石材质

课后阅读 1：光的折射、反射及全内反射

光的折射是指光从一种介质射入另一种介质时，传播方向发生改变的现象，光的折射遵循折射定律：折射光线和入射光线和法线在同一平面内，折射光线和入射光线分别位于法线两侧，入射角的正弦和折射角的正弦之比为一常数（图 497）。

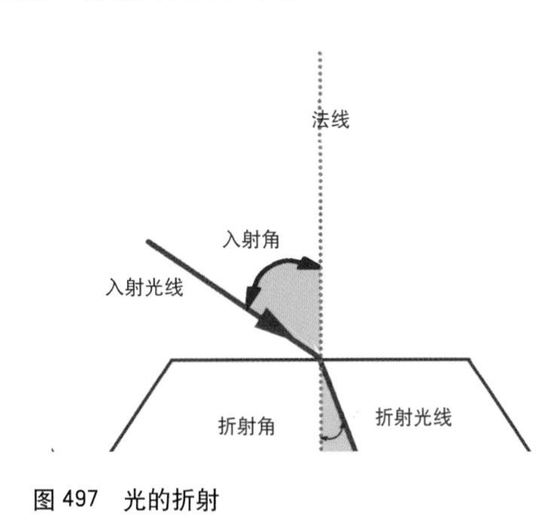

图 497　光的折射

光的反射是指光从一种介质到它和另外一种介质分界面时，一部分光返回到这种介质的现象。光的反射遵循反射定律：反射光线和入射光线和法线在同一内，反射光线和入射光线分别位于法线的两侧，反射角等于入射角（图 498）。

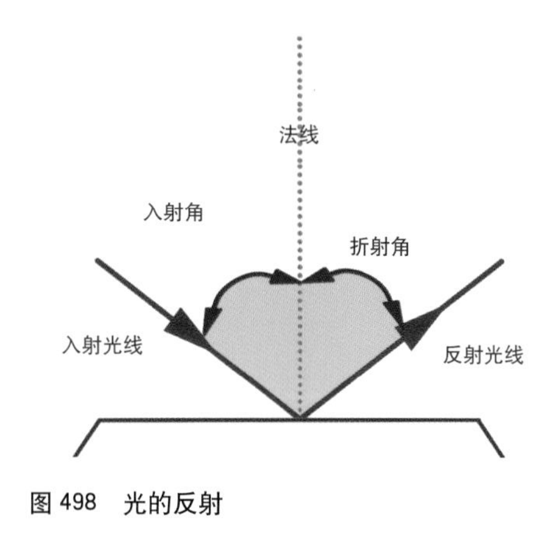

图 498　光的反射

光穿越实际密度有大小差异的物质的时候会发生折射。当两种介质相对比，把光速（在该介质中光的速度）大的介质叫做光疏介质，光速小的介质叫光密介质。光疏介质与光密介质相比，它的光速大，绝对折射率小，光在两种介质间传播时，在光疏介质，光线与法线的夹角比光密介质光线与法线的夹角大。光疏介质和光密介质是相对而言的。空气的折射率约为 1，水的折射率约为 1.33，玻璃的折射率约为 1.5。则水对空气而言为光密介质，水对玻璃而言又是光疏介质。

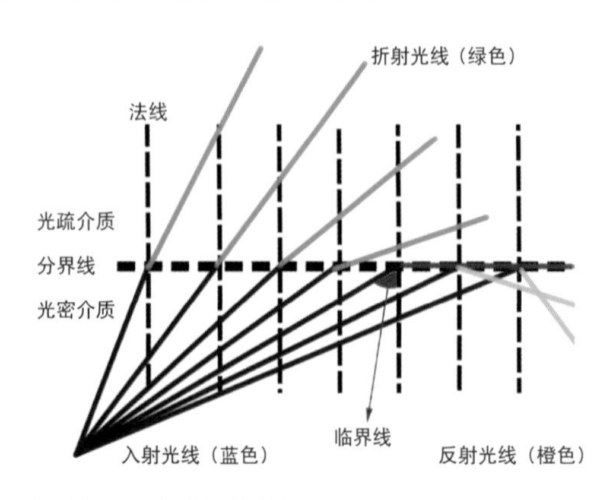

图 499　全内反射示意图

当光线从光密介质进入光疏介质时，折射线偏离法线方向，折射角大于入射角。当折射角为 90° 时的入射角称为临界角，所有大于临界角的入射光线不能进入光疏介质而在光密介质内发生反射，并遵循反射定律（图 499），即所谓光的全内反射。

在刻面型的切磨时如果利用到这个原理，即使宝石色散率很低也可以使得宝石中呈现明显的色散现象（图 500）

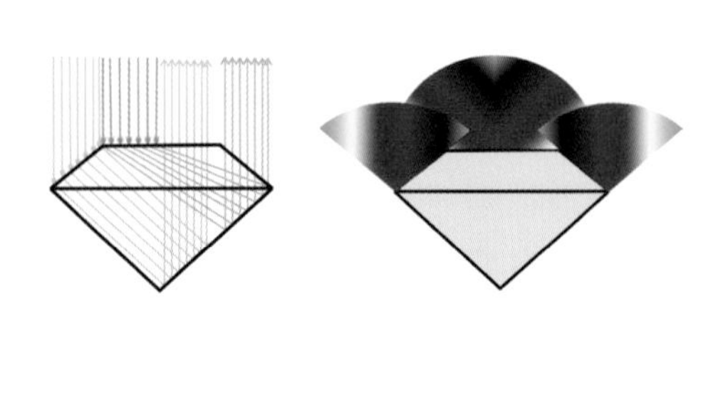

图 500　标准圆钻型全内反射钻石光路示意图

课后阅读 2：单折射、双折射、双折射率

单折射是指光线进入透明至微透明均质体后，入射角度发生改变，光线不分解的现象。

双折射是指光线进入透明至微透明非均质体后，入射角度发生改变，光线分解为两束的现象（图 501）。两束光中遵循光的折射定律称之为常光，不遵循光的折射定律称之为非常光。

双折射是非均质体宝石的现象之一，某些双折射特别大的宝石可以用肉眼观察到重影现象（图 502、503）。

双折射现象的明显程度可以根据双折射率数字的大小辅助判断，双折射率是折射仪下，非均质体宝石最大折射率和最小折射率的差值，是一种计算的数值，例如水晶折射率为 1.545—1.554，其双折射率为 0.009（1.554-1.545=0.009），这个大小的数值意味着宝石要在 40 倍放大条件下，才能明显见到双折射现象。

对于双折射率数值大小和双折射现象明显程度，我们有如下经验型判断，宝石双折射率在 0.020 以下，肉眼观察、10× 放大镜观察双折射现象不明显，0.020 以上双折射率现象逐步开始明显，到 0.036 肉眼和 10× 放大镜下极易见到双折射现象。

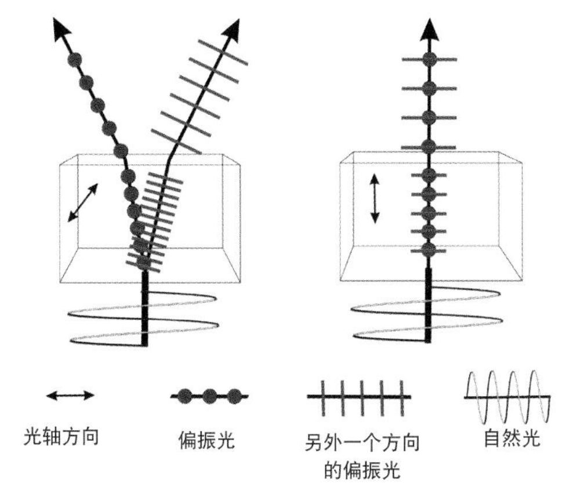

图 501　双折射（中、右两图为平行光轴方向进入的入射光不发生分解示意图，左图为其他方向光线进入宝石发生分级示意图）

图 502　双折射宝石的重影现象

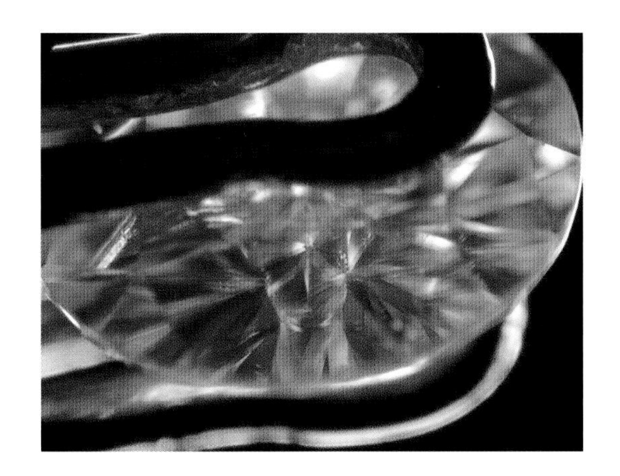

图 503　双折射宝石的重影现象（左边合成碳化硅双折射率为 0.043，右边合成金红石双折射率为 0.287）

课后阅读 3：色散率

太阳光谱中 B 线（686.7nm）和 G 线（430.8nm）的光所测得的折射率的差值。或者更加简单的理解为同一宝石特定两个折射率的差值，每个特定的折射率都是在特定能量的光下测量的。

一般来说宝石色散率越高，在同等全内反射程度的刻面型宝石中越容易见到色散现象（图 504）。

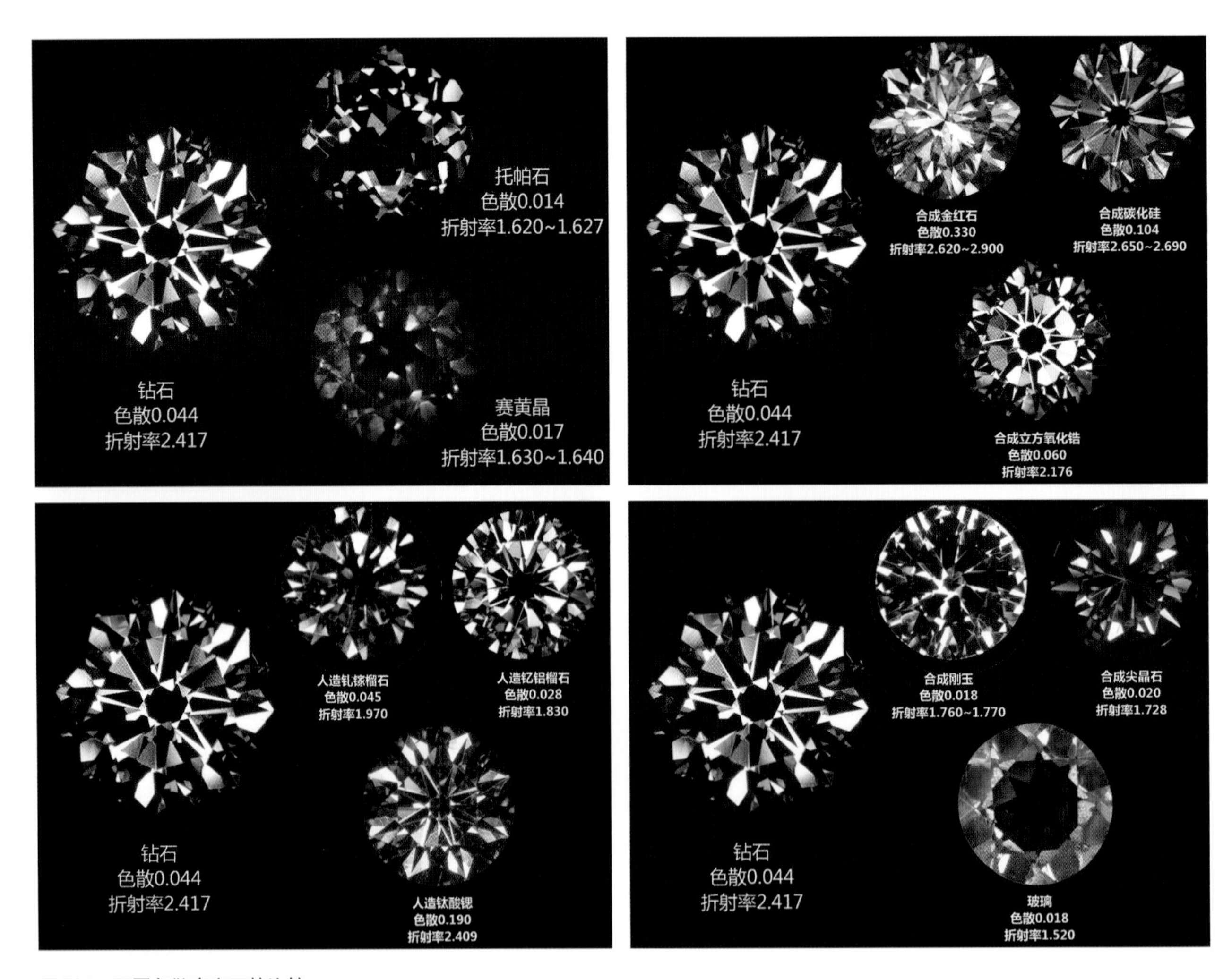

图 504　不同色散率宝石的比较

第四节　二色镜在宝石检测中的应用

一、二色镜的原理及结构

自然光通过非均质体（中级晶族、低级晶族）有色宝石，分解成两束传播方向不同，振动方向相互垂直的偏振光。这两束光各自的传播方向也不同。非均质体有色宝石的各向异性导致了宝石对不同振动方向的光的吸收不同，只要能将这两种振动的光分离开来，就可能看到不同的颜色。

通常一轴晶宝石可能出现两种颜色，称为二色性；二轴晶宝石出现三种颜色，称为三色性，统称为多色性。（图 505）

均质体（高级晶族、非晶体），集合体宝石无法分解进入宝石的光束，因此不存在多色性。

非均质体有色宝石具各向异性，因而存在多色性。只有当穿过宝石的两束偏振光振动方向与二色镜（图 506）中冰洲石棱面体光率体主轴互相平行或垂直时，看到的才是宝石真正的多色性颜色（图 507）。若透过宝石的光的振动方向与二色镜冰洲石棱面体光轴相交 45° 时，则见不到多色性（图 508）。这就是为什么在转动二色镜和宝石的过程中，窗口颜色不断变化的原因。应该指出的是：当非均质体有色宝石的光轴平行于二色镜长轴时，看不到多色性。

常用的二色镜是冰洲石二色镜，它由玻璃棱镜、冰洲石棱面体、透镜、通光窗口和目镜所组成。

冰洲石具有极强的双折射，双折射率为 0.172（No=1.658，Ne=1.486），它能将一束光分解成两条偏振光线。冰洲石棱面体的长度设计成正好可使小孔的两个图像在目镜里能并排成像。当观察具多色性的宝石时，冰洲石二色镜将透过宝石的两束偏振化色光再次分解，使两束偏光的颜色并排出现于窗口的两个影像中。

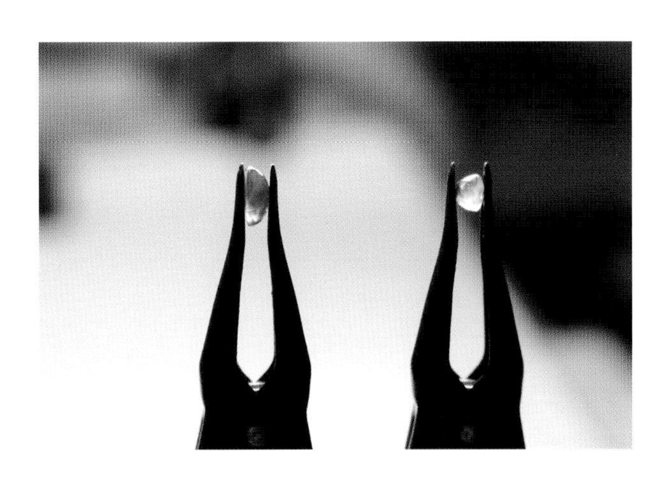

图 505　堇青石的多色性现象

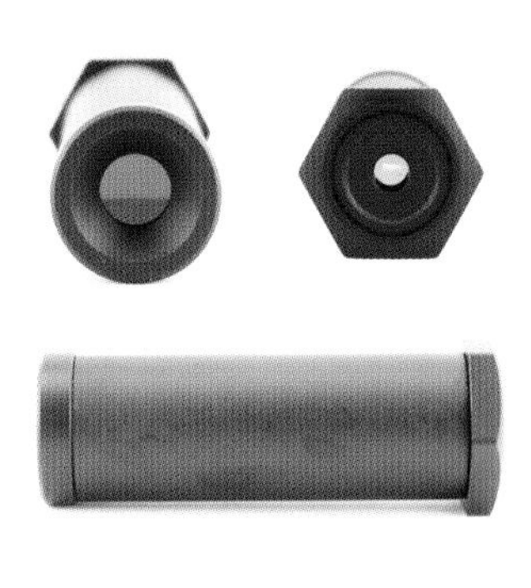

图 506　宝石二色镜外观

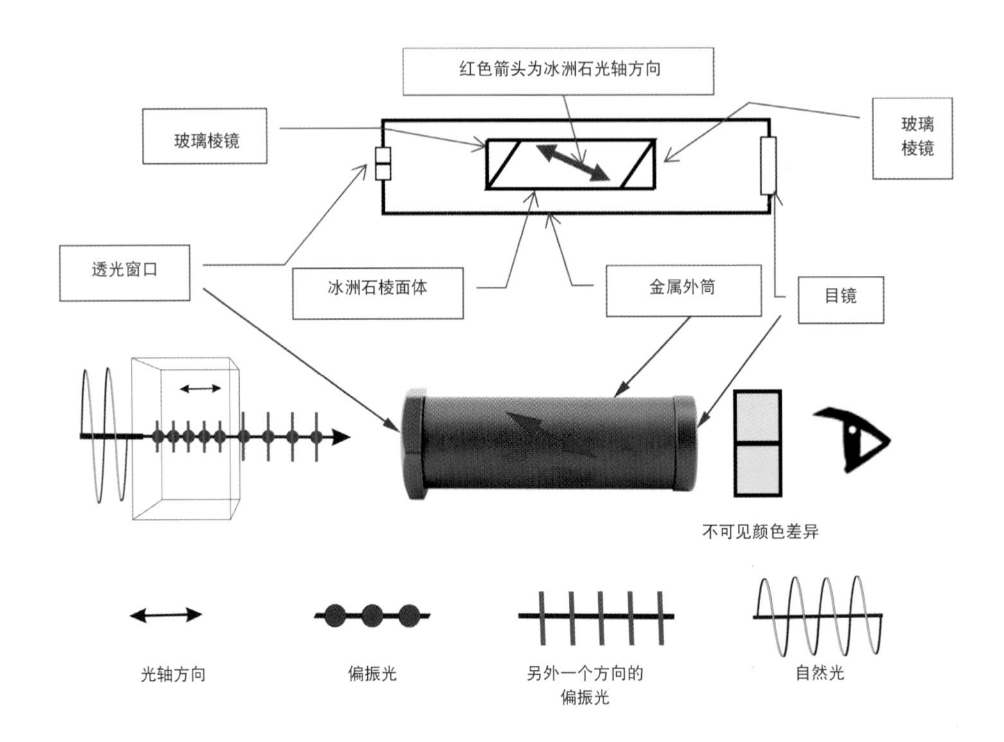

图 507　透过宝石的光的振动方向与二色镜冰洲石棱面体光轴相交 45° 时，见不到多色性原理

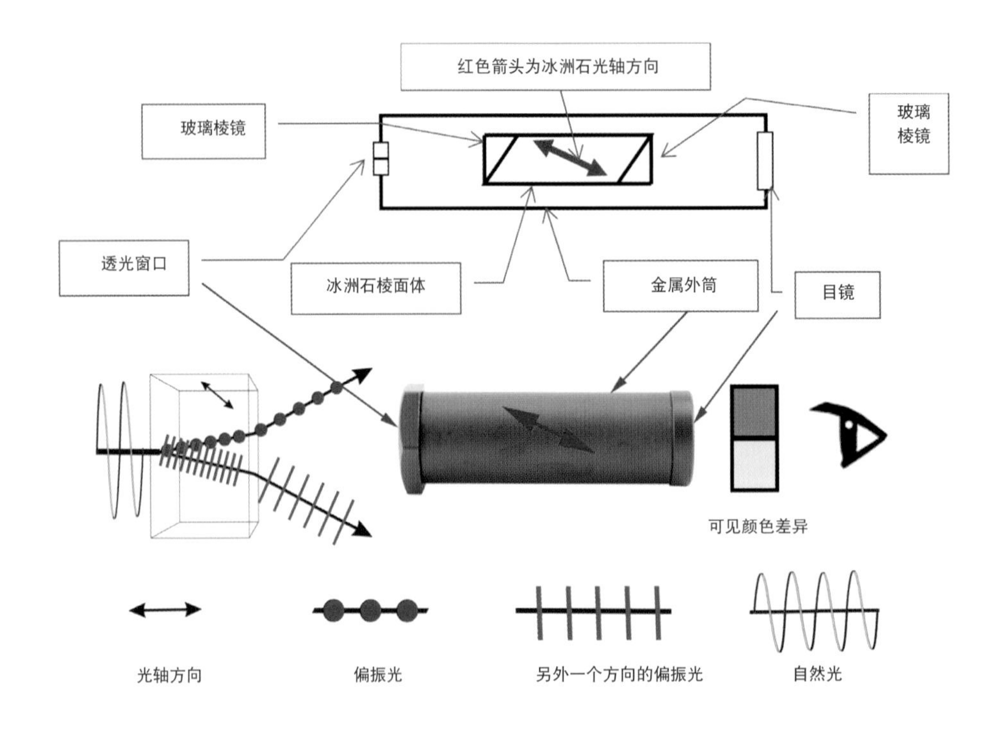

图 508　透过宝石的光的振动方向与冰洲石棱面体光率体主轴互相平行或垂直时，能够看到宝石真正多色性原理

二、二色镜的操作及现象解析

二色镜可以用于宝石多色性的观察及宝石光学性质的判断。

（一）二色镜基本操作步骤

观察时使得光线通过待测样品，光源应为白光或自然光，绝不能用单色光或偏振光。

待测样品尽量靠近二色镜窗口部位，眼睛紧靠目镜部位进行观察（图 509）。

边观察边转动待测样品和二色镜（图 510）。

记录通过透光窗口观察到的颜色种类情况及观察难易程度（图 511 — 513）。

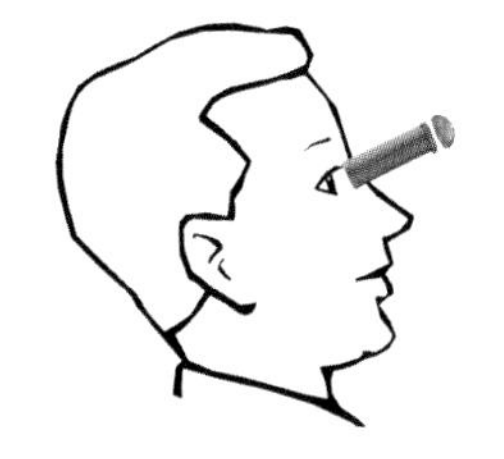

图 509　二色镜观察示意图

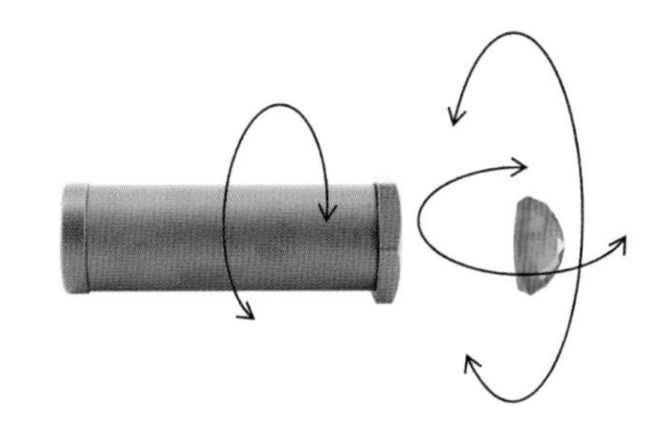

图 510　观察过程中可多角度转动二色镜及宝石

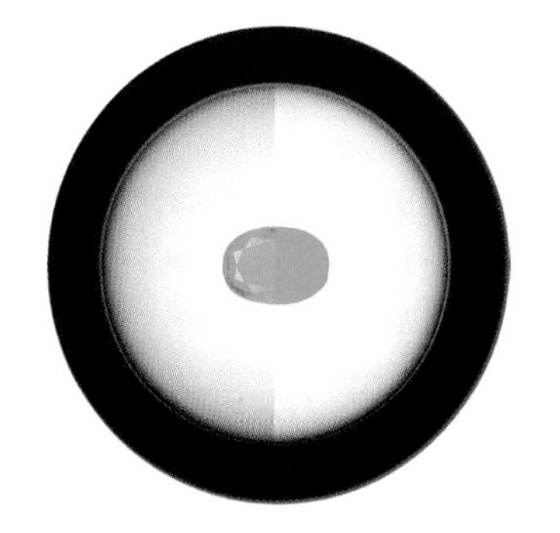

图 511　祖母绿明显多色性

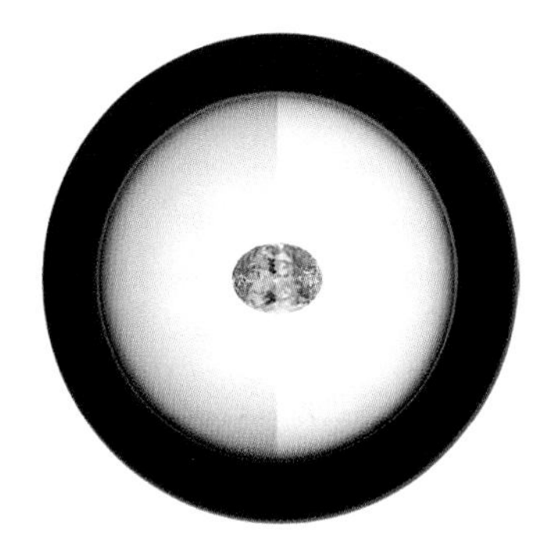

图 512　海蓝宝石中等多色性

图 513　尖晶石无多色性

（二）基本现象及观察结果解析

转动待测样品和二色镜，透过仪器观察待测样品，发现仪器左右窗口出现两种颜色的变化（图 514），可判断为非均质体宝石（如碧玺，红宝石等），对于红宝石而言，如果从台面观察能够看到橙红色和红色的多色性，可怀疑其为合成红宝石（怀疑原因如图 515 所示），但是需要显微镜观察内含物及生长纹进一步确认。

转动待测样品和二色镜，透过仪器观察待测样品，多方位转动宝石及仪器，发现仪器左右窗口累计出现三种颜色的变化，可判断为非均质体二轴晶宝石（如坦桑石，堇青石等）（图 516）。

转动待测样品和二色镜，透过仪器观察，未发现仪器左右窗口待测样品出现颜色的变化，可能的原因是宝石不具有多色性或者多色性弱，下列宝石均可能出现上述情况：均质体（如萤石、尖晶石、石榴石、玻璃、欧泊、塑料等），多晶质集合体（如翡翠、软玉、石英岩、玉髓、玛瑙等），非均质体中的水晶、橄榄石等弱多色性宝石。

图 514　红宝石多色性

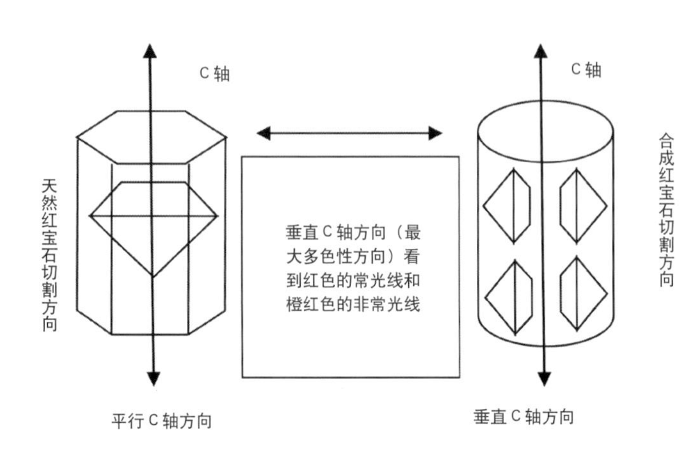

图 515　天然红宝石与合成红宝石台面方向呈现不同多色性原因

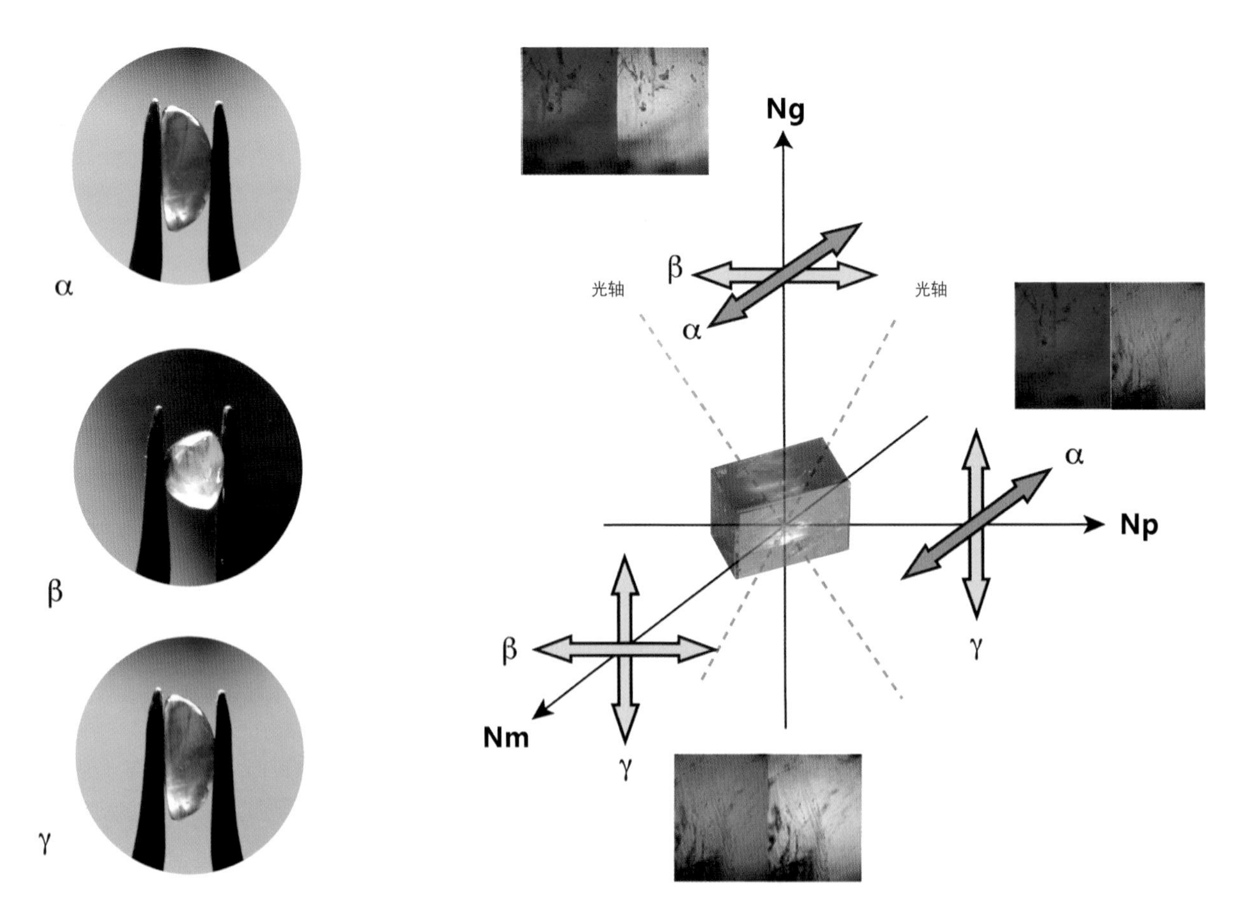

图 516　堇青石的多色性（图中 Ng 代表二轴晶光率体中最大的折射率，Np 代表二轴晶光率体中最小的折射率， Nm 代表二轴晶光率体中介于二者之间的主折射率，α、β、γ 代表的是光的振动方向）

三、二色镜常见异常情况及其分析

现象：某些有色双折射宝石虽然多角度转动二色镜及宝石，但是无法观察到多色性，比如红宝石、祖母绿等。

分析：红宝石、祖母绿一般都多裂隙、多杂质，使得进入宝石的光线再次折射或者分解，因此观察多色性较为困难；除此以外同一个品种的宝石由于透明度减低，也会导致多色性不明显的现象。（图 517—519）

现象：多晶质集合体玉石虽然多角度转动二色镜及宝石，但是无法观察到多色性，如翡翠、软玉、玛瑙、青金石等。

分析：多晶质集合体玉石不能够将进入宝石的光线分解成为两束，因此无法观察到多色性。（图 520）

现象：颗粒较小的宝石，没有多色性现象可以观察。

分析：颗粒太小宝石，使用二色镜下观察多色性现象比较困难，可辅助以正交偏光镜判断宝石是否具有多色性。（图 521）

现象：折射仪测试下已经判定是宝石是非均质体二轴晶，且宝石有色、透明、内部干净，但是无法观察到多色性。

分析：并非所有非均质体有色透明宝石都能观察到多色性，例如多色性弱的橄榄石（图 522），虽然通过折射仪能够判断宝石为非均质体二轴晶，且宝石肉眼观察为黄绿色、透明、内部干净，但是该宝石确实无法观察到多色性，因此在这里可以得到一个结论：有多色性的宝石一定是非均质体，没有多色性的宝石无法判断其是均质体，非均质体还是集合体。

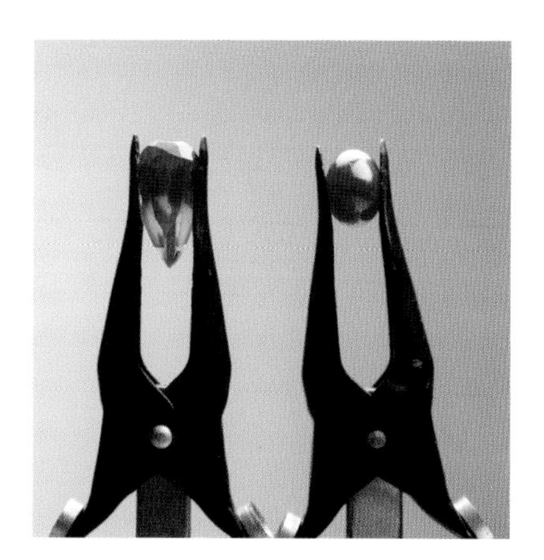

图 517　透明度不同的红宝石（左边为透明的红宝石，右边为微透明的红宝石）

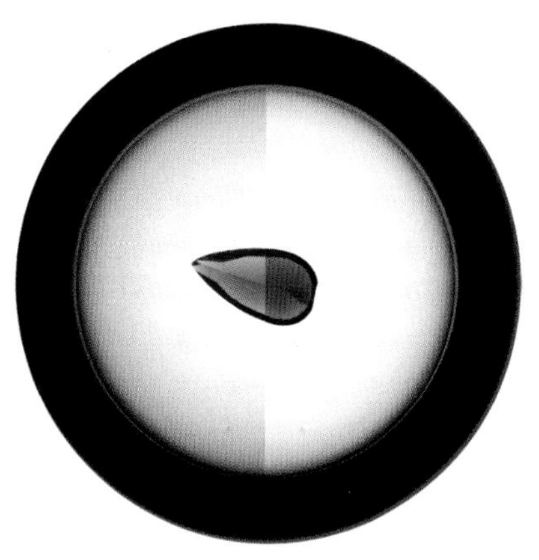

图 518　透明红宝石可见明显多色性

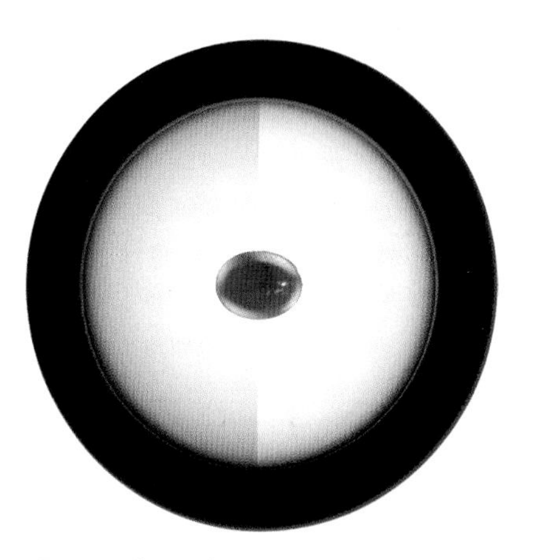

图 519　微透明红宝石无法观察到多色性

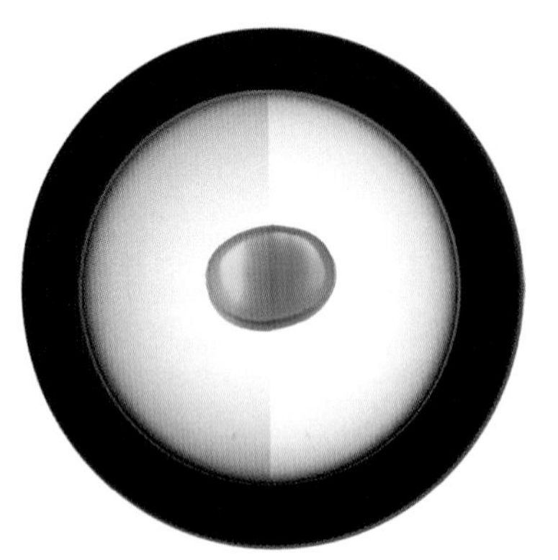

图 520　玛瑙无多色性

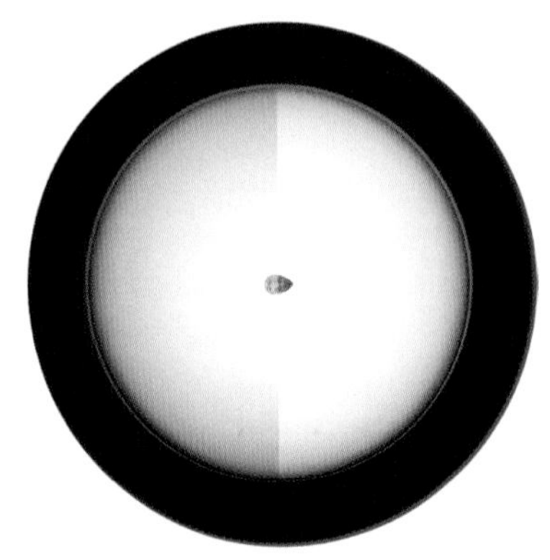

图 521　具有强多色性的铬透辉石因体积小，观察多色性较为困难

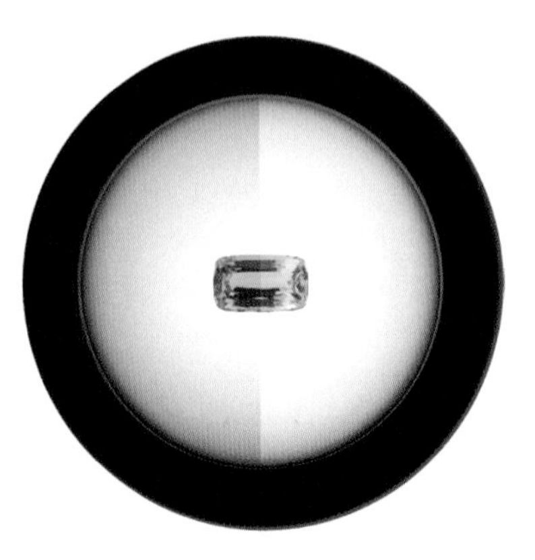

图 522　橄榄石弱多色性

四、二色镜测试宝石条件

不透明或者无色的宝石不能用二色镜进行观察。多孔、多裂隙、多杂质宝石不能使用二色镜进行观察。颗粒偏小的宝石不能使用二色镜进行观察。

五、二色镜观察记录格式

二色镜观察记录参考表 17。

表 17　宝石二色镜观察记录格式

样品编号			
样品特征描述	颜色	透明度	净度
多色性特征	多色性强弱	多色性颜色变化	光性、轴性判断

宝石二色镜建议观察流程图

常见宝石多色性汇总表

课后阅读：多色性

某些半透明到透明的有色晶体从不同方向观察颜色不同的现象称之为多色性（图 523—525）。

这里的颜色不同指代的是颜色色调的差异或者是颜色深浅的差异。

需要注意的是并不是所有宝石都会见到这个现象，只有中级晶族或低级晶族 的部分宝石才能见到多色性。通常中级晶族宝石 可能出现两种颜色，称为二色性；低级晶族 的宝石可能出现三种颜色，称为三色性，统称为多色性。

在实际肉眼鉴定中，多色性可以帮助我们快速区分宝石及其仿制品，例如蓝宝石和它的仿制品堇青石（图 523—525）。

图 523　堇青石的多色性（从不同角度观察颜色不同，肉眼观察明显）

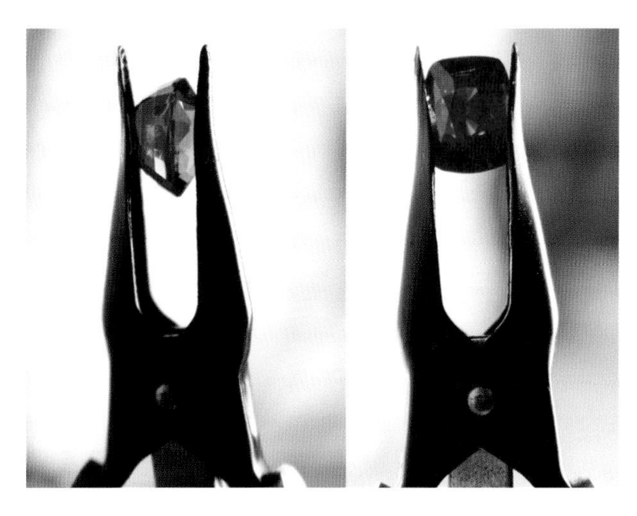

图 524　蓝宝石多色性（从不同角度观察颜色不同，肉眼观察较明显）

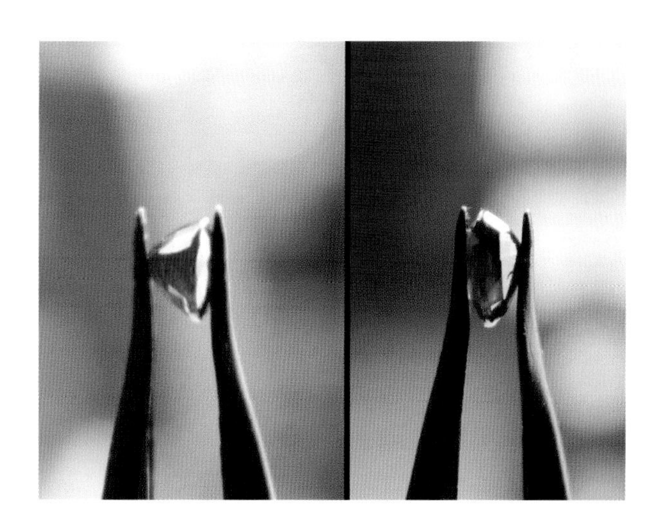

图 525　红宝石的多色性（从不同角度观察颜色不同，肉眼观察较明显）

第五节　分光镜在宝石检测中的应用

一、分光镜的原理及结构

光由红、橙、黄、绿、蓝、紫等不同波长的光组成，利用色散元件（三棱镜或光栅）可将白色复色光分解成不同波长的单色光，各种单色光按照其波长频率有序排列的图案，成为光谱，全称为光学频谱。

由于宝石中的元素（它们往往是致色元素）对于光具有选择性吸收，因此穿透宝石的光或者经过宝石表面反射的光进入分光镜后，在可见光光谱区域会产生黑带或者黑线的组合，这种现象称之为吸收光谱。

宝石实验室中常使用分光镜来观察宝石的吸收光谱。根据体积及便携程度不同，分为便携式（图 526）和台式分光镜（图 527）。

根据分光镜所利用的色散元件不同，分为棱镜式(图 528、530）和光栅式（图 529、531），实验室中多使用棱镜式分光镜。

图 526　可调棱镜式分光镜

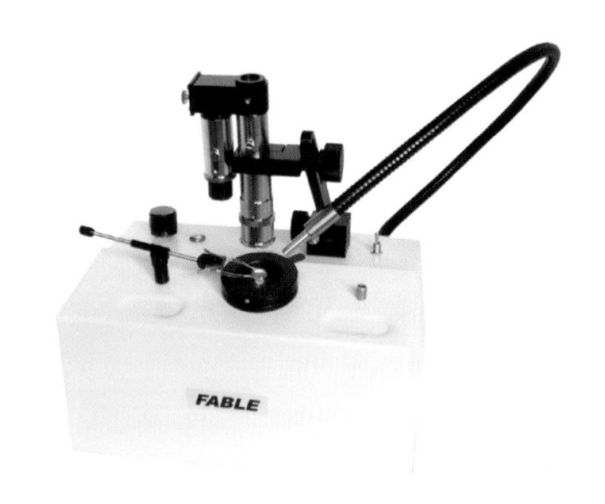

图 527　台式分光镜

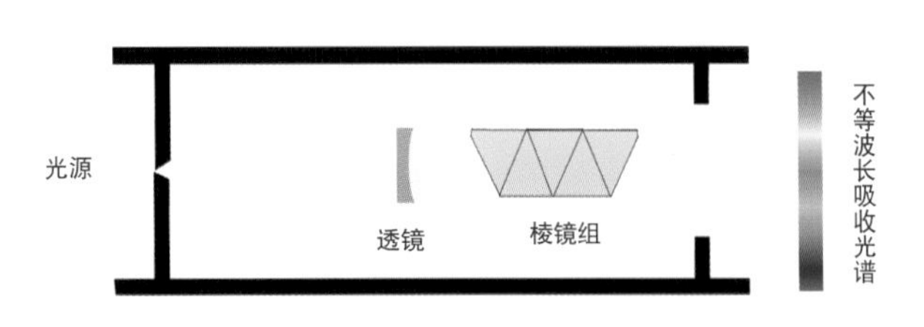

图 528　棱镜式分光镜结构图

特点：非等间距分布光谱，蓝紫区相对扩宽，红光区相对压缩；红光区分辨率要比蓝光区差；透光性好，可产生一段明亮光谱；有的棱镜式分光镜可以根据需要调节焦距和狭缝，一般来说，狭缝大，亮度大但吸收线的清晰度差。

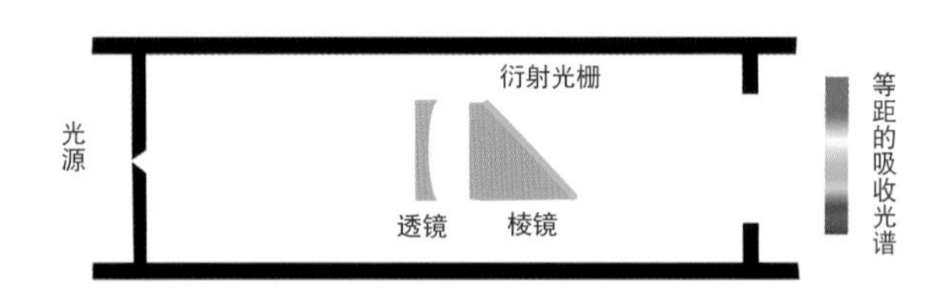

图 529　光栅式分光镜结构图

特点：等间距分布光谱，红光区分辨率比棱镜式要高；透光性差，需要强光源照明。已固定，无需调节焦距和狭缝。

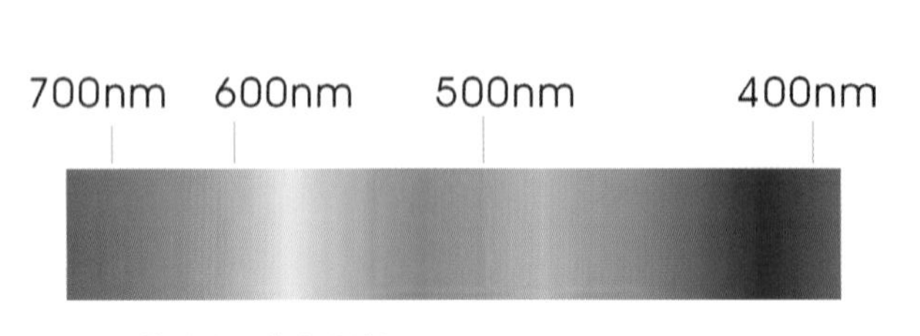

图 530　棱镜式吸收光谱特征

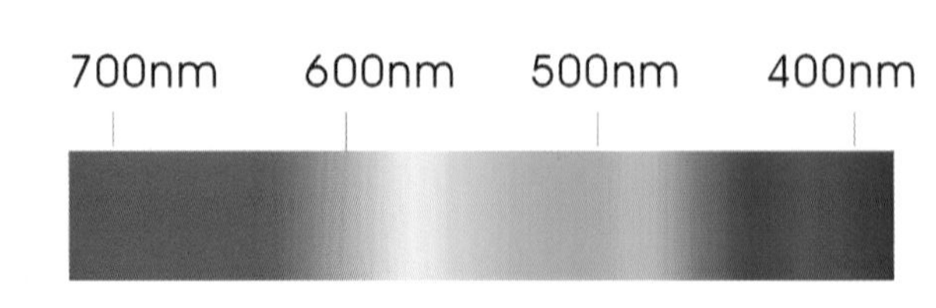

图 531　光栅式吸收光谱特征

二、分光镜的操作及应用

（一）分光镜基本操作步骤及现象

分光镜操作的关键在于光源的使用，以及是来自宝石的光线进入分光镜的狭缝中，光源的使用根据宝石的情况有三种照明方法的选择。

1. 透射光法观察宝石条件及基本步骤

（1）适用透明—半透明宝石，形状不规则的宝石也适用。

（2）具体操作方法（图 532）：

a . 宝石置于光源上方，使得光线透过宝石，

b . 分光镜方向与透过宝石方向平行，并且使得光线进入分光镜。

c . 读取宝石吸收光谱中黑带或者黑线的位置。

2. 内反射光法观察宝石条件及基本步骤

（1）适用于颜色较浅，颗粒较小的宝石。

（2）具体操作方法（图 533）：

a . 将宝石置于黑色的背景上；

b. 调节入射光角度，使得宝石内部反射光线；

c . 分光镜对准宝石表面出露的光亮点观察；

d . 读取宝石吸收光谱中黑带或者黑线的位置。

3. 表面反射光法观察宝石条件及基本步骤

（1）适用于透明度差的宝石。

（2）具体操作方法（图 534）：

a . 将宝石置于黑色的背景上；

b. 调节入射光角度，使得宝石表面反射光线；

c . 分光镜对准宝石表面的反射光线观察；

d . 读取宝石吸收光谱中黑带或者黑线的位置。

图 532　透射光法

图 533　内反射光法

图 534　表面反射光法

（二）分光镜的应用

吸收光谱中黑带或者黑线的组合可以辅助判断宝石中的某些微量元素的种类，辅助鉴别外观相似的宝石，例如颜色相似的、经过加工的红宝石和尖晶石可以通过吸收光谱的不同而快速区分（如表 18 所示）。

表 18　红色系常见天然宝石与合成宝石吸收光谱对比

红色系宝石	吸收光谱特征
红宝石	红宝石通常在红区 693nm 附近出现一条（实际上是两条吸收线）
合成红宝石	与天然红宝石吸收光谱相同，但是光谱明显，更加更加易于观察。
尖晶石	尖晶石在红区会出现多条吸收线，该现象也被称为风琴管状吸收光谱
合成尖晶石	与尖晶石对比多了位于红区 685nm 的吸收线

大部分彩色的宝石（含极少部分无色宝石）能够产生颜色的原因是因为含有能够选择性吸收光的元素（大部分情况为致色元素），这些元素主要的是过渡元素族的金属元素，它们是铁（Fe）、钒（V）、铬（Cr）、锰（Mn）、钛（Ti）、钴（Co）、镍（Ni）、铜（Cu）；其次还有稀土元素如钕（Nd）、镨（Pr）以及放射元素铀（U）、和钍（Th）等。这些元素会导致宝石形成各种颜色，有些致色元素具有自己典型的吸收特征（表 19）。

需要注意的是同一元素，同一宝石的吸收光谱不会因为光源使用方法的不同而产生差异，也不会因为使用分光镜的不同产生差异。不同元素的宝石吸收光谱具有不同特征；同一元素，不同宝石的吸收光谱具有不同特征。

表 19　宝石致色元素及其对应吸收光谱特征

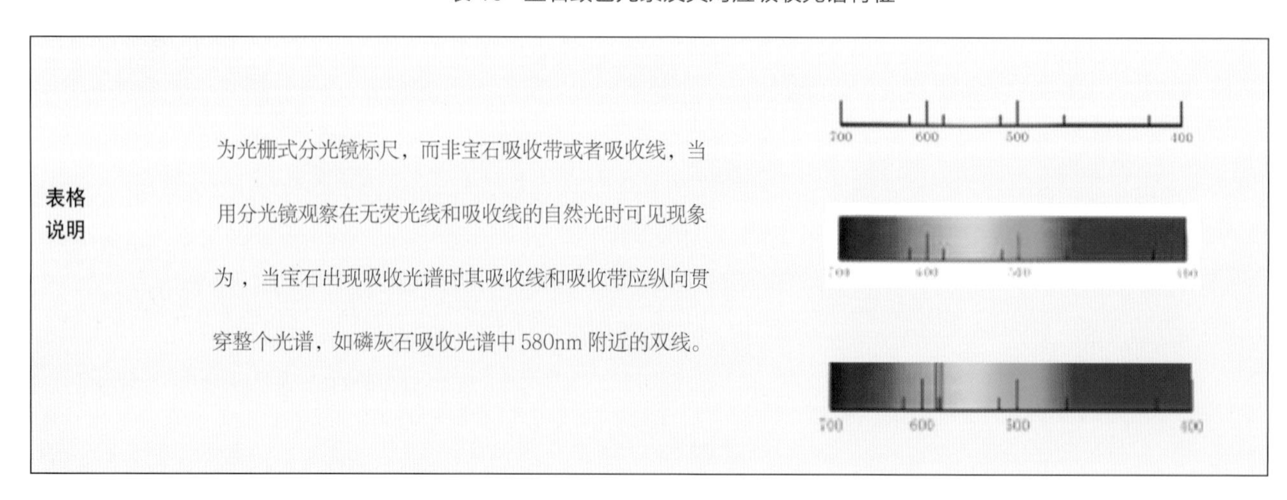

表格说明	为光栅式分光镜标尺，而非宝石吸收带或者吸收线，当用分光镜观察在无荧光线和吸收线的自然光时可见现象为，当宝石出现吸收光谱时其吸收线和吸收带应纵向贯穿整个光谱，如磷灰石吸收光谱中 580nm 附近的双线。	700 600 500 400

致色元素	原子序数	宝石颜色	宝石实例	吸收光谱特征	典型吸收光谱图
铁 Fe	26	红、蓝、绿、黄等颜色	金绿宝石、海蓝宝石、碧玺、蓝尖晶石、软玉、铁铝榴石、橄榄石、透辉石、斧山石、堇青石等	光谱带主要分布在绿光区和蓝光区	700 600 500 400 由铁致色的橄榄石吸收光谱图，光栅式分光镜观察
铬 Cr	24	绿色和红色	红宝石、祖母绿、翡翠、变石、钙铬榴石、红色尖晶石、翠榴石等	紫光区吸收带、黄绿区宽吸收、红光区窄吸收线，红宝石和合成红宝石中能够见到蓝光区中的吸收带	700 600 500 400 由铬致色的红宝石吸收光谱图，光栅式分光镜观察
锰 Mn	25	粉色、橙色	红绿柱石、菱锰矿、蔷薇辉石、锰铝榴石、查罗石、某些红色碧玺等	最强的吸收区位于紫区并可延伸到紫区外，部分由蓝区吸收	700 600 500 400 由锰致色的菱锰矿吸收光谱图，光栅式分光镜观察
钴 Co	27	粉色、橙色、蓝色	蓝色合成尖晶石、合成变石等	橙色、黄色、绿光区有三条强而宽的吸收带	700 600 500 400 由钴致色的蓝色合成尖晶石吸收光谱图，光栅式分光镜观察
镨 Pr、钕 Nd	镨 59 钕 60	钕、镨常常共生在一起形成黄色和绿色	磷灰石、浅紫色合成氧化锆等	磷灰石黄光区有数条密集的细的吸收线	700 600 500 400 磷灰石的吸收光谱图，光栅式分光镜观察
铀 U	92	虽然不能导致鲜艳的颜色但是有明显的吸收光谱	锆石	通常能够使得锆石产生 1~40 条谱线，并在各个色区分布均匀。	700 600 500 400 锆石的吸收光谱图，光栅式分光镜观察

致色元素	原子序数	宝石颜色	宝石实例	吸收光谱特征	典型吸收光谱图
钒 V	23	绿色、紫色或者蓝色	钙铝榴石、黝帘石、合成刚玉（仿变石）等	含有钒的合成刚玉在蓝区 475nm 有清晰的吸收线	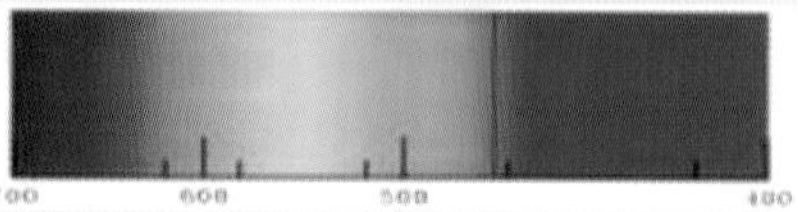 700 600 500 400 含有钒的绿色钙铝榴石吸收光谱图，光栅式分光镜观察
铜 Cu	29	绿色、蓝色、红色等	孔雀石、硅孔雀石、绿松石等	蓝区 460nm 处有宽的弱吸收带、紫区 432nm 处有强吸收带	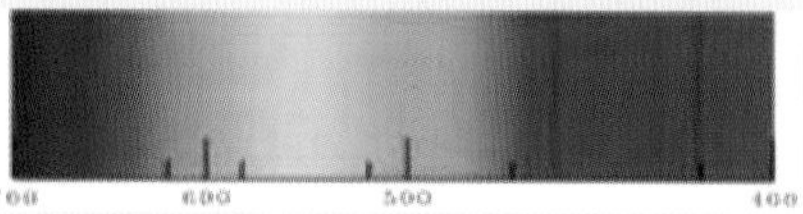 700 600 500 400 含有铜的绿松石吸收光谱图，光栅式分光镜观察
硒 Se	34	红色	某些红色玻璃等	含硒的红色玻璃在绿区中显示一条宽带，但是大多数的红色玻璃吸收带出现在 532nm、537nm、540nm、560nm 处	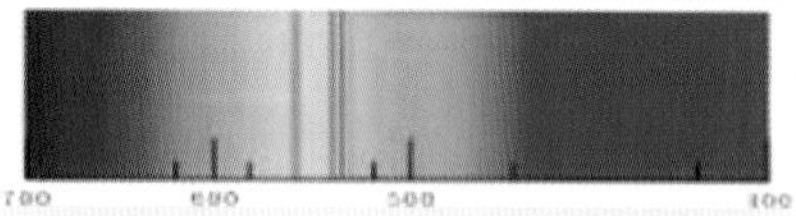 700 600 500 400 含硒的红色玻璃吸收光谱图，光栅式分光镜观察
镍 Ni	28	绿色	绿玉髓、绿欧泊等	未见典型吸收光谱	
钛 Ti	22	蓝色	蓝锥矿等	未见典型吸收光谱	

三、分光镜常见异常情况及其分析

现象：已知某些宝石没有吸收光谱，但是在观察的过程中，仍然发现在黄绿区或者其他颜色区域发现有吸收线。

分析：人的血液是具有吸收光谱的，因此尽量不要用手拿宝石进行观察，某些眼镜也有吸收光谱，测试前应检查。

现象：分光镜中出现穿越各个色区的水平黑线。

分析：分光镜狭缝中有灰尘或者其他原因导致该现象的出现，此时分光镜需要检修。

现象：观察长时间后，宝石的吸收光谱模糊甚至消失。

分析：光有热辐射，宝石长时间受热对于吸收光谱的清晰程度具有一定影响。

现象：已知宝石具有吸收光谱，但是无法观察到。

分析：杂质元素的含量会影响吸收光谱的明显程度，可以尝试转动宝石，增加光在宝石中透过的光程来尝试解决此问题。

四、分光镜测试宝石条件

具有吸收光谱的宝石品种，不是每个宝石都能清晰的显示吸收光谱。宝石的颜色，透明度，形状等对观察吸收光谱都有影响。

（一）颜色

（1）一般来说宝石颜色越深，吸收性越强，光谱也越清晰。

（2）多色性明显的各向异性宝石，不同方向上吸收光谱也可能出现差异。因此，观察时有时也需要变换方向。

（3）无色宝石除锆石、钻石、顽火辉石，无色翡翠外无明显的吸收光谱。

（二）颜色透明度

光在透明宝石中穿过的光程长，吸收光谱清晰，半透明宝石光程适中即可。

（三）颜色形状和大小

对于透明的宝石选择大的宝石测试，需要注意的是根据不同的透明度和大小选择合适的测试方法。

（四）颜色宝石是拼合石

必须注意光穿越的部位，判断吸收光谱的起因。

（五）颜色观察背景条件

应在暗环境下使用，排除荧光线（亮线）对于宝石吸收光谱的干扰。

五、分光镜测试数据记录格式

分光镜观察记录参考表 20。

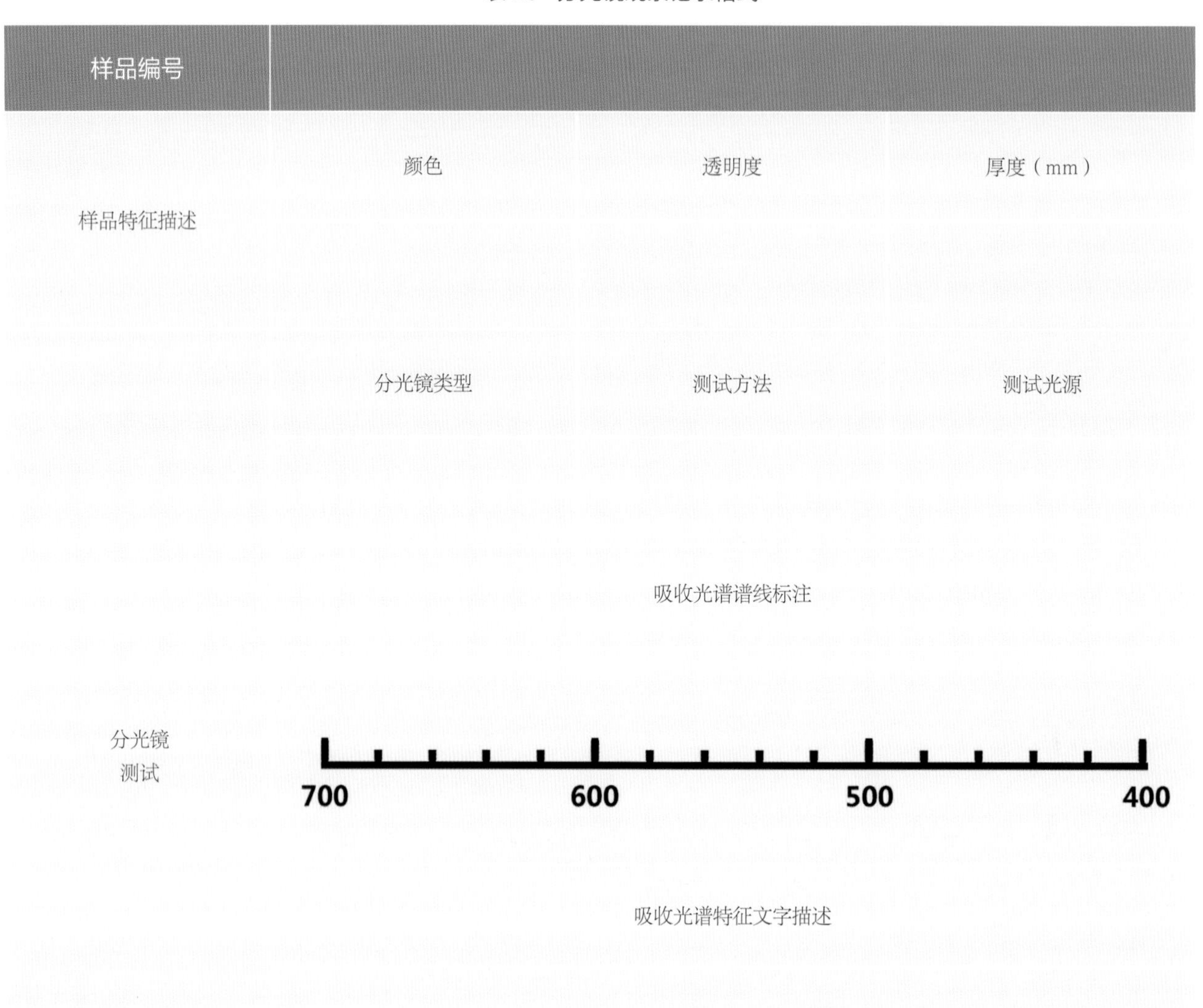

表 20　分光镜观察记录格式

样品编号			
样品特征描述	颜色	透明度	厚度（mm）
	分光镜类型	测试方法	测试光源
分光镜测试	吸收光谱谱线标注		
	700　600　500　400		
	吸收光谱特征文字描述		

宝石分光镜建议观察流程图

常见宝石吸收光谱汇总表

课后阅读 1：色散

介质中的折射率（或光速）随光波波长（或频率）变化的现象叫做光的色散，例如棱镜是一种各平面相交的透明体，当白色复色光经过棱镜的过程中，发生分解产生光谱的现象（图 535）。其中复色光是指由若干种单色光混合而成的光，单色光是指不能够分解为其他颜色的光。光谱是指复色光被分解后，各种单色光按照其波长频率有序排列的图案，全称为光学频谱。通过宝石后，有黑带或者黑线的光谱中可见光谱是电磁波谱中人眼可见的一部分，在这个波长范围内的电磁辐射被称作可见光（图 536 左）。光谱并没有包含人类大脑视觉所能区别的所有颜色，譬如褐色和粉红色。

色散率是用来表征介质色散程度，即量度介质折射率随波长变化快慢的物理量，色散率的定义为波长差为 1 个单位的两种光折射率差，色散值是宝石材料的固有光学常数，色散值越大，反映其色散能力越强，产生火彩的潜力越大（图 536 右）。

色散值是反映材料色散强度的物理量。通常用弗朗霍芬谱线中的 G（430.8nm）和 B（686.7nm）相当的蓝紫光与红光所测得的折射率之差值作为色散值。例如钻石的G线折射率 = 2.451，钻石的B线折射率 = 2.407，则钻石的色散值 = 2.451-2.407 = 0.044。

对于光的色散要从如下几个方面去理解：

光的颜色由频率决定，不同介质中，光的频率不变。

同一介质对不同单色光折射率不同，频率高的折射率大。

不同频率色光在真空中传播速度相同，但是在其他介质中速度各部相同，在同一介质中，紫色光速度最小，红色光速度最大。

图 535　棱镜产生色散的过程

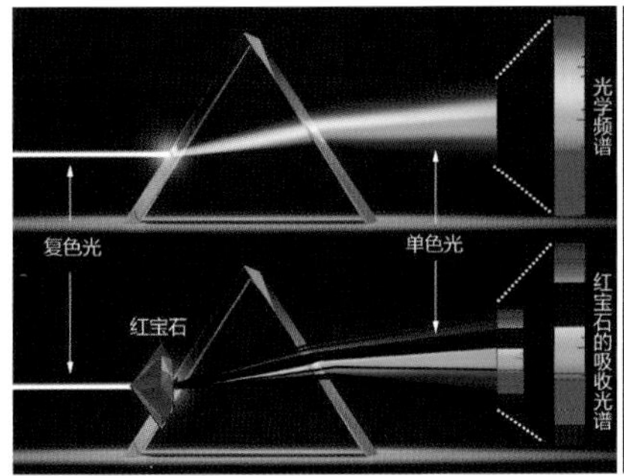

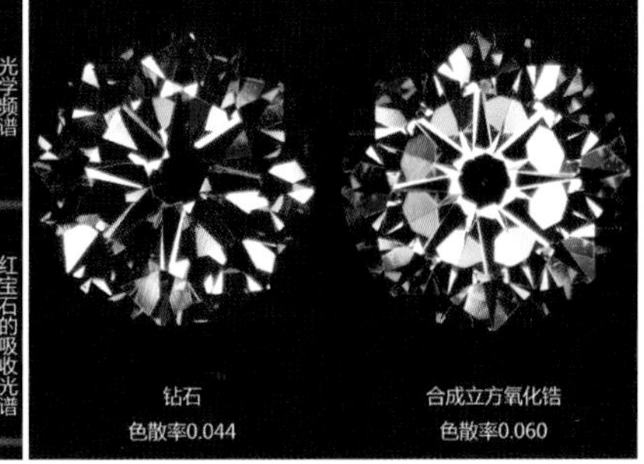

图 536　光的色散在宝石中的应用（左边吸收光谱，右边为色散率不同的宝石）

课后阅读 2：干涉

一、双缝干涉

（一）干涉

两列光波在空间相遇时发生叠加，在某些区域总加强，在另外一些区域总减弱，从而出现亮暗相间的条纹的现象叫光的干涉现象。

（二）产生干涉的条件

两个振动情况总是相同的波源叫相干波源，只有相干波源发出的光互相叠加，才能产生干涉现象，在屏上出现稳定的亮暗相间的条纹（图 537）。

（三）双缝干涉实验

1. 双缝干涉实验中，光屏上某点到相干光源的路程之差为光程差，是波长 λ 的整倍数，将出现亮条纹；若光程差是半波长的奇数倍将出现暗条纹。

2. 屏上和双缝、距离相等的点，若用单色光实验该点是亮条纹（中央条纹），若用白光实验该点是白色的亮条纹。

3. 若用单色光实验，在屏上得到明暗相间的条纹；若用白光实验，中央是白色条纹，两侧是彩色条纹（图 538）。

4. 用同一实验装置做干涉实验，红光干涉条纹的间距最大，紫光干涉条纹间距最小。

二、薄膜干涉

（一）薄膜干涉的成因

由薄膜的前、后表面反射的两列光波叠加而成，劈形薄膜干涉可产生平行相间的条纹（图 539、540）。

（二）薄膜干涉的应用

1. 增透膜：透镜和棱镜表面的增透膜的厚度是入射光在薄膜中波长的。

2. 检查平整程度：待检平面和标准平面之间的楔形空气薄膜，用单色光进行照射，入射光从空气膜的上、下表面反射出两列光波，形成干涉条纹，待检平面若是平的，空气膜厚度相同的各点就位于一条直线上，干涉条纹是平行的；反之，干涉条纹有弯曲现象。

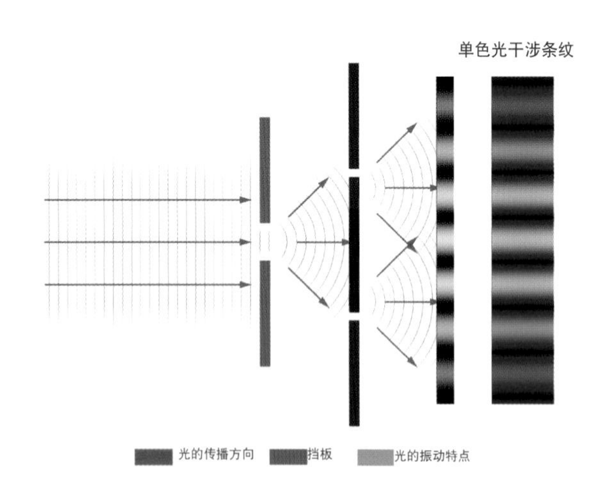

图 537　单色光双缝干涉颜色

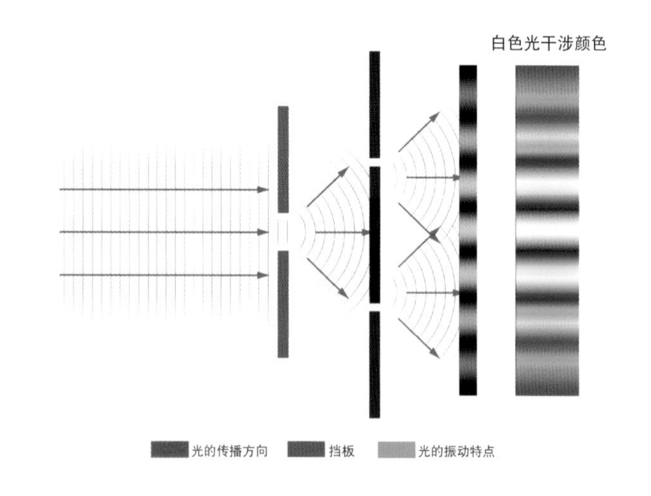

图 538　白色光双缝干涉颜色

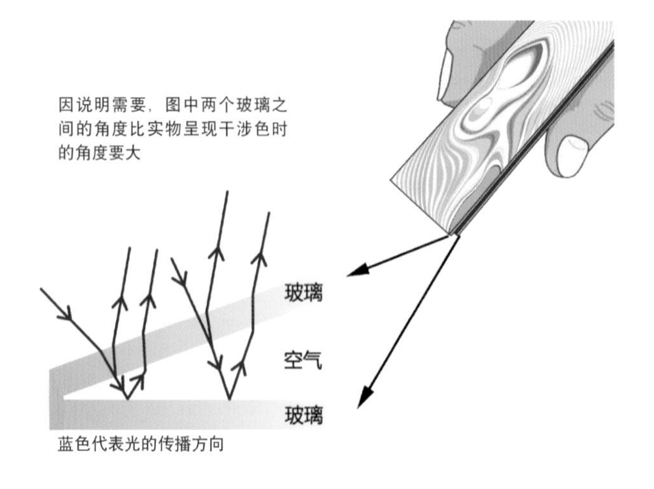

图 539　薄膜干涉原理

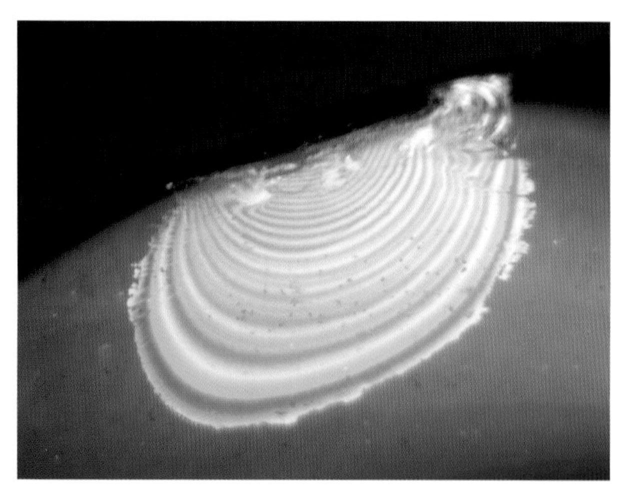

图 540　从宝石内部延伸到宝石表面的裂隙的干涉色

课后阅读 3：衍射

一、光的衍射现象

光绕过障碍物偏离直线传播路径而进入阴影区里的现象，叫光的衍射。光的衍射和光的干涉一样证明了光具有波动性。小孔或障碍物的尺寸比光波的波长小，或者跟波长差不多时，光才能发生明显的衍射现象。

二、衍射现象的特点

光束在衍射屏上的某一方位受到限制，则远处屏幕上的衍射强度就沿该方向扩展开来。

若光孔线度越小，光束受限制得越厉害，则衍射范围越加弥漫。理论上表明光孔横向线度与衍射发散角之间存在反比关系。

三、产生条件

由于光的波长很短，只有十分之几微米，通常物体都比它大得多，所以当光射向一个针孔、一条狭缝、一根细丝时，可以清楚地看到光的衍射。用单色光照射时效果好一些，如果用复色光，则看到的衍射图案是彩色的（图 541）。

四、衍射图样

单缝衍射：中央为亮条纹，向两侧有明暗相间的条纹，但间距和亮度不同。白光衍射时，中央仍为白光，最靠近中央的是紫光，最远离中央的是红光。

圆孔衍射：明暗相间的不等距圆环。

泊松亮斑：光照射到一个半径很小的圆板后，在圆板的阴影中心出现的亮斑，这是光能发生衍射的有力证据之一。

五、衍射应用

光的衍射决定光学仪器的分辨本领。气体或液体中的大量悬浮粒子对光的散射，衍射也起重要的作用。在现代光学乃至现代物理学和科学技术中，光的衍射得到了越来越广泛的应用。衍射应用大致可以概括为以下四个方面：

1. 衍射用于光谱分析。如衍射光栅光谱仪。

2. 衍射用于结构分析。衍射图样对精细结构有一种相当敏感的“放大”作用，故而利用图样分析结构，如 X 射线结构学。

3. 衍射成像。在相干光成像系统中，引进两次衍射成像概念，由此发展成为空间滤波技术和光学信息处理。光瞳衍射导出成像仪器的分辨本领。

4. 衍射再现波阵面。这是全息术原理中的重要一步。

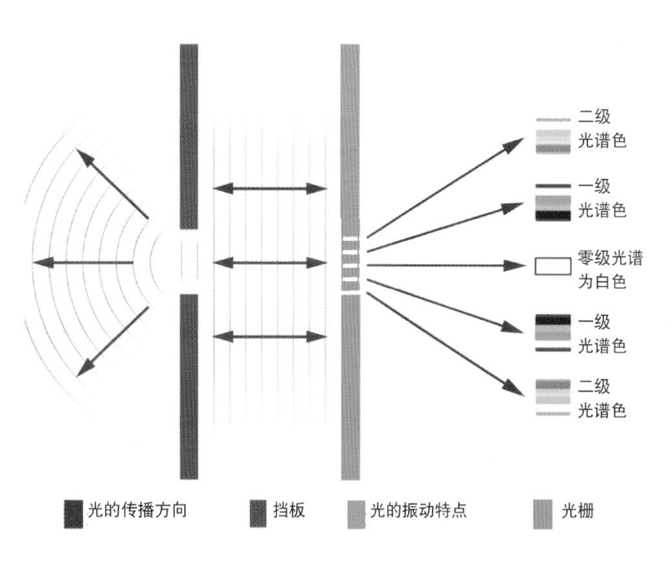

图 541 衍射的原理

第六节 紫外荧光灯在宝石检测中的应用

一、紫外荧光灯的原理及结构

宝石受到高能辐射（如紫外光，X- 射线等）有的会发出具有特有波长的可见光—荧光，关闭辐射源后，有的还会继续短暂（1-2s）发光——磷光。

宝石在长、短波紫外线下的发光特性和差异可以作为宝石鉴别的一个依据，尤其是天然宝石与人工及改善宝石的区分。是一种重要的辅助性鉴定仪器。

根据体积大小，紫外荧光灯可以分为便携式紫外荧光灯（图 542）和实验室常用紫外荧光灯（图 543），它们的原理和作用都是一样的，仅仅是体积大小的区别而已。

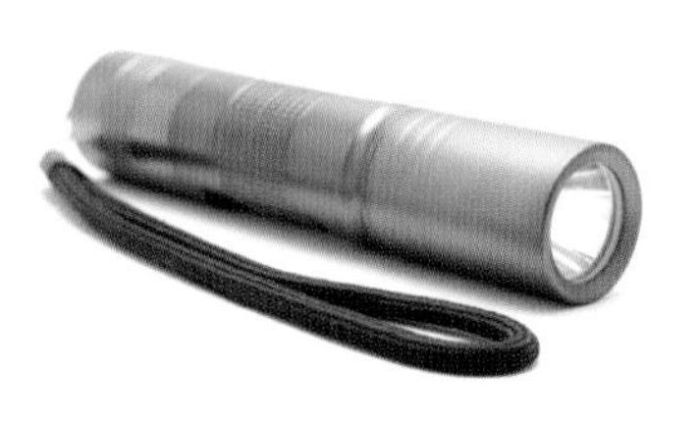

图 542　便携式紫外荧光灯外观

图 543　实验室常用紫外荧光灯外观

紫外灯的结构由辐射出一定范围紫外光波的灯管，特制的二片滤光片（只允许 365nm 及 253.7nm 紫外光通过）、黑色材料制成的宝石仓和档板（或透明有机玻璃）构成（图 544）。紫外灯由开关控制，分别提供长波紫外光（LWUV 365nm）和短波紫外光（SWUV 253.7nm）

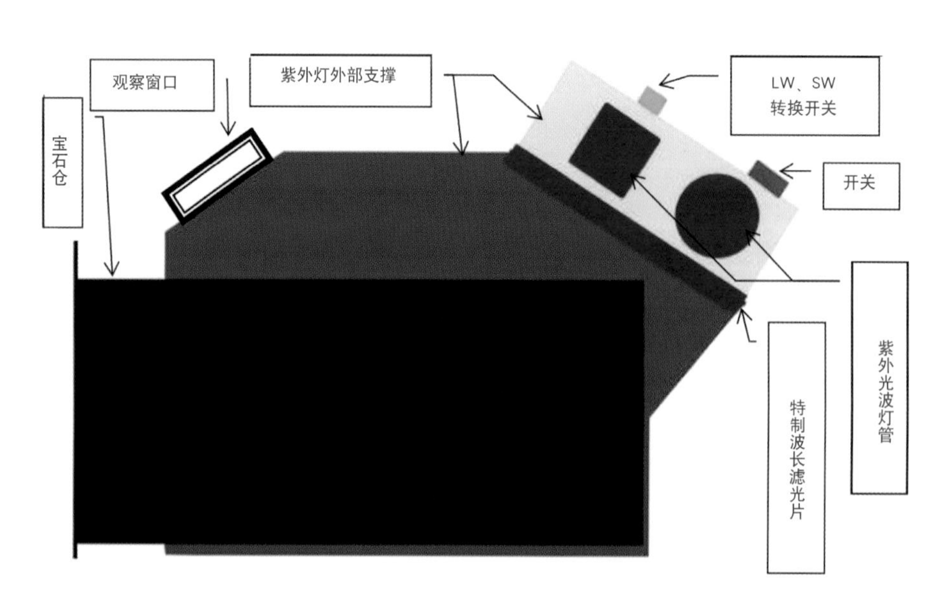

图 544　紫外荧光灯结构示意图

二、紫外荧光灯的操作及现象解析

（一）紫外荧光灯基本操作步骤

擦净宝石（宝石上的油脂、纤维或者灰尘等往往具有发光性），将宝石置于紫外灯荧光灯宝石仓黑色的背景上。（图 545）

关好宝石仓的盖子（图 546、547）；接通电源，打开电源开关；眼睛贴近观察窗口，让眼睛适应宝石仓中黑暗的宝石，并注意有无周围灯光影响，使宝石完全处于黑暗中。

打开紫外灯开关稍等片刻（等待紫外灯的发射），按下 LWUV，2 至 3 秒后放开，长波紫外灯即点亮，观察窗口观察宝石在长波荧光下的荧光颜色、强度（图 548）并作记录。

按下 SWUV，2 至 3 秒后放开，短波紫外灯即点亮，观察窗口观察宝石在短波荧光下的荧光颜色、强度（图 549）并作记录。

观察完毕，关闭紫外灯开关，打开宝石仓取出样品进行下一步常规仪器观察。

图 545　将宝石置于黑色的背景上

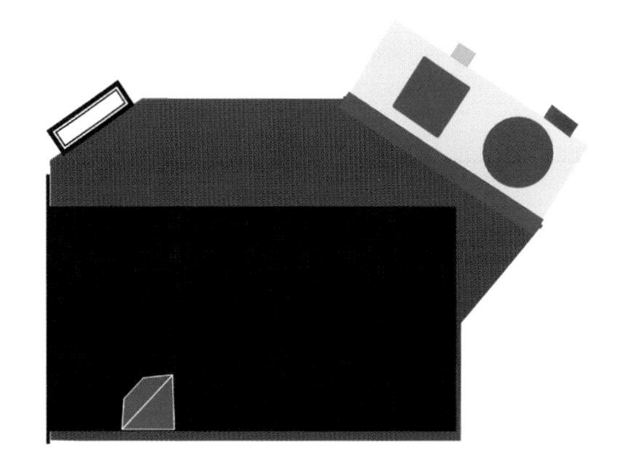

图 546　宝石测试时紫外荧光灯状态

图 547　自然光下的人造钇铝榴石

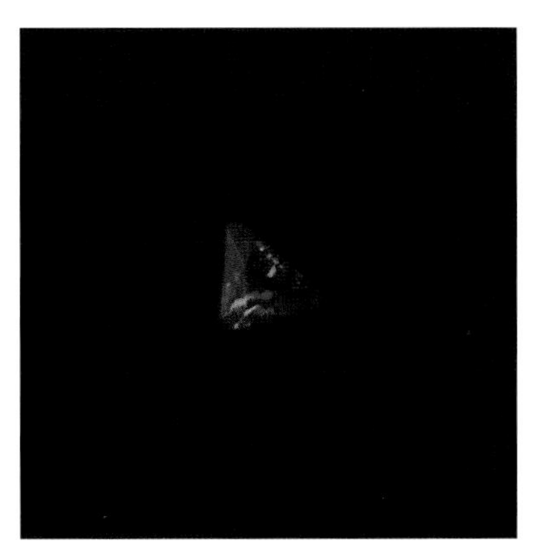

图 548　LW 紫外光下人造钇铝榴石的荧光

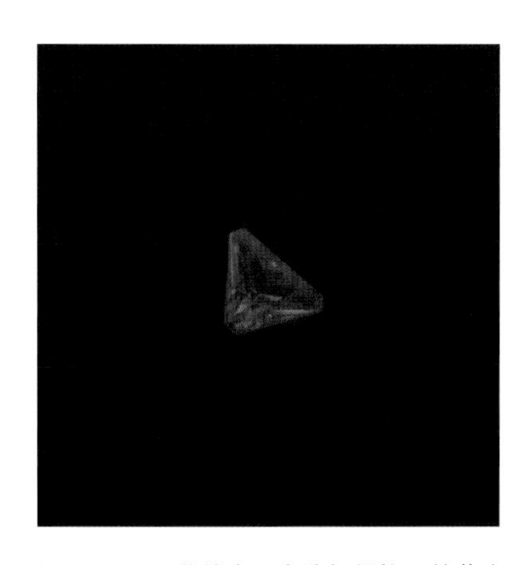

图 549　SW 紫外光下人造钇铝榴石的荧光

（二）紫外荧光灯的应用

宝石的发光性受所含微量元素和晶格结构的影响（图 550—552）。铁和钒的存在能够明显遏制发光的强度和颜色（图 553—555）。因此同种宝石的发光性往往存在差异性（图 556—558），导致紫外荧光灯的测试结果只能作为宝石定名的辅助手段而非结论性依据。

图 550　自然光下无色透明的五种仿钻

图 551　LW 紫外光下无色透明五种仿钻的荧光

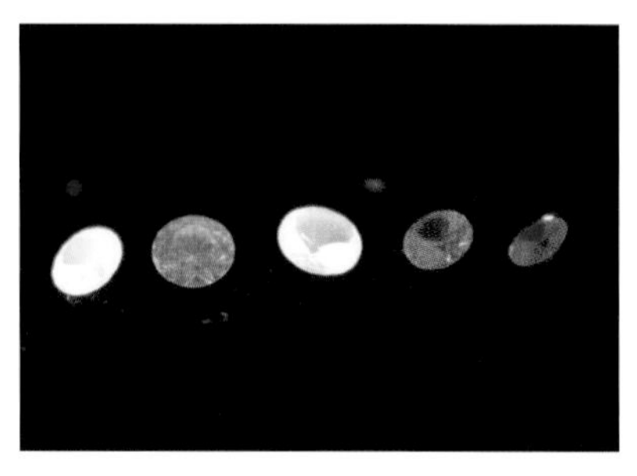
图 552　SW 紫外光下无色透明五种仿钻的荧光

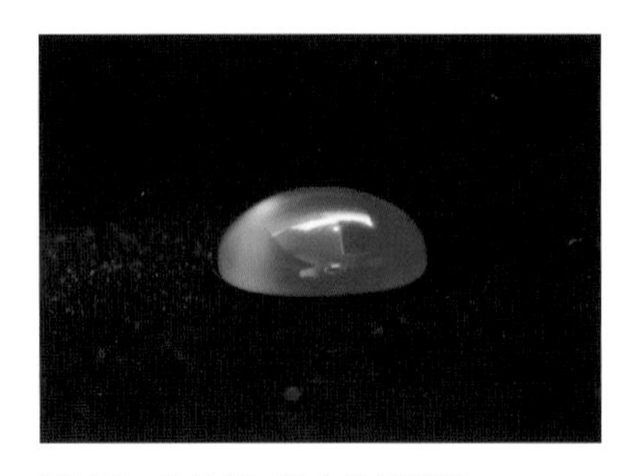
图 553　自然光下的含铁的玛瑙

图 554　LW 紫外光下玛瑙无荧光，呈现惰性

图 555　SW 紫外光下玛瑙无荧光，呈现惰性

图 556　群镶钻石首饰

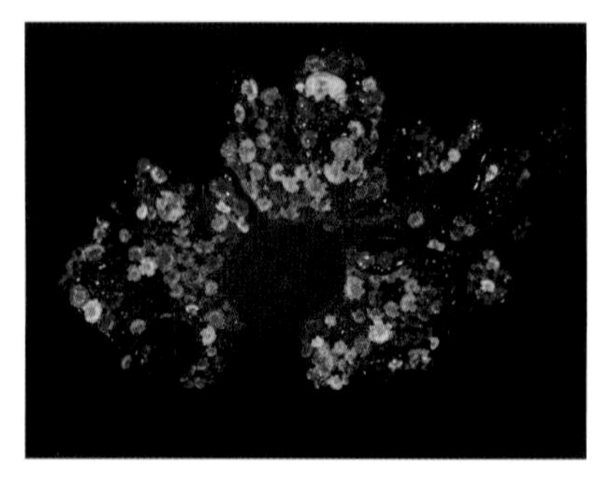
图 557　LW 紫外光下群镶钻石首饰中钻石的荧光

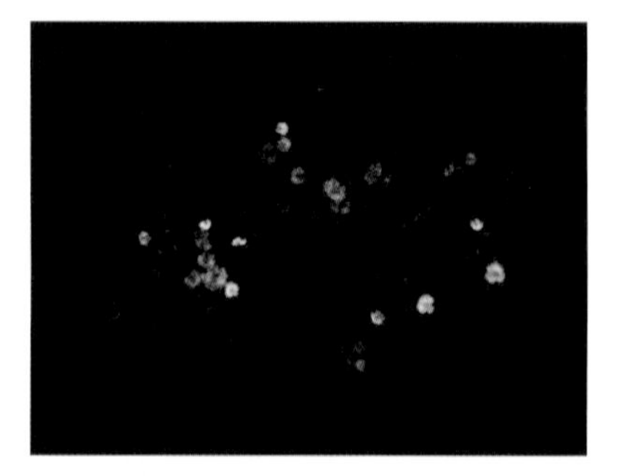
图 558　S 群镶钻石首饰中钻石的磷光

1. 与天然宝石有关的应用

（1）宝石微量元素初步判断：含有铬和锰的宝石一般都有荧光，含铬的绿色宝石可呈现红色荧光，例如祖母绿。

（2）某些宝石产地判断：宝石可因为铬、铁、锰、钒等微量元素的不同导致宝石荧光呈现色调差异，例如缅甸红宝石显示强的红色荧光而颜色较深的泰国红宝石荧光颜色较暗。

（3）区分颜色相似同色系天然宝石：红宝石，尖晶石，石榴石，碧玺有时因颜色相似而难以辨别，可以通过荧光来有效区分红宝石、尖晶石和碧玺，石榴石（图559—561）。

图 559　自然光下的石榴石（左一）红宝石（左二）、碧玺（右二）、尖晶石（右一）

图 560　LW 紫外光下石榴石（左一）红宝石（左二）、碧玺（右二）、尖晶石（右一）的荧光

图 561　SW 紫外光下石榴石（左一）红宝石（左二）、碧玺（右二）、尖晶石（右一）的荧光

2. 与人工合成宝石有关的应用

（1）天然宝石与合成宝石的区分：一般合成宝石发光强度比天然宝石强，例如合成红宝石和天然红宝石（图 562—564），但是也有例外：如欧泊，橙色蓝宝石，青金岩，钻石等，其合成品可无荧光（图565—567）。

图 562　自然光下的红宝石（左）、合成红宝石（右）

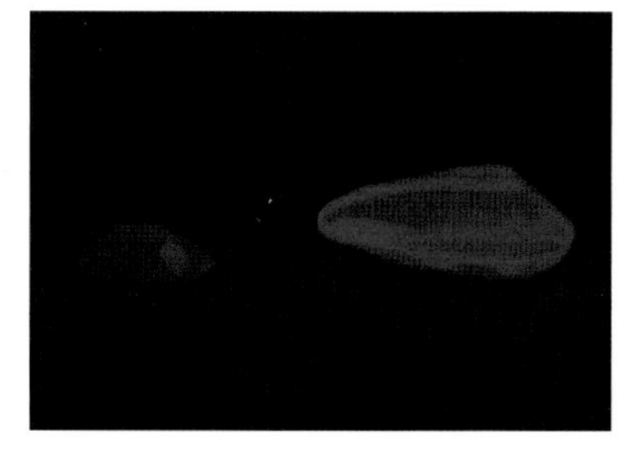

图 563　LW 紫外光下红宝石（左）、合成红宝石（右）的荧光

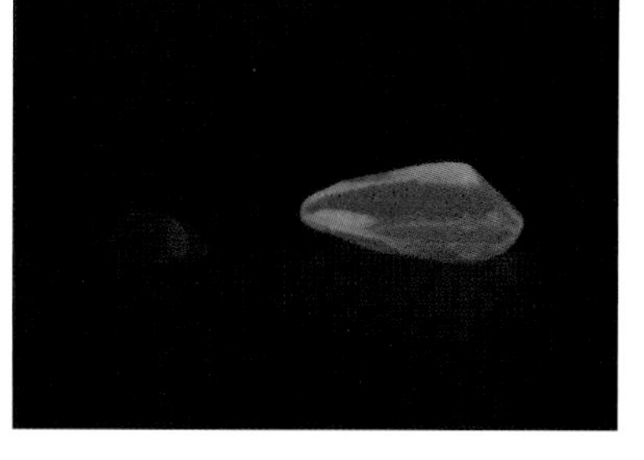

图 564　SW 紫外光下红宝石（左）、合成红宝石（右）的荧光

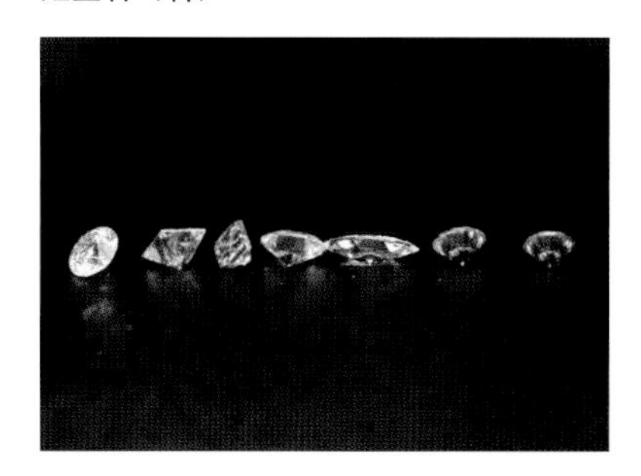

图 565　自然光下的钻石（左边五颗）、合成钻石（右一、右二）

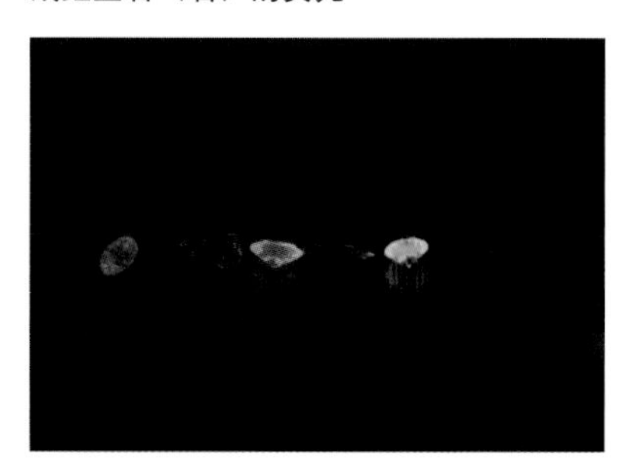

图 566　LW 紫外光下钻石（左边五颗）、合成钻石（右一、右二）的荧光

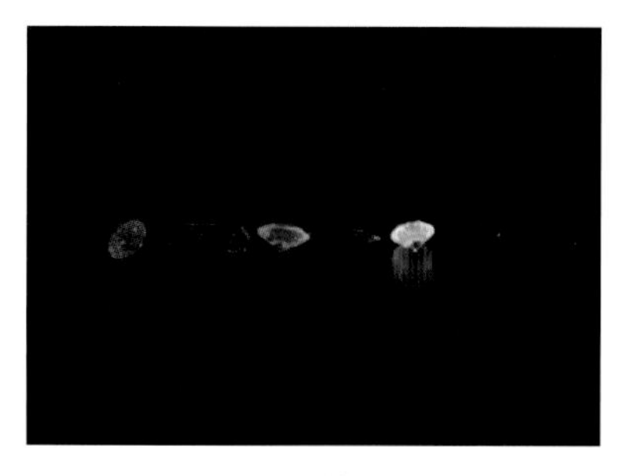

图 567　SW 紫外光下钻石（左边五颗）、合成钻石（右一、右二）的荧光

（2）很多彩色合成宝石由于含有Cr，Mn，V，Co，Ni，Ti，Fe等元素及其化合物，在短波下可呈现不同颜色的荧光（表21）。

表21 常见焰熔法合成宝石荧光颜色

光颜色	焰熔法合成宝石品种
红色	合成红宝石、合成橙色蓝宝石、合成黄色蓝宝石、合成变色蓝宝石、合成紫色蓝宝石、合成绿色蓝宝石、合成蓝色尖晶石
橙色	合成变色蓝宝石、合成橙色蓝宝石、合成黄色蓝宝石、合成绿色蓝宝石
黄色	合成蓝绿色尖晶石
绿色	合成黄色和黄绿色尖晶石，合成一些蓝色蓝宝石

3. 与改善宝石有关的应用

许多优化处理品如充填了玻璃，胶，染料等物质后，优化处理宝石中的充填物质具有发光性，例如漂白充填处理翡翠出现荧光的原因就是因为胶的存在（图568—570）。但是天然黑珍珠具有红色荧光，但染色的黑珍珠不具有荧光。

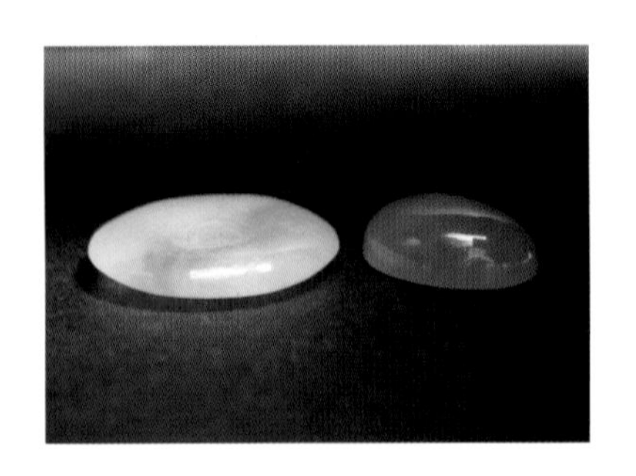

图568 自然光下的处理翡翠

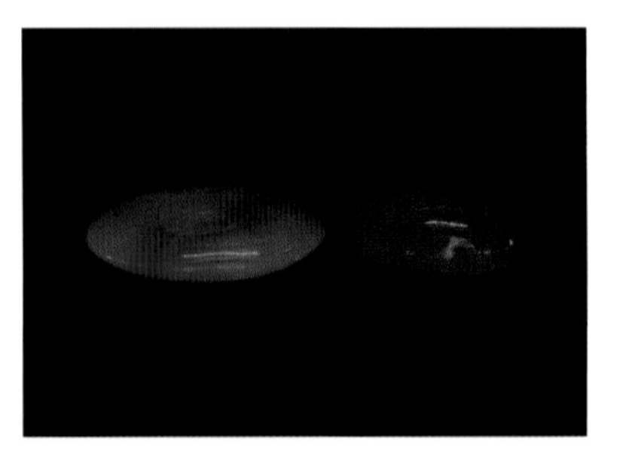

图569 LW紫外光下翡翠的荧光

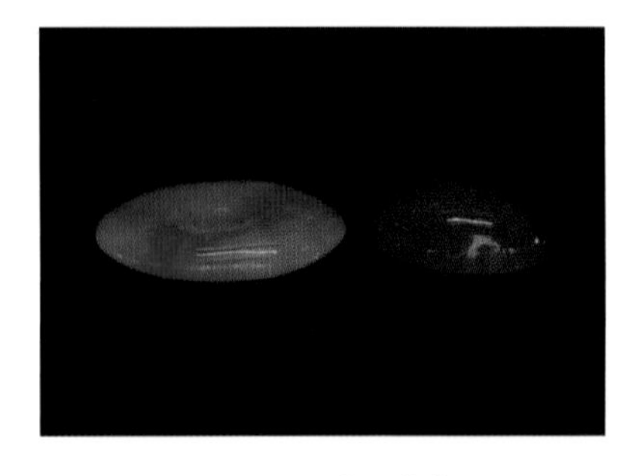

图570 SW紫外光下翡翠的荧光

三、紫外荧光灯常见异常情况及其分析

现象：观察宝石发现其具有荧光或者无荧光，但是查阅相关资料并无此对应记录。

分析：再次确认宝石擦拭干净，重复测试步骤，如果仍然确定有荧光现象，将现象记录下来后可查阅相关专业资料或进行大型仪器测试分析其荧光产生原因。

现象：宝石呈现颗粒状、线条状等与宝石外形轮廓不一致的不均匀荧光。

分析：宝石表面经过加工后，一般较为平滑明亮，容易对紫外光产生反射，因此会造成有宝石表面出现紫外灯的反射影（图 571）；

未擦拭干净的宝石表面在紫外荧光灯下可见附着物质轮廓形态的荧光（图 572），如颗粒状、斑点状、线状等，将宝石再次擦拭干净重复操作观察步骤即可。

如重复测试宝石仍然有物质轮廓形的荧光现象，则有可能是由于宝石内部结构不均匀产生的荧光（图 573）。还有可能宝石是多种矿物组成的玉石集合体，荧光发自其中某一种矿物，如青金石中的方解石有荧光（图 574—576），可能是优化处理的宝石中局部充填物的荧光。

图 571　左变三角形紫红色部分为灯光反射影，右边红色点状为灯光反射影（SW 短波下钻石的荧光）

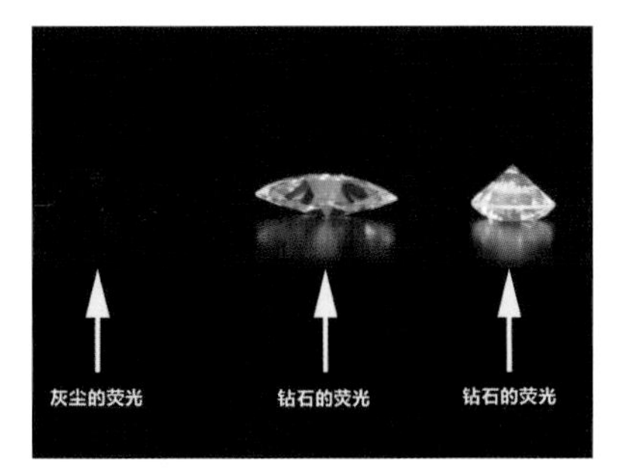

图 572　图中左边蓝白色点状物为灰尘的荧光，右边为中等强度蓝白色荧光的钻石（LW 短波下钻石的荧光）

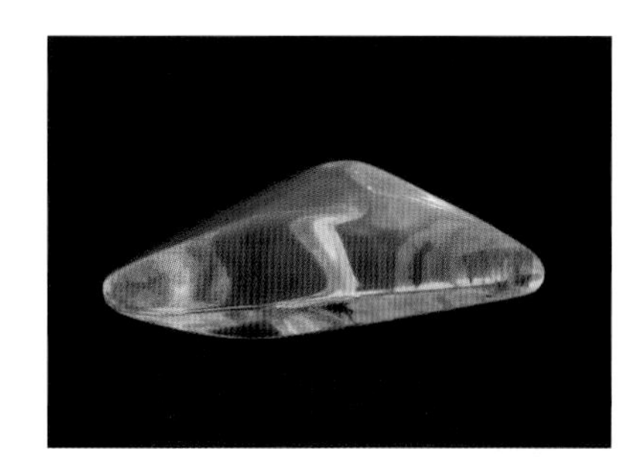

图 573　LW 紫外光下琥珀的不均匀荧光

图 574　自然光下的青金石

图 575　LW 紫外光下青金石的不均匀荧光

图 576　SW 紫外光下青金石的荧光

四、紫外荧光灯测试宝石条件

任何颜色、光泽，透明度，外形的宝石均可以使用紫外荧光灯进行观察。

五、紫外荧光灯记录格式要求

紫外荧光灯观察记录参考表 22。

表 22　宝石紫外荧光灯观察记录格式

样品编号		
荧光强度等级	长波（LW）	
	短波（SW）	
荧光颜色	长波（LW）	
	短波（SW）	

紫外荧光灯建议观察流程图

常见宝石发光性汇总表

课后阅读：发光性

发光性是指宝石在外来能量激发下能够发出可见光的性质叫做发光性。外来能量包括摩擦，紫外线、X 射线等高能射线的照射。具有发光性的宝石会更加的迷人（图 577）。

紫外光是我们最容易获取的一种外来能量之一，太阳光就有紫外光的存在，在现实生活中验钞机，医院病房消毒都是利用的紫外光。在宝石学中常用不同波长的紫外光发射源用来观察宝石的发光性。根据外来能量与宝石作用能否发出可见光现象，宝石的发光性分为两种：荧光和磷光。

荧光是指宝石在紫外光激发时发光，外来能量消失时发光也终止的现象。

磷光是指宝石在紫外光激发时发光，外来能量消失后仍然持续一段时间发光的现象（图 578）。

除了容易观察到荧光的红宝石之外，绝大部分宝石的荧光或磷光我们需要在紫外荧光灯下才能观察到，因此在实际的肉眼鉴定中红宝石荧光可以帮助我们快速区分红宝石及大部分天然仿制品（图 579、580）。荧光的明显程度和宝石中杂质种类、杂质含量、缺陷等要素有关系，因此即使同样是红宝石，由于产地不同造成的微量元素差异，红宝石荧光也会出现明显不同。

图 577　红宝石的荧光（对比无荧光的蓝色蓝宝石，具有荧光的红宝石更具有吸引力）

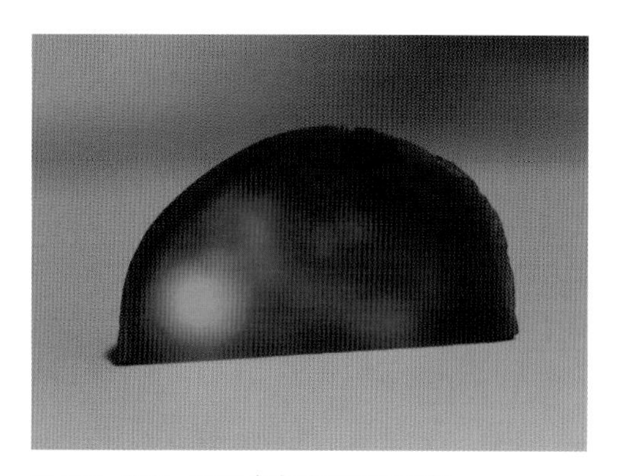

图 578　塑料（因混合有磷光粉夜明珠）

图 579　宝石的荧光（左为碧玺，右为红宝石）
强反射光下，左边红色无荧光的碧玺颜色不均匀，右边红色强荧光的红宝石颜色均匀。这也是强荧光的红宝石和它的无荧光仿制品之间的重要肉眼鉴定区别。

图 580　红尖晶石的荧光

天然翡翠一般情况下是没有荧光的，如果翡翠被有机物质如环氧树脂等充填结构，某些翡翠甚至不需要借助紫外线而在强光照射下，翡翠充胶的地方就可观察到明显的蓝白色荧光（图 581、582）。这种现象如果能够准确辨别能够帮助我们区分市场上部分漂白充填处理翡翠。

对于有机宝石而言，除了某些透明琥珀（图 583），有机宝石的发光性一般肉眼无法观察出来。

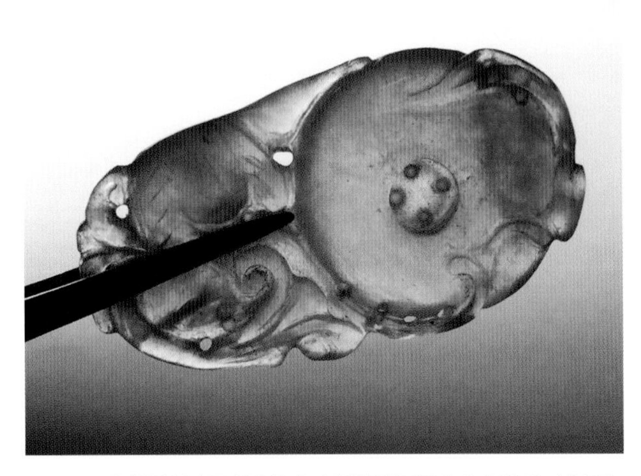

图 582　自然透射光下部分染色充胶翡翠可见蓝白色荧光（左图）、 部分充胶翡翠无荧光（右图）

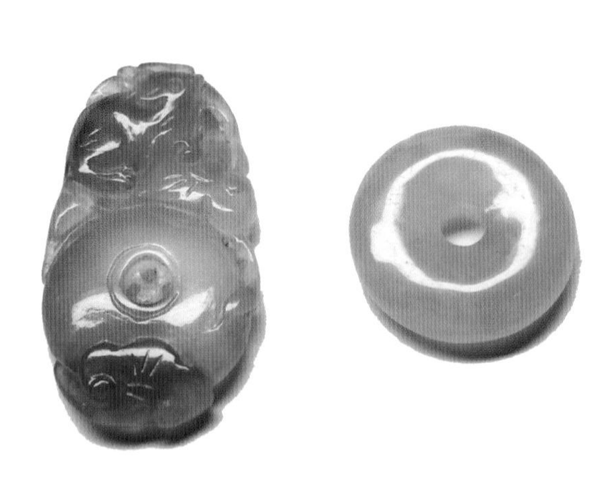

图 581　反射光下处理翡翠外观图（左为图 582 中左图，右为图 582 中右图）

图583　在强光的照射下或者在黑色背景上，某些黄色透明琥珀（左图）会呈现一种蓝白色的混合色（右图）

第七节　查尔斯滤色镜在宝石检测中的应用

一、滤色镜的原理及结构

滤色镜由很多种，分别用于检测不同颜色的宝石。滤色镜可区分颜色相似的宝石，其原理是：有色宝石的颜色是宝石对白光选择性吸收后的残余色，它由不同波长混合组成。不同宝石具有相似的颜色，但其组成中的各单色光不尽相同（图 584）。

用滤色镜观察宝石，对组成宝石的某些波长的光起“过滤”作用，使混合组分减少。这样在滤色镜下原来颜色相似的宝石可显示不同的颜色，从而达到区分他们的目的。（图 585）

查尔斯滤色镜的主要用途是用来观察蓝色或绿色宝石品种用来区分某些宝石品种及人工改善宝石。

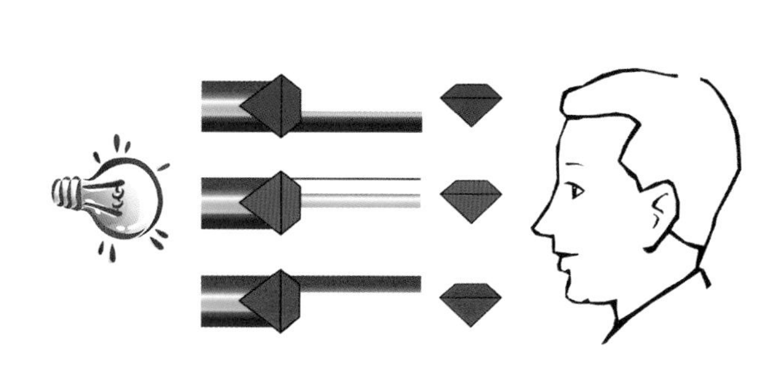

图 584　宝石对光的选择性吸收不同示意图

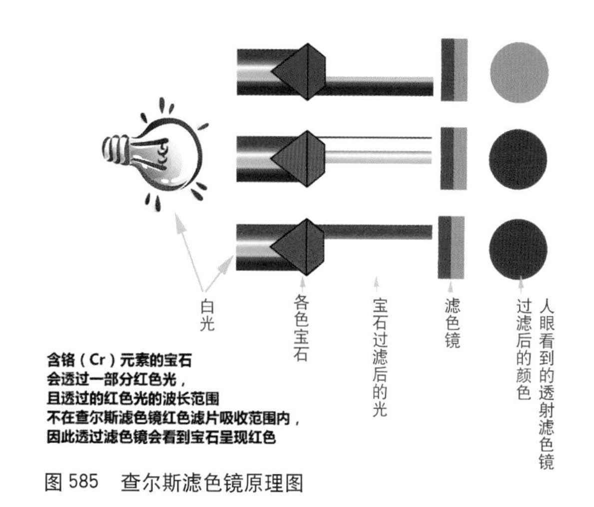

图 585　查尔斯滤色镜原理图

市场上常见的和宝石相关的滤色镜有三种：查尔斯滤色镜（又称祖母绿镜）（图 586），翡翠滤色镜（图 587）和红宝石滤色镜（图 588），三种滤色镜外观差别不大。

查尔斯滤色镜，翡翠滤色镜主要用于检测颜色相似的蓝色和绿色宝石。

红宝石滤色镜主要用于检测颜色相似的红色和粉红色宝石。

滤色镜由能吸收特定波长光的两个滤色片组成。

最早和最常用的是英国伦敦查尔斯工学院使用查尔斯滤色镜。查尔斯滤色镜由只允许深红和黄绿光通过的滤色片叠加组成。用于检测颜色相似的蓝色和绿色宝石。

图 586　查尔斯滤色镜外观图　　图 587　翠滤色镜外观　　图 588　红宝石滤色镜外观

二、查尔斯滤色镜的操作及应用

（一）查尔斯滤色镜基本操作步骤及现象

1. 擦净样品

将样品置于光源下，在常规宝石实验室中，是置于光纤灯（图 589）下；在样品上方 30cm—40cm 处手持滤色镜贴近眼睛观察（图 590）。

2. 观察样品颜色变化情况并记录

查尔斯滤色镜是由黄绿色和红色的滤色片组成，因此通过查尔斯滤色镜能够看到的只有红色和黄绿色，其他颜色均被查尔斯滤色镜过滤掉了（图 591、592）。

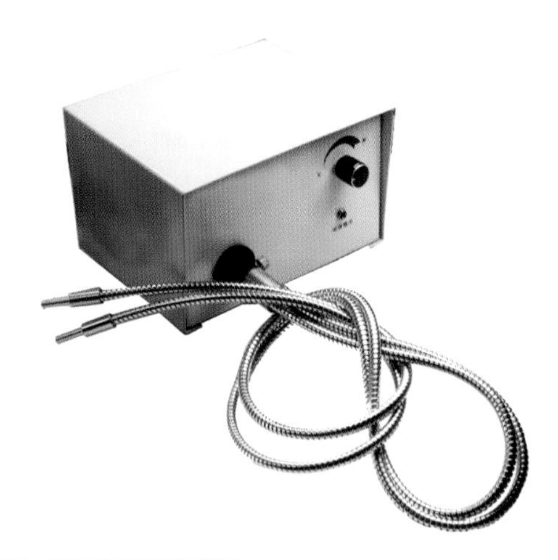

图 589　宝石光纤灯外观图

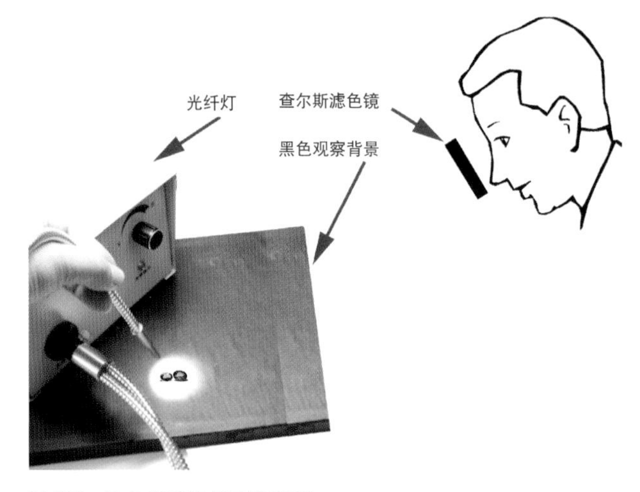

图 590　查尔斯滤色镜观察姿势

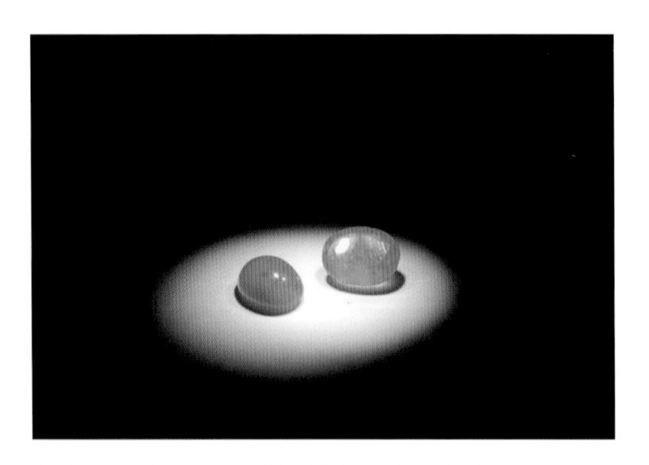

图 591　光纤灯下的宝石（左右两个宝石都是祖母绿）

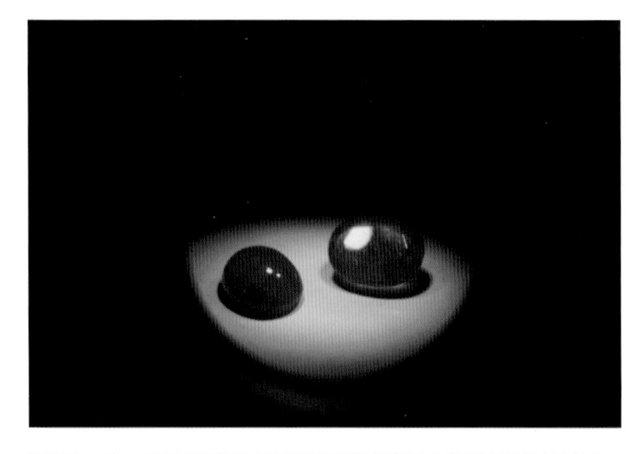

图 592　查尔斯滤色镜下宝石颜色变化情况（左边祖母绿显示红色，右边为带红色调的祖母绿）

（二）查尔斯滤色镜的应用

查尔斯滤色镜的检测仅作为补充测试手段，不能作为鉴定宝石的主要依据，查尔斯滤色镜检测结果可随着宝石的颜色深浅和大小而变化，如果宝石中存在不止一种致色元素，检测结果还取决于不同致色元素的浓度。

1. 钴致色的合成蓝色宝石和天然蓝色宝石区分

钴的化合物被用于合成宝石中产生蓝色，如合成尖晶石，玻璃，合成水晶等，这些含钴化合物的宝石能通过红光，在查尔斯滤色镜下呈现红色或者粉红色，而天然蓝色宝石如蓝色尖晶石、蓝宝石、海蓝宝石、蓝色托帕石等在查尔斯滤色镜下呈现绿色或灰绿色（图 593、594）。

图 593　光纤灯下的蓝色宝石

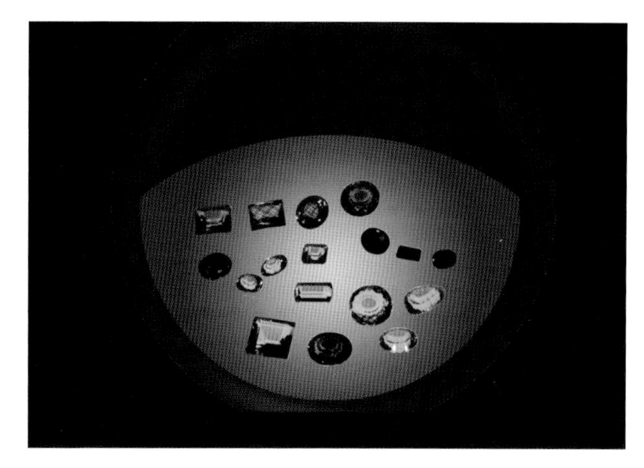

图 594　查尔斯滤色镜下蓝色宝石颜色变化情况

2. 特定染料染色翡翠和天然翡翠的区分

用铬盐染色的翡翠在查尔斯滤色镜下会变红，天然翡翠通常不变色，但这个也不绝对（如图），需要其他仪器进一步确认（图 595、596）。

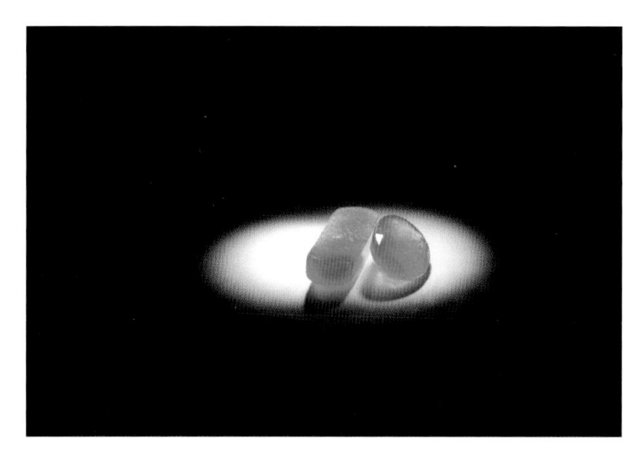

图 595　光纤灯下的宝石（左为染色石英岩，右为天然祖母绿）

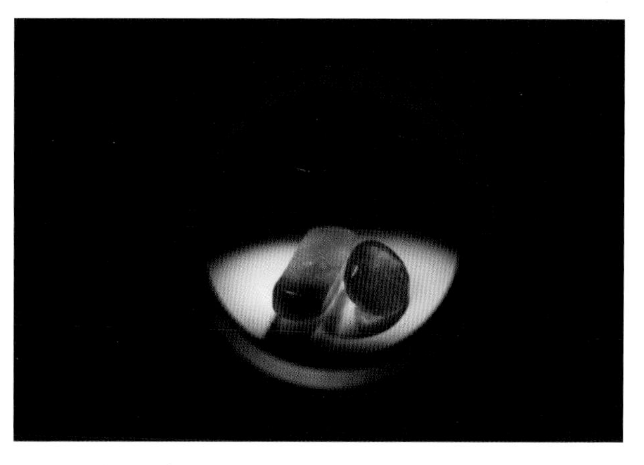

图 596　查尔斯滤色镜下宝石颜色变化情况（左呈现绿色的为染色石英岩，右呈现红色调的为天然祖母绿）

3. 天然宝石中的海蓝宝石和托帕石的区分

海蓝宝石在查尔斯滤色镜下呈现淡绿色的色调，托帕石呈现非常浅的肉色（图 597、598）。

图 597　光纤灯下的宝石（左为海蓝宝石、右为蓝色托帕石）

图 598　查尔斯滤色镜下宝石颜色变化情况（左带明显绿色的为海蓝宝石、右呈现肉色的为蓝色托帕石）

4. 天然或合成红宝石和其他颜色相似宝石品种的区分

在红色宝石中，天然或合成红宝石在查尔斯滤色镜下呈现带红色掉的粉红色或者红色，某些红宝石甚至会在滤色镜下看到红色的荧光，其他红色系宝石例如石榴石，碧玺，尖晶石等在滤色镜下是暗的，带肉色或者是灰色的，这与其他颜色红色系宝石不同。（图 599、600）

然而很多天然或者合成红宝石中由于含有铁，上述现象也可能不明显。

图 599　光纤灯下宝石（左为红宝石、右为碧玺）

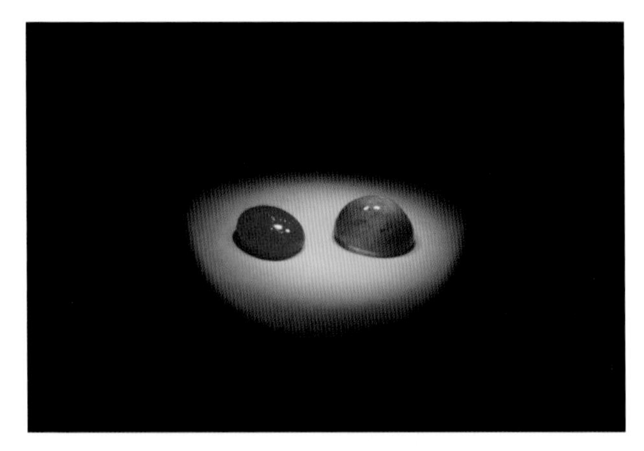

图 600　查尔斯滤色镜下宝石颜色变化情况（左显示明亮红色且带荧光现象的为红宝石、右显示灰粉色的为碧玺）

三、查尔斯滤色镜常见异常情况及其分析

现象：观察某些宝石样品，发现其具有颜色变化，但是查阅相关资料并无此记录。

分析：由于同种宝石产地，成因不同，杂质元素含量不同等原因，同种宝石在滤色镜下呈现的颜色深浅或色调产生变化，最典型的就是祖母绿，有些祖母绿在查尔斯滤色镜下会呈现红色，有些仍然呈现绿色，因此滤色镜的测试结果仅供参考。

现象：观察某些宝石样品，发现未出现相关资料中相应颜色。

分析：相关资料记录中查尔斯滤色镜下会变红的宝石不一定都会显示红色，样品含铁量高，铁会抑制红色的出现，因而判断要谨慎。

四、查尔斯滤色镜测试宝石条件

任何光泽，透明度，外形的样品均可以使用查尔斯滤色镜进行观察

查尔斯滤色镜多用来观察蓝色、绿色的宝石，某些时候可以用来区分天然或者合成红宝石及其相似宝石。

五、查尔斯滤色镜观察现象记录格式

查尔斯滤色镜观察记录参考表23。

表23　宝石查尔斯滤色镜观察记录格式

样品编号				
宝石颜色	测试光源	滤色镜类型	滤色镜下变色反应强度	滤色镜下颜色变化

宝石查尔斯滤色镜建议观察流程图 

常见宝石滤色镜现象汇总表 

课后阅读：光的选择吸收

白光复色光透过滤光片后呈现的颜色，称之为光的选择性吸收。滤光片是一种只能透过某种特定波长范围的，分为颜色滤光片和薄膜滤光片，宝石中常用的颜色滤光片，宝石中的颜色滤光片滤光片是塑料或玻璃片再加入特种染料做成的，红色滤光片只能让红光通过（图601），如此类推。玻璃片的透射率原本与空气差不多，所有有色光都可以通过，所以是透明的，但是染了染料后，分子结构变化，折射率也发生变化，对某些色光的通过就有变化了。比如一束白光通过蓝色滤光片，射出的是一束蓝光，而绿光、红光极少，大多数被滤光片吸收了（图 602）。

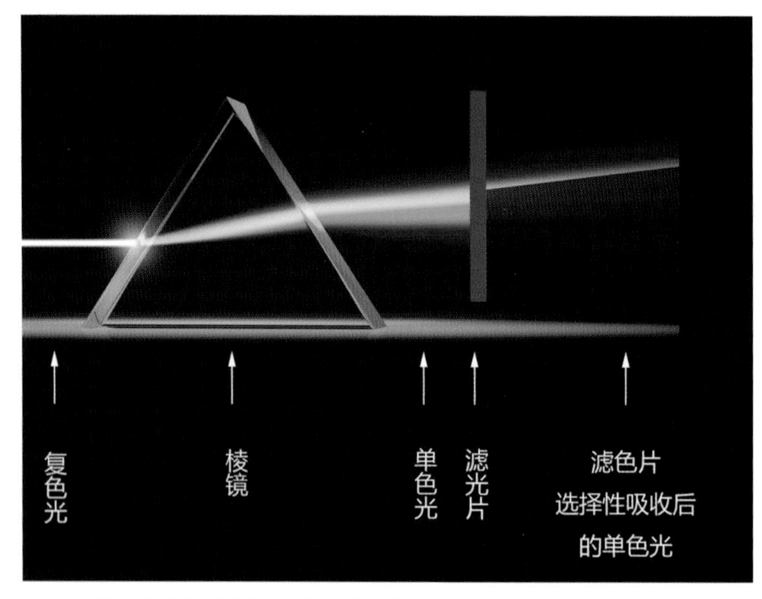

图 601　红色滤光片对光的选择性吸收示意图

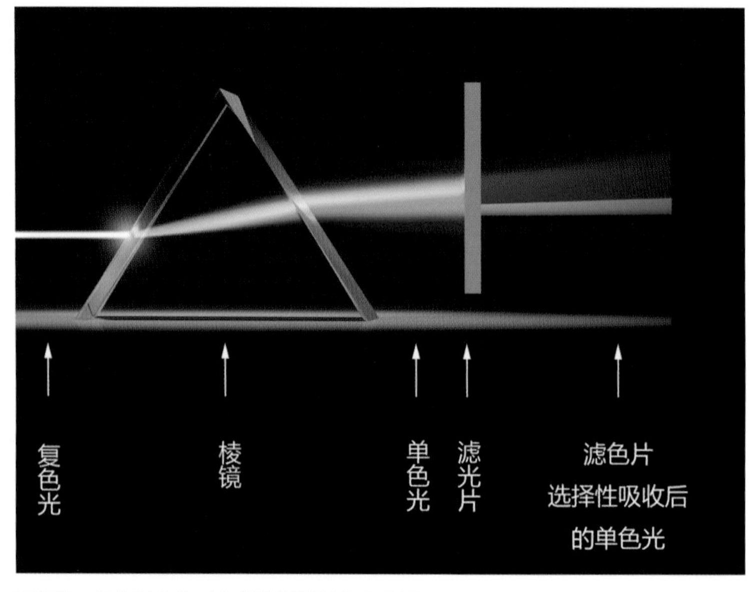

图 602　蓝色滤光片对光的选择性吸收示意图

第八节　天平及净水称重附件在宝石检测中的应用

一、净水称重定义

静水称重法和重液法是测定宝石相对密度的常用方法。前一种方法可以较为精确地测出宝石的相对密度，后一种方法则可以快速区分外观相似而相对密度不同的两颗宝石。

根据阿基米德定律可知，当一物体浸入液体中，液体作用于物体的浮力等于其所排开液体的重量。根据物体排开液体的重量，测试出宝石在空气中的重量，我们可以计算出宝石的相对密度（缩写为SG，也称为比重）（图603—605）。

其计算方法为宝石在空气中的重量除以宝石在空气中与在水中的重量之差。计算的数值通常保留到小数点后两位数。即：

相对密度 = 宝石在空气中的重量 ÷（宝石在空气中重量 - 宝石在水中重量）× 水的密度 = 宝石在空气中的重量 ÷ 宝石同体积水的重量 × 水的密度

运用上面的公式，假设一颗宝石在空气中称量为5.80克，在水中称量为3.50克，水的密度为1g/cm3，计算过程如下：

SG=5.80÷（5.80-3.50）×1g/cm3

=5.80÷2.30×1g/cm3

=2.50g/cm3

至此我们计算出这颗宝石的相对密度为2.50g/cm3。需要注意的是除非特别说明，一般水的密度使用的是4℃时的1g/cm3。

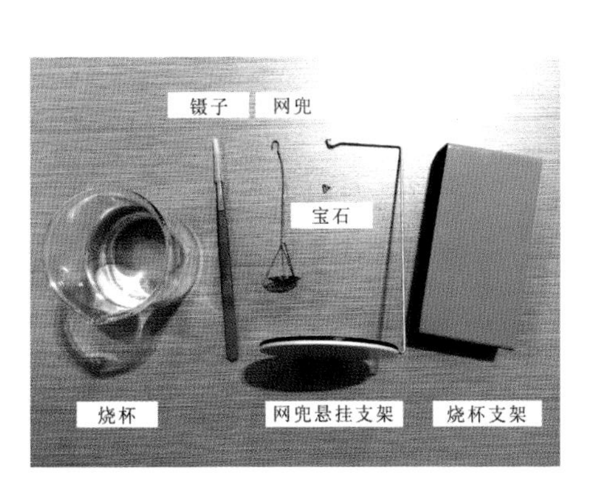

图603　净水称重附件

图604　净水称重附件组合后放在天平上状态（网兜悬挂支架放在天平称重圆盘上，烧杯支架在天平称重圆盘两端，其他附件组合参考下图）

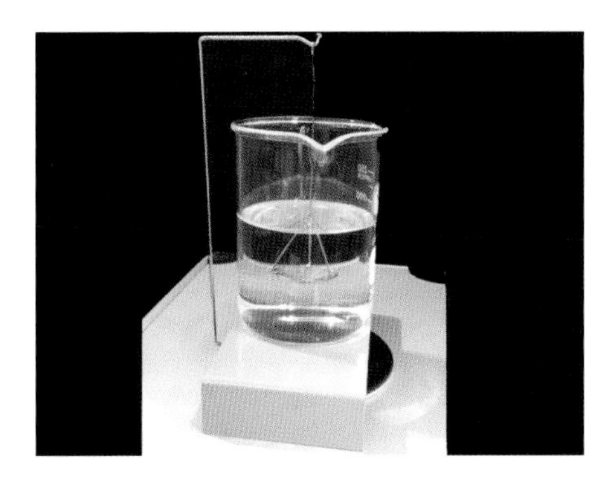

图605　净水称重附件组合要点，阿基米德悬挂支架与烧杯支架不能触碰，网兜与烧杯不能触碰

二、净水称重的操作及应用

调整天平到水平位置；

测试宝石在空气中的重量（m）；

测量宝石在液体介质中的质量（m1）或直接测量宝石在空气中质量与宝石在液体介质中的质量差值（m-m1）；

测得测量时液体介质的温度，选择相应温度下液体介质的密度 ρ1；

带入相对密度计算公式，得出样品相对密度 ρ。

三、净水称重常见异常情况及其分析

现象：读取宝石在液体介质中的质量（m1）时，发现天平显示读数会变动，不能恒定为一个数值。

分析：净水称重附件组合中阿基米德悬挂支架与烧杯触碰或烧杯与网兜触碰时，均会出现此现象，需要对照（图 608）重新确认净水称重附件之间相互位置。

现象：同一样品不同时间测试，计算出结果差异较大。

分析：对于符合测试要求的样品，测试时出现此情况是因为样品表面附着气泡或其他杂质，对样品质量产生影响；或者是放置样品时，镊子等夹取宝石的辅助装置附着了液体介质，造成液体介质重量的变化。需要重新按照操作步骤，并注意清洗干净样品，夹取宝石辅助装置不要附着介质。

现象：同一品种宝石测试，计算出结果差异较大。

分析：由于同种宝石矿床成因不同，导致其成分结构、杂质矿物含量等不同，使得同种宝石净水称重计算结果差异明显，例如干净的琥珀和含有金属矿物包裹体的琥珀，使用宝石净水称重计算结果差异明显。因此净水称重计算结果的测试结果仅供参考。

四、净水称重测试宝石样品要求

被测宝石如果与其他物品串联影响到称重、镶嵌、拼合等非独立情况下时，不能准确测定密度，例如拼合红宝石等。

宝石为多孔质或会吸附介质、或介质对宝石有损时，不能测试宝石相对密度，例如多裂隙的祖母绿，结构疏松的绿松石等。

宝石过小时，测量值误差过大，不易准确测定密度；

宝石过大，超过天平称量范围时，不能测试密度。

五、静水称重测试数据记录格式

静水称重测试记录参考表 24，其中结果中密度单位 g/cm3，测试结果保留小数点后两位，遇到宝石符合净水称重测试宝石样品要求，不能或不易测定相对密度的时候，结果写为“不可测”。

表 24　宝石静水称重测试记录格式

样品编号			
样品特征描述	琢型	净度	室温
相对密度值	宝石空气中质重量（g）	宝石水中重量（g）	相对密度（SG）
记录及计算结果			

课后阅读：密度、比重

密度是有量纲的量，比重是无量纲的量。

密度是指物质每单位体积内的质量。

比重也称相对密度，固体和液体的比重是该物质（完全密实状态）的密度与在标准大气压，3.98℃时纯 H2O 下的密度（999.972 kg/m）的比值。气体的比重是指该气体的密度与标准状况下空气密度的比值。液体或固体的比重说明了它们在另一种流体中是下沉还是漂浮。比重是无量纲量，即比重是无单位的值，一般情形下随温度、压力而变。比重简写为 s.g。

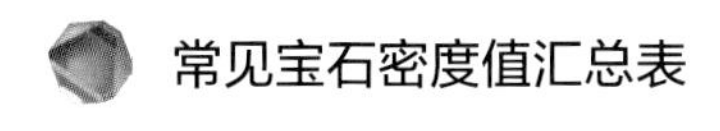

第九节　硬度计在宝石检测中的应用

硬度，物理学专业术语，材料局部抵抗硬物压入其表面的能力称为硬度。固体对外界物体入侵的局部抵抗能力，是比较各种材料软硬的指标。由于规定了不同的测试方法，所以有不同的硬度标准。各种硬度标准的力学含义不同，相互不能直接换算，但可通过试验加以对比。

硬度有两种衡量标准简单说来有两种：绝对硬度和相对硬度。

一、显微硬度测试计

绝对硬度是精确测定的矿物的硬度，通常是冶金学家们使用的，是用若干种压痕器（图 606）在标准压力下测试物质表面凹陷直径（图 607）求得。

二、摩氏硬度计

（一）摩氏硬度计定义

相对硬度是矿物学家对矿物刻、划、压入、研磨等时表现出的抵抗力的评价。在宝石学中涉及到的硬度是相对硬度。

相对硬度也叫摩氏硬度，是 1822 年由德国矿物学家 Frederich　Mohs 提出一种实用分类表。他将 10 种能获得的高纯度常见矿物按彼此间抵抗刻划能力的大小依次排序，这种用排序的 10 种矿物来衡量世界上矿物、岩石软硬关系的方式（表 25），称之为摩氏硬度计（图 608）。宝石的摩氏硬度通常用大写字母 H 来表示。宝石硬度通常是 6 到 10 之间。

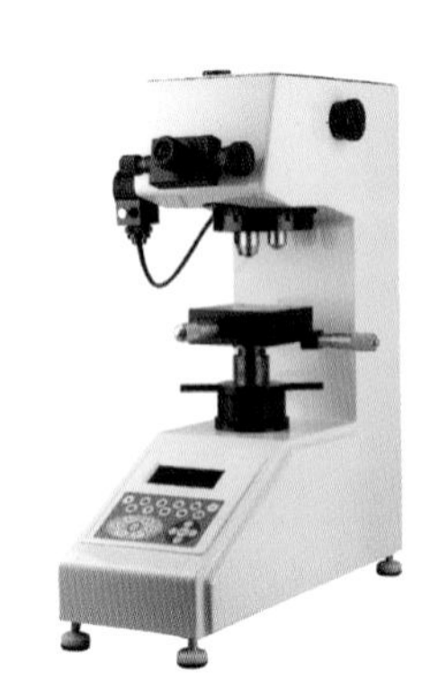

图 606　显微硬度测试计

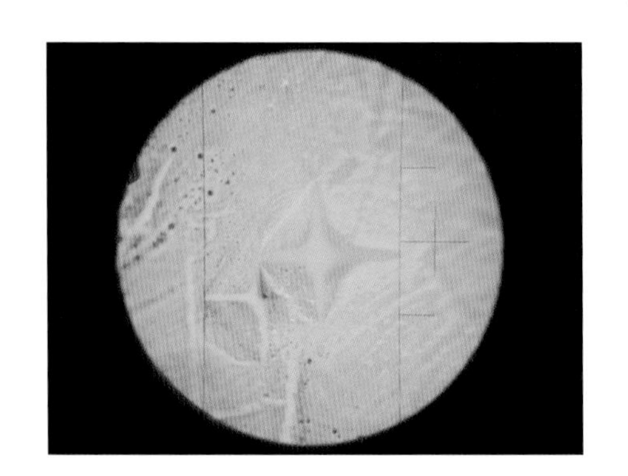

图 607　通过物质表面凹陷直径计算其绝对硬度

表 25　摩氏硬度表

摩氏硬度等级	摩氏硬度宝石名称	摩氏硬度等级	摩氏硬度宝石名称
1	滑石	6	正长石
2	石膏	7	石英
3	方解石	8	托帕石
4	萤石	9	刚玉
5	磷灰石	10	金刚石

摩氏硬度仅为相对硬度，比较粗略。摩氏硬度中硬度排位第一金刚石和排位第二的刚玉，但经显微硬度计测得的绝对硬度，金刚石绝对硬度为刚玉的 10 倍，为排位最末位滑石的 4192 倍。摩氏硬度应用方便，野外作业时常采用。如指甲硬度约 2.5，铜币为 3.5—4，钢刀为 5.5，玻璃为 6.5（图 609）。

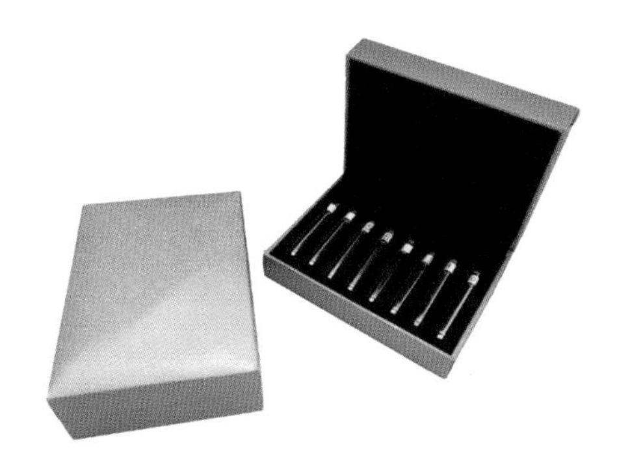

图 608　摩氏硬度计

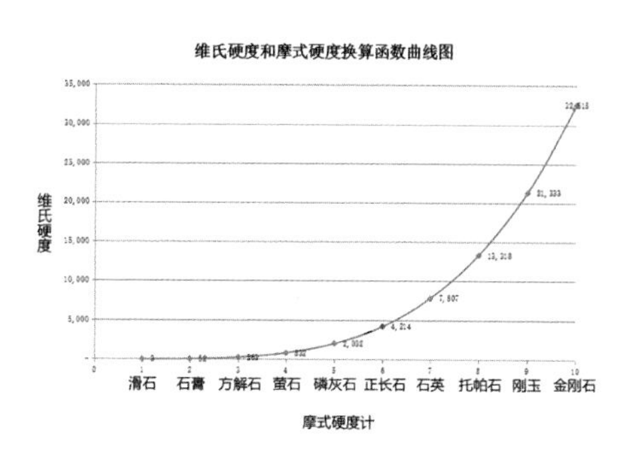

图 609　莫氏硬度与绝对硬度换算

（二）摩氏硬度计操作步骤

调试好显微镜或准备好放大镜；将莫氏硬度计在宝石腰棱等能够留下划痕的地方轻轻刻画；在显微镜或放大镜下，观察刻画的地方是否留下痕迹；记录莫氏硬度计中，刻画宝石现象极其轻微和明显的两个莫氏硬度计数值。

（三）摩氏硬度计使用注意事项

莫氏硬度计的按照从低到高的方向进行。使用莫氏硬度计平行被测试平面轻轻刻画宝石，注意不是按压刻画，按压刻画会损坏莫氏硬度计。

假设被测样品模式硬度为 6.5，意味着该宝石使用莫氏硬度计中数值 6 的硬度笔刻画，宝石会留下轻微痕迹，使用莫氏硬度计中数值 7 的硬度笔刻画宝石会留下明显痕迹，使用莫氏硬度计中数值更大数值硬度笔刻画宝石，宝石也同样会留下明显痕迹。

（四）相对硬度测试数据记录格式

相对硬度测试记录参考表 26。

表 26　相对硬度称重测试记录格式

样品编号				
相对硬度测试	选用摩氏硬度笔	10X 放大镜下刻划特征观察	选用摩氏硬度笔	10X 放大镜下刻划特征观察
相对硬度大小判断				

第十节　钻石热导仪、莫桑石检测仪在宝石检测中的应用

钻石热导仪（图 610）是利用钻石的良好导热性能（表 27），的原理而设计制作的一种小巧实用的检测仪器。在实际的应用中，针对钻石热导仪无法区分钻石和莫桑石的盲区，专门设计和制作了莫桑石检测仪（图 611），钻石热导仪、莫桑石检测一体仪（图 612）。

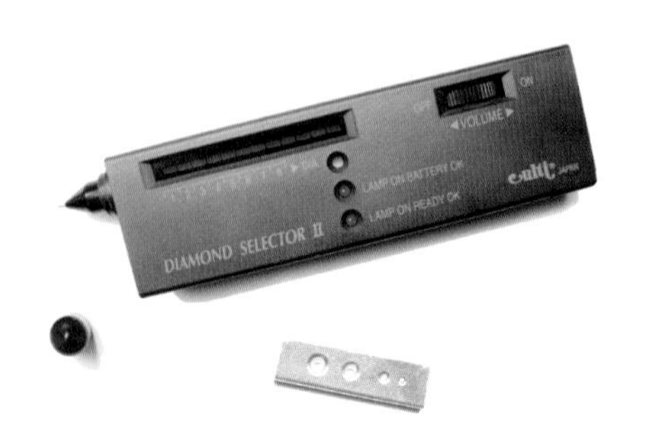

图 610　钻石热导仪外观

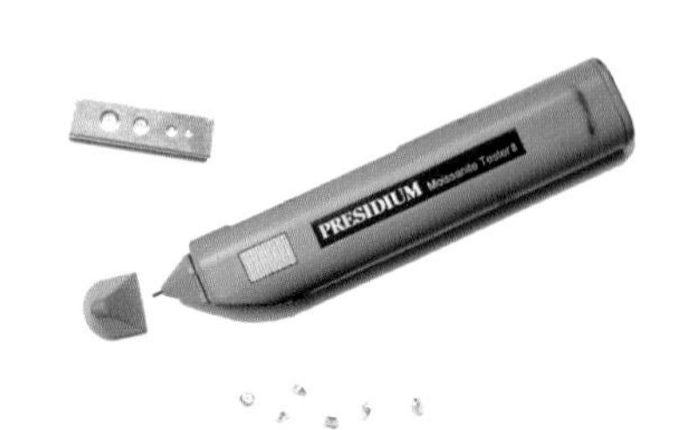

图 611　莫桑石检测仪外观

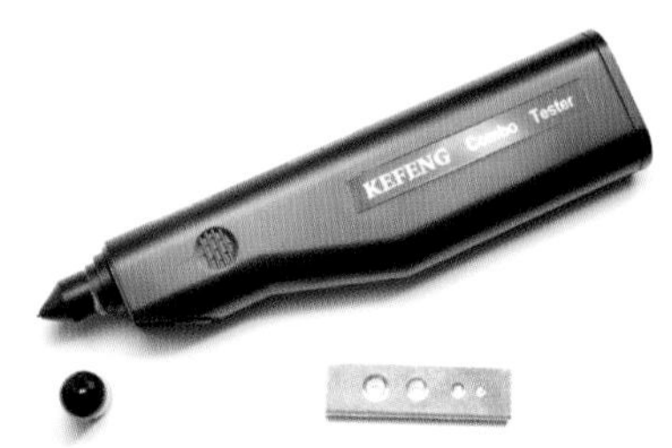

图 612　钻石热导仪、莫桑石检测一体仪外观

天然钻石、合成碳化硅（莫桑石）热导性能好，热导率高，故散热快；而仿钻和绝大多数宝石的导热性能差，热导率低，因此散热也慢。热导仪、莫桑石检测仪就是通过被测样品的散热速率来分辨确定钻石、合成碳化硅和其他仿钻材料的真伪。

表 27　不同材料的热导率

宝石名称	热导率，W/（m · K）	金属材料名称	热导率，W/（m · K）
钻石	669.89-2009.66	金（100%）	296.01
碳化硅	≥ 300，因方向不同而存在差异	银（100%）	418.68
尖晶石	11.76	铜	388.12
祖母绿（C 轴方向）	5.48	铝	203.06

一、钻石热导仪、莫桑石检测仪的结构

钻石热导仪、莫桑石检测仪的结构类似（图 613）（钻石热导仪具体各部分名称如下所示：探针、三色显示灯、预备指示灯、喇叭、电源开关 / 调整钮、电源盖板、电源指示灯、导热（电）板、视钻支撑托盘），主体由集成热敏元器件组成，仪器前端装有一个针状热敏金属探针头（图 614、615），测试时检测仪内的热敏元件先加热热敏金属探针头。

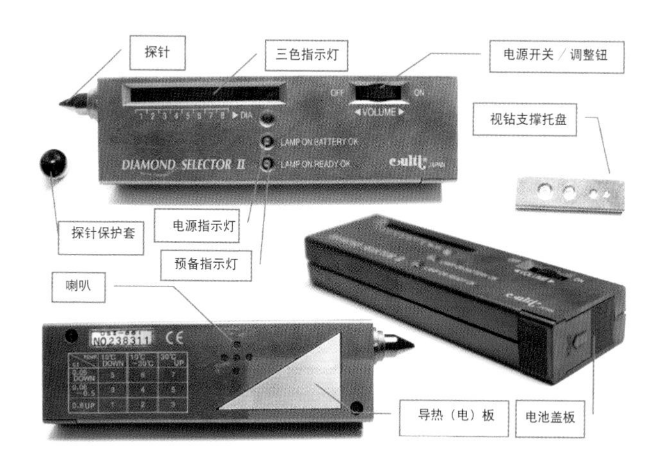

图 613　热导仪各部分名称

二、钻石热导仪、莫桑石检测仪的使用方法及应用

钻石热导仪、莫桑石检测仪因其结构及原理的高度相似性，它们的使用步骤相同。

（一）钻石热导仪、莫桑石检测仪的使用步骤

打开电源开关，电源指示灯点亮，仪器开始预热，几秒钟之后预备指示灯点亮，表示仪器已处于可使用状态。（图 616）。对于钻石热导仪还需要根据背后表格数据（图 617）调试好仪器（图 618）后方可进行下一步。

将被测的裸钻放入视钻支撑托盘合适的凹孔中，并将其台面朝上（图 619）。已镶嵌者不必放托盘孔中，而用手持其“托”即可。

取下探针套，手持仪器、右手食指触及仪器后盖的导电板（图 620），使探针垂直的与被测真、仿钻石的台面轻轻的接触（图 621），要太用力，否则会使探针损坏。

仔细注视仪器发光二极管点亮个数并聆听仪器是否具发出“嘟——嘟”声（俗称蜂鸣声），记录观察结果。

图 614　钻石热导仪、莫桑石检测仪测试端（左为钻石、莫桑石一体热导检测仪、中为莫桑石检测仪、右为钻石热导仪）

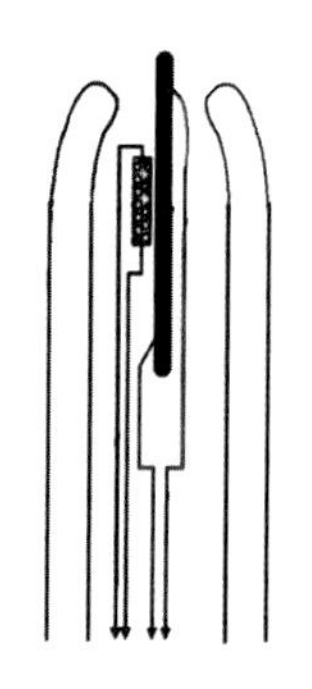
图 615　热导仪测试端结构素描图

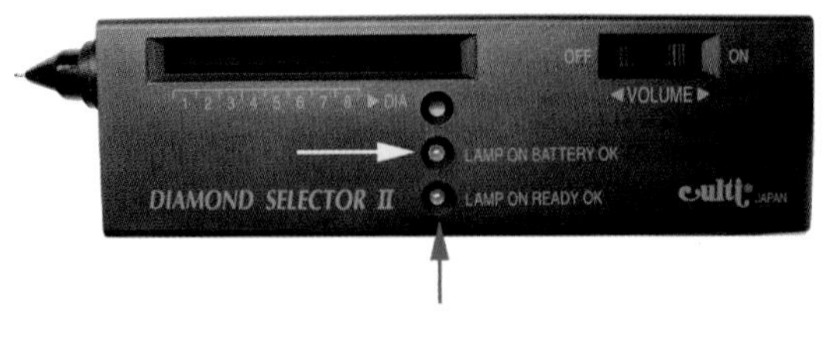

两个红灯亮起时，仪器预热完毕，可进行第二步操作

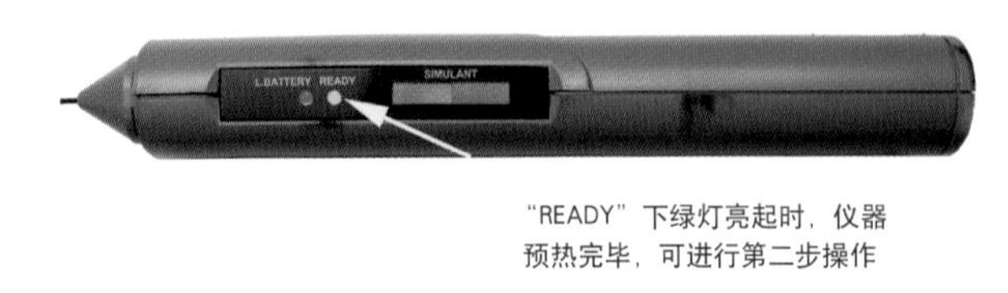

"READY"下绿灯亮起时，仪器预热完毕，可进行第二步操作

图 616　仪器的可用状态（钻石热导仪、莫桑石检测一体仪可使用状态）

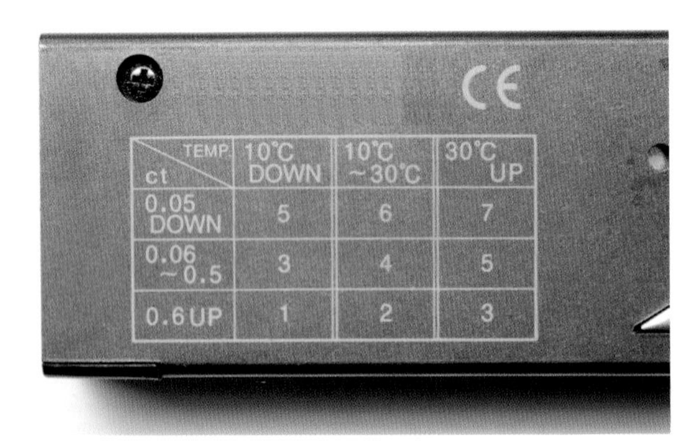

ct \ TEMP.	10℃ DOWN	10℃ ~30℃	30℃ UP
0.05 DOWN	5	6	7
0.06 ~0.5	3	4	5
0.6UP	1	2	3

图 617　钻石热导仪背面数据表

旋转图中蓝色尖头所指旋钮，调整绿灯数量为实际温度条件及宝石大小结合热导仪背后表格中数字，例如 10℃ ~30℃，宝石重量在 0.06~0.5ct 选择数字 4，绿灯数量调节为 4。

图 618　钻石热导仪调试最终状态

图 619　钻石在视钻支撑托盘凹槽中放置方向

图 620　手持仪器时右手食指触及仪器后盖的导电板

图 621　探针垂直的与被测真、仿钻石的台面轻轻的接触

三、钻石热导仪、莫桑石检测仪的应用

根据仪器是否鸣叫或者仪器上相应指示灯是否亮（图 622—625）起检测待测宝石是否为钻石、莫桑石或者其仿制品。

仪器使用时探针必须垂直轻触宝石表面，当仪器探针与金属接触、大块的刚玉接触时可发出与确认钻石时一致的“嘟——嘟”声（钻石、金属、碳化硅、大块刚玉导热率接近，钻石热导仪、莫桑石检测仪无法区分）。

同时，使用仪器时，右手食指必须捏住背部金属板，这是为了防止误判。警报系统是为了防止热导仪探头直接接触金属部分，使热导仪发出错误的信号而设置的。警报系统是由人体、金属、探头及热导仪背后的一块直角三角形的金属板及蜂鸣器等组成。当探头误接触到金属托或其他金属时，蜂鸣器就会发出短促的“嘟！嘟！”声，而不是接触钻石时拉长的“嘟——嘟——”声。

为了使得测试结果更加准确，仪器使用环境为 5-35℃，空气相对湿度≤ 80 %，且被检测宝石必须清洁，干燥。

四、钻石热导仪、莫桑石检测仪测试结果记录格式

钻石热导仪、莫桑石检测仪测试记录参考表 28。

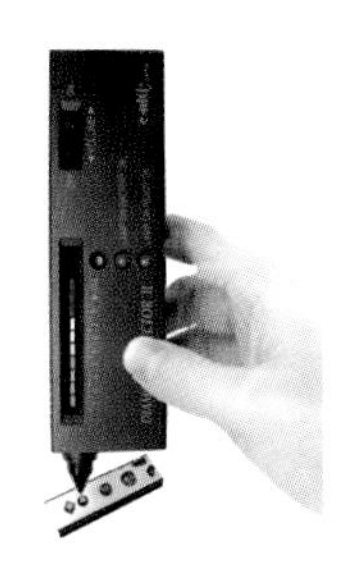

图 622　被测宝石为钻石时，钻石热导仪状态

图 623　被测宝石为莫桑石时，莫桑石检测仪状态

图 624　被测宝石为莫桑石时，钻石、莫桑石一体热导检测仪状态

图 625　被测宝石为钻石时，钻石、莫桑石一体热导检测仪状态

表 28　钻石热导仪、莫桑石检测仪测试记录格式

样品编号			
样品特征描　述	颜色	火彩	光泽
仪器检测	热导仪检测现象	铜莫桑石仪检测现象	结论

课后阅读：宝石中少见的物理性质

一、晶体的电学性质

1. 导电性

宝石矿物传导电的能力叫做导电性。大多数宝石都不导电，但是像赤铁矿、合成金红石和天然蓝色钻石（Ⅱb型）可以导电。特别是对于天然蓝色钻石的半导体性质最为重要，因为它是区别人工致色钻石的特征之一，而人工改色的蓝色钻石不导电。

2. 静电效应

用皮毛反复摩擦、接触琥珀、塑料等不导电的材料，皮毛和不导电材料各自产生数量相同、符号相反的电荷的现象。摩擦后的琥珀、塑料等可以吸附起较轻的小纸片、塑料薄膜、羽毛。

3. 热电效应

将石英、碧玺等晶体在受热和冷却反复的过程中，晶体产生膨胀或者收缩，晶体的两端会产生电压或者电荷，这种现象叫做热电效应。这也是碧玺因阳光或灯光加热而吸灰的原因。（图 626）

4. 压电效应

将水晶等晶体材料沿着某一方向压缩或者伸张时，在其垂直方向上的两端出现数量相等而符号相反的电荷的现象。（图 627）

二、晶体的热学性质

1. 导热性

物体对热的传导能力称之为导热性，不同宝石导热的能力不同，对比热导率可以有效区分宝石。虽然热学性质有助于很多宝石的鉴定，但是最重要和最明显的是钻石，它的热导率远远大于热导率次高的刚玉，这也是宝石检定仪器热导仪的设计原理之一。

2. 热量对于晶体的影响

宝石被加热时，由于宝石中一些元素价态的改变或者晶体结构的略微改变，刚玉等宝石的颜色会加深或者变浅，如果控制升温或者降温的速度甚至可以控制刚玉等宝石内部星光和丝状包裹体的消除、析出和再造。

市场上，加热还能使得人工合成宝石内部出现类似天然的一些包裹体，增加鉴别的难度。

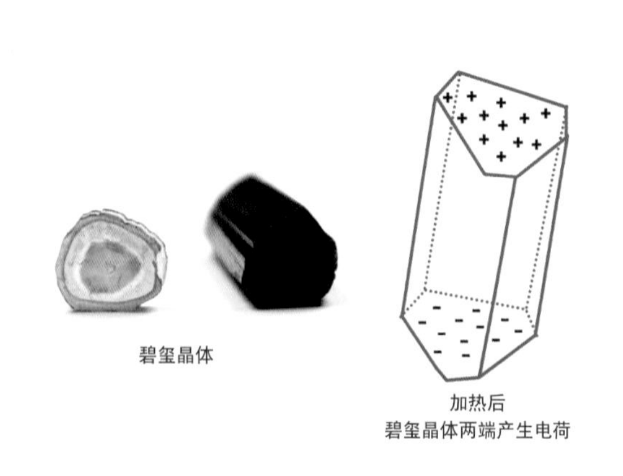

图 626　热电效应

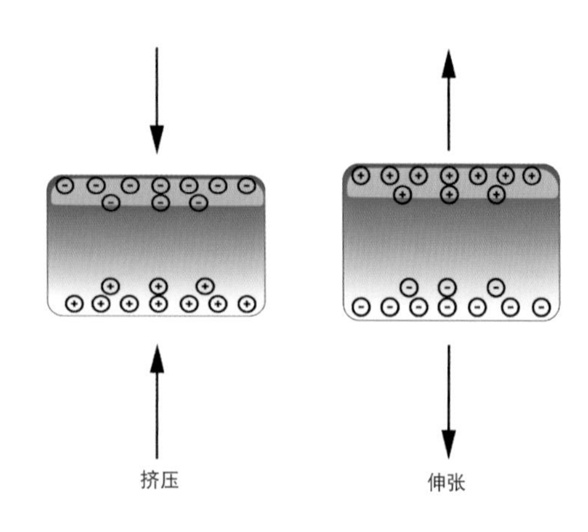

图 627　压电效应

第四章 贵金属检测及应用

第一节　贵金属的基本性质

贵金属主要指金、银和铂族金属（钌、铑、钯、锇、铱、铂）等 8 种金属元素。这些金属大多数拥有美丽的色泽，具有较强的化学稳定性，一般条件下不易与其他化学物质发生化学反应。

一、金的基本性质

黄金的化学符号为 Au，原子序数为 79。金融上的英文代码是 XAU 或者是 GOLD。Au 的名称来自一个罗马神话中的黎明女神欧若拉（Aurora) 的一个故事，意为闪耀的黎明。

黄金是从自然金、含金硫化物中提取的一种具强金属光泽的黄色贵金属。黄金的密度大，为 19.32g/cm3；硬度低，为 2.5，与人的指甲相近。熔点为 1064.43 ℃，化学性质稳定，不溶于酸碱，溶于王水、氰化物和水银（Hg）；延展性好，可任意拉丝或轧片。

二、银的基本性质

银（Silver）其化学元素符号为 Au，原子序数为 47。

银的密度相对较低，为 10.50g/cm^3，次于铂金和黄金，高于其它普通金属；硬度低，与黄金接近为 2.7。熔点为 960.8 ℃，化学性质稳定，易与含硫物质发生反应，生成黑色的硫化银；能与硝酸迅速发生反应生成硝酸银，但一般情况下不与稀盐酸、稀硫酸发生反应。

银的导电和导热性能为各种金属之冠，常用作电接插件的触点。其延展性良好，可捶打成薄形银叶，制作成各种镂空首饰。

三、铂的基本性质

铂金（plAtinum）其化学元素符号为 Pt，原子序数为 78。铂金的密度在贵金属中最高，达到 21.45g/cm^3，硬度不高，为 4.3，指甲不能刻划。熔点很高为 1769 ℃，铂金呈浅灰白色，颜色色调介于白银和金属镍之间，但其鲜明程度远超过金属银和镍。

化学性质稳定，不溶于强酸强碱，不易氧化，也不象黄金那样易于被磨损。95% 的铂金产于南非和前苏联。铂金的产量比黄金少得多，其年产量大约只有黄金的 1/20，加上铂金熔点高，提炼铂金也比黄金困难，消耗能源更多，故价格高于黄金。

四、其他贵金属的基本性质

（一）钯的基本性质

钯（Palladium）其元素符号 Pd，是铂族元素之一，原子序数为 46。外观与铂金相似，呈银白色金属光泽，色泽鲜明。密度为 12.03g/cm^3，轻于铂金，延展性强。熔点为 1550℃，硬度 4.5 左右，比铂金稍硬。化学性质较稳定，不溶于有机酸、冷硫酸或盐酸，但溶于硝酸和王水，常态下不易氧化和失去光泽。

（二）钌的基本性质

钌（Ruthenium）其元素符号 Ru，是铂族元素之一，原子序数为 44。钌是一种硬而脆呈浅灰色的多价稀有金属元素，密度 12.30 克 /cm^3。熔点 2310℃，沸点 3900℃。化合价 2、3、4 和 8。第一电离能 7.37 电子伏特。化学性质很稳定。在温度达 100℃时，对普通的酸包括王水在内均有抗御力，对氢氟酸和磷酸也有抗御力。

钌在室温时，氯水、溴水和醇中的碘能轻微地腐蚀钌。对很多熔融金属包括铅、锂、钾、钠、铜、银和金有抗御力。与熔融的碱性氢氧化物、碳酸盐和氰化物起作用。

（三）铑的基本性质

铑（Rhodium），其元素符号Rh，是铂族元素之一，原子序数为45。铑是一种银白色、坚硬的金属，具有高反射率。铑金属通常不会形成氧化物，即使在加热时，在大气中的氧仅在加热到熔点的铑被吸收，但在凝固的过程中释放。铑的熔点比铂高，密度比铂低。铑不溶于多数酸，它完全不溶于硝酸，稍溶于王水。

（四）锇的基本性质

锇（Osmium），其元素符号为Os，原子序数76。属重铂族金属，锇是一种灰蓝色，质硬而脆的金属，密度22.59克/cm^3。熔点3045℃，沸点5300℃。金属锇在空气中十分稳定，粉末状的锇易氧化。浓硝酸、浓硫酸、次氯酸钠溶液都可以使其氧化。在室温下易与氧气反应生成氧化锇（OsO2），加热可生成易挥发且有剧毒的四氧化锇（OsO4）。

（五）铱的基本性质

铱（Iridium），其元素符号为Ir，原子序数77。属重铂族金属，和铂一样呈白色，另带少许黄色的金属。密度22.56克/cm^3，熔点2410±40℃，沸点4130℃。

铱坚硬易碎，熔点也非常高，所以很难铸造和塑性。铱是唯一一种在1600℃以上的空气中仍保持优良力学性质的金属。其沸点极高，在所有元素中排第10位。铱在0.14 K以下会呈现超导体性质。

铱是抗腐蚀性最强的金属之一：它能够在高温下抵御几乎所有酸、王水、熔融金属，甚至是硅酸盐。但是某些熔融盐，如氰化钠和氰化钾，以及氧和卤素（特别是氟）在高温下还是可以侵蚀铱的。

第二节　贵金属的标识及规定

中国国家标准 GB11887-2012《首饰贵金属纯度的规定及定名方法》中对于贵金属印记规定如下。

一、贵金属首饰定名规则

贵金属首饰定名内容只能包括纯度、材料、宝石名称和首饰品种。定名名称的前、后不得再有其他内容。

示例 1：18K 金红宝石戒指

示例 2：Pt900 钻石戒指

二、首饰产品标识

首饰产品标识包括印记和标签。

（一）印记的内容

印记内容应包括：厂家代号、材料、纯度以及镶钻首饰主钻石（0.10 克拉以上）的质量。例如：北京花丝镶嵌厂生产的 18K 金镶嵌 0.45 克拉钻石的首饰印记为：京 A18K 金 0.45ctD。

（二）纯度印记的表示方法

主体按表 29 的规定打印记，配件按“三“的规定打印记。

金首饰：纯度千分数（K 数）和金、Au 或 G 的组合。例如：金 750（18K 金），Au750（Au18K），G750（G18K）。

铂首饰：纯度千分数和铂（铂金，白金）或 Pt 的组合。例如：铂（铂金，白金）900，Pt900。

钯首饰：纯度千分数和钯（钯金）或 Pd 的组合。例如：钯（钯金）950，Pd950。

银首饰：纯度千分数和银、Ag 或 S 的组合。例如：银 925，Ag925，S925。

当采用不同材质或不同纯度的贵金属制作首饰时，材料和纯度应分别表示。

当首饰因过细过小等原因不能打印记时，应附有包含印记内容的标识。

（三）标签产品内容

标签产品标签中应标明中文，例如：铂 950 或铂 Pt950。

三、贵金属及其合金的纯度范围（贵金属首饰纯度的规定）

纯度以最低值表示，不得有负公差。贵金属及其合金的纯度范围见表 34。

四、首饰配件材料的纯度规定

首饰配件材料的纯度应与主体一致。因强度和弹性的需要，配件材料应符合以下规定：

金含量不低于 916‰（22K）的金首饰，其配件的金含量不得低于 900‰；

铂含量不低于 950‰的铂首饰，其配件的铂含量不得低于 900‰；

钯含量不低于 950‰的钯首饰，其配件的钯含量不得低于 900‰；

足银、千足银首饰，其配件的银含量不得低于 925‰。

五、贵金属及其合金首饰中所含元素不得对人体健康有害

首饰中铅、汞、镉、六价铬、砷等有害元素的含量都必须小于 1‰；

含镍首饰（包括非贵金属首饰）应符合以下规定：

用于耳朵或人体的任何其他部位穿孔，在穿孔伤口愈合过程中摘除或保留的制品，其镍释放量必须小于 0.2 微克／（cm^2・星期）；

与人体皮肤长期接触的制品如：耳环；项链、手镯、手链、脚链、戒指；手表表壳、表链、表扣；按扣、搭扣、铆钉、拉链和金属标牌（如果不是钉在衣服上）；

这些制品与皮肤长期接触部分的镍释放量必须小于 0.5 微克／（cm^2・星期）；

上述所指定的制品如表面有镀层，其镀层必须保证与皮肤长期接触部分在正常使用的两年内，镍释放量小于 0.5 微克／（cm^2・星期）；

未达到要求的制品不得进入市场。

表 29　贵金属及其合金的纯度范围

贵金属及其合金	纯度千分数最小值‰	纯度的其他表示方法
金及其合金	375 585 750 916 990	9K 14K 18K 22K 足金
铂及其合金	850 900 950 990	— — — 足铂，足铂金，足白金
钯及其合金	550 950 990	— — 足钯，足钯金
银及其合金	800 925 990	— — 足银

注 1：不在括弧内的值和表示方法将优先考虑。

注 2：24K 理论纯度为 1000‰

第三节　贵金属的无损检测及应用

目前，贵金属含量的检验主要有两种最常用方式：

一种是化学分析的方法，即破坏性检验。比如火试金法、ICP 分析法、电位滴定、氯铂酸铵沉淀法等等。这些方法都是以损坏样品为前提的，而且分析完毕后样品无法还原。但这些方法最大的优点就是检验结果非常准确，比如火试金法就是黄金饰品的最终仲裁方法。

另一种是无损检验。无损检验有多种方法，没有任何一种方法是万能的，都存在局限性，因此需要各种方法的密切配合，才能得出正确的结论。

黄金饰品的无损检测石英标样——密度法本方法适用于足金、千足金戒、环、坠、链心等含金量测定，也适用于 99.9% 及 99.0% 以上金制品含量测定，不适用于封闭、空心、包金、镀金饰品含金量测定。本方法适用于规定配方 K 金、K 白金饰品测定，也适用于其它规定配方合金的测定，并可测定其它纯金属。

X 荧光光谱法纯金、纯银、纯铂及均匀金、非均匀金、K 金都能有效测定，测试前必需有国家标准校定，标准的级差要小，才能保持测试的精度，样品在原级 X 射线激发下，各元素产生各自的二次特征 X 射线（荧光）辐射。在激发条件一定的情况下，荧光辐射强度于盖元素在样品中的含量呈正比。通过测量各元素的荧光辐射强度，并由计算机按一定数学模式计算，可以求出各元素在饰品中的含量。测量前后，饰品结构、成分和形状均不改变，检测为无损检测。

目前在生产领域、检验机构中应用最为广泛的检验方法就是 X 射线荧光光谱法，并且在实施的过程中，因遵守 GB/T18043-2013《首饰贵金属含量的测定 X 射线荧光光谱法》规定。

X 探针法纯金、纯银、纯铂及均匀金、非均匀金、K 金都能有效测定，由于属点状测试，必须测定数点平均，测试成本高，误差在 0.01%，受仪器测试样品仓大小限制。

一、X 射线荧光光谱仪简介

自 1895 年德国物理学家伦琴发现了 X 射线，1896 年法国物理学家乔治（Georgs S）发现了 X 射线荧光，1948 年弗利德曼（Friedman H）和伯克斯（Birks L S）首先研制了第一台商品性的波长色散 X 射线荧光光谱仪以来， X 射线荧光光谱分析技术发展迅速。X 射线荧光光谱分析是材料科学、生命科学、环境科学等普遍采用的一种快速、准确而又经济的多元素分析方法，已被广泛用于冶金、地质、矿物、石油、化工、生物、医疗、刑侦、考古等诸多部门和领域。在珠宝首饰行业中，X 射线荧光光谱仪可以用于贵金属类型及含量、宝石中特殊元素检测。

二、基本原理

当一束高能粒子与原子相互作用时，如果其能量大于或等于原子某一轨道电子的结合能，将该轨道电子逐出，对应的形成一个空穴，使原子处于激发状态。K 层电子被击出称为 K 激发态（图 628），同样 L 层电子被击出称为 L 激发态（图 628）。此后在很短时间内，由于激发态不稳定，外层电子向空穴跃迁使原子恢复到平衡态，以降低原子能级。当空穴产生在 K 层，不同外层的电子（L，M， N，O，层）向空穴跃迁时放出的能量各不相同，产生的一系列辐射统称为 K 系辐射。同样，当空穴产生在 L 层，所产生一系列辐射则统称为 L 系辐射。当较外层的电子跃迁（符合量子力学理论）至内层空穴所释放的能量以辐射的形式放出，便产生了 X 荧光。X 荧光的能量与入射的能量无关，它只等于原子两能级之间的能量差。由于能量差完全由该元素原子的壳层电子能级决定，故称之为该元素的特征 X 射线，也称荧光 X 射线或 X 荧光（图 629）。

将样品中有待分析的各种元素利用 X 射线轰击使

其发射其特征谱线，经过狭缝准直，使其近似平行光照射到分光晶体上，对已知其面间距为 d 的分光晶体点阵面上的辐射加以衍射。依据布拉格定律，对于晶体的每一种角位置，只可能有一种波长的辐射可被衍射，而这种辐射的强度则可用合适的计数器加以测量。分析样品时，鉴定所发射光谱中的特征谱线，就完成了定性分析；再将这些谱线的强度和某种适当标准的谱线强度进行对比，就完成了定量分析。

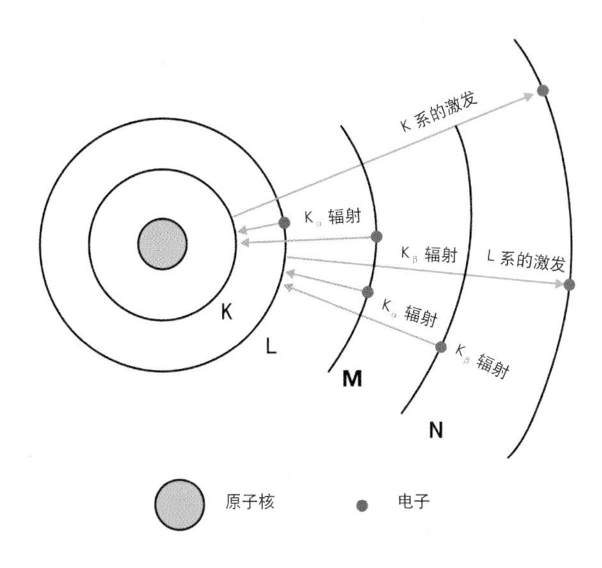

图 628　K 系和 L 系辐射产生示意图

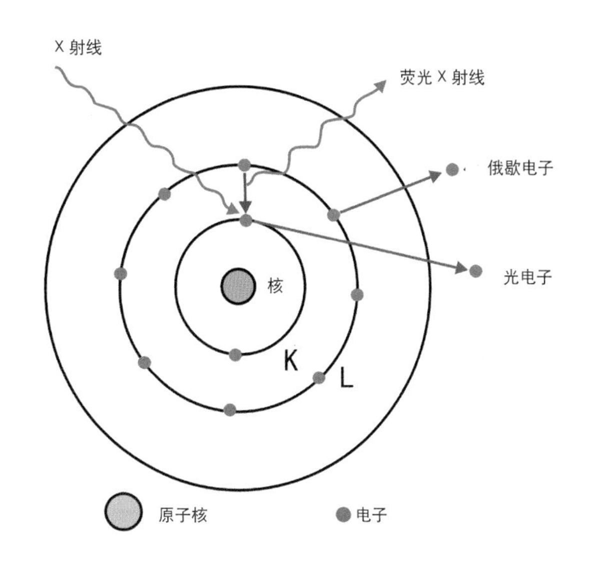

图 629　荧光 X 射线及俄歇电子产生过程示意图

三、仪器基本结构

根据工作原理可将 X 荧光光谱仪分为波长色散型 X 荧光光谱仪（WD-XRF）（图 630）和能量色散型 X 荧光光谱仪（ED-XRF）（图 632）。

（一）波长色散型 X 荧光光谱仪（WD-XRF）

一般由光源（X 射线管）、样品室、准直器（索拉狭缝）、分光晶体、探测器（正比计数器或闪烁计数器）和数据处理系统等部件组成（图 631）。它以 X 射线管作为样品元素的激发源，在数万伏的高压作用下，X 射线管发射出 X 射线束（或称初级 X 射线或白色光）辐照在试样上，试样中各分析元素被同时激发，各元素发出各自的特征 X 射线（或称二次 X 射线或 X 荧光）。这些特征 X 射线经准直器（索勒狭缝）准直，形成平行光，投射到安置在分光计中心测角仪上的分光晶体上。分光晶体按照布拉格角将各具有一定波长的特征 X 射线进行衍射，逐一“反射”入计数探测器中。计数器将所获得的电脉冲经放大器放大，送入脉冲幅度分析器按脉冲大小进行分类，再经计算机进行数据处理，根据其波长和强度完成定性或定量分析。

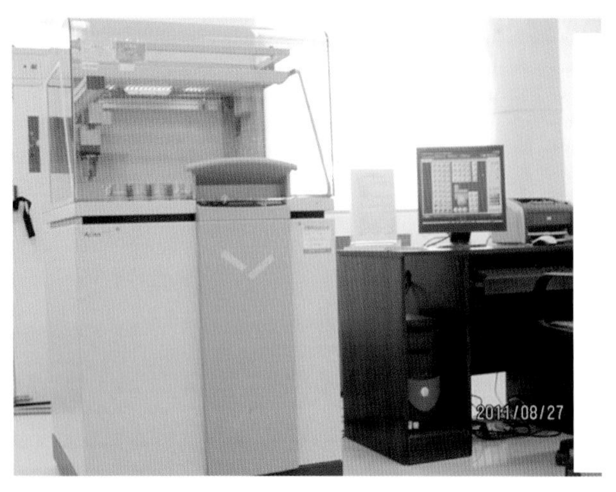

图 630　波长色散型 X 荧光光谱仪

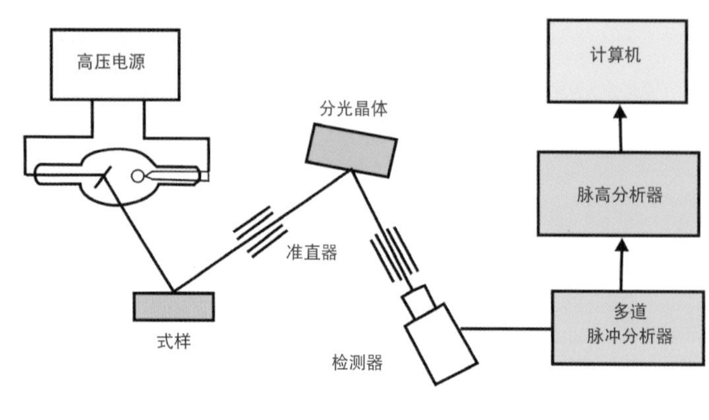

图 631　波长色散型 X 荧光光谱仪内部结构示意图

（二）能量色散型 X 荧光光谱仪（ED-XRF）

能量色散型 X 荧光光谱仪是指通过测量被测元素发射的特征 X 射线能量与相应强度，达到定性或定量分析之目的的 X 射线荧光光谱仪。ED-XRF 光谱仪基本结构主要由光源（X 射线管、电子、放射源或重离子等）、样品室、探测器（半导体探测器、正比计数器或闪烁计数器）、脉冲放大器、多道脉冲幅度分析器和数据处理系统等部件组成（图 633）。通常，ED-XRF 光谱仪是指以 X 射线管发射的特征 X 射线作为激发源的 X 射线荧光光谱仪。

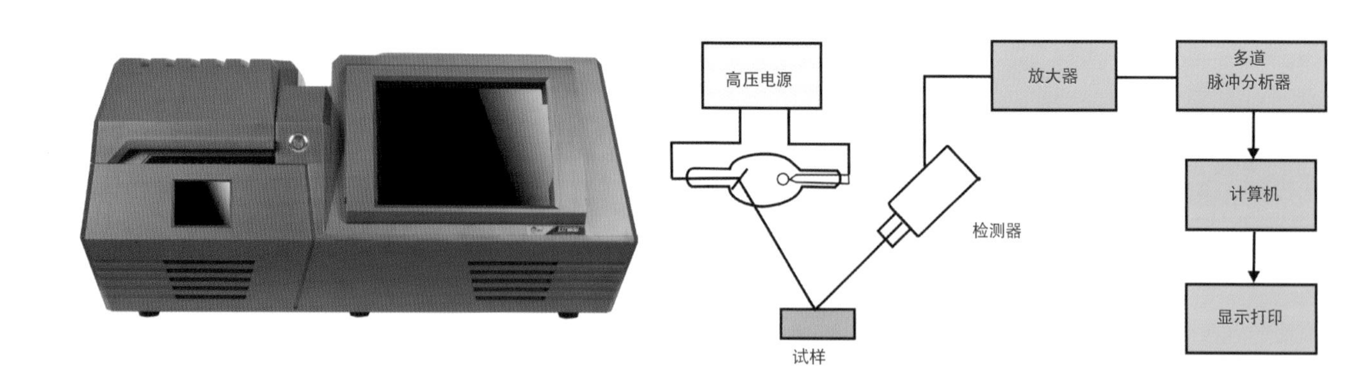

图 632　能量色散型 X 荧光光谱仪

图 633　能量色散型 X 荧光光谱仪内部结构示意图

四、宝石学方面的应用——贵金属首饰含量的无损检测

GB/T 18043-2013《首饰贵金属含量的测定 X 射线荧光光谱法》国家标准（图 634）中就明确规定了利用 X 射线荧光光谱测定首饰中贵金属含量的方法及要求。适用于首饰和其他工艺品的定性分析及其中贵金属（金、银、铂、钯）含量的筛选检测（图 635、636）。检测过程中不需要破坏样品，检测速度快，精度高。

ICS 39.060
Y 88

GB

中华人民共和国国家标准

GB/T 18043—2013
代替 GB/T 18043—2008

首饰　贵金属含量的测定
X 射线荧光光谱法

Jewellery—Determination of precious metal content—
Method using X-Ray fluorescence spectrometry

2013-12-17 发布　　2014-03-01 实施

中华人民共和国国家质量监督检验检疫总局
中国国家标准化管理委员会　发布

图 634　《首饰贵金属含量的测定　X 射线荧光光谱法》国家标准

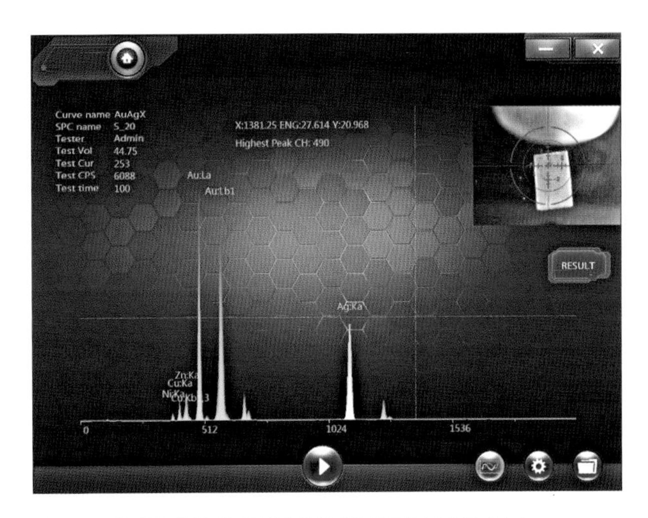

图 635　能量色散型 X 荧光光谱仪测试贵金属首饰含量

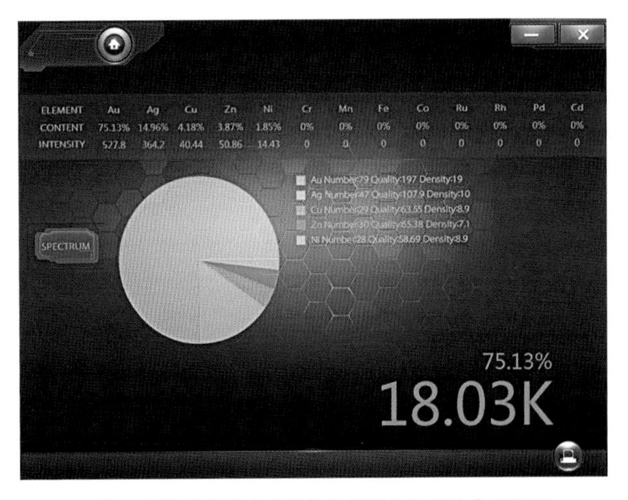

图 636　能量色散型 X 荧光光谱仪分析贵金属首饰含量数据

参考资料

1.《珠宝玉石·名称》，GB/T16552-2017。
2.《珠宝玉石·鉴定》，GB/T16553-2017。
3.《颜色术语》，GT/T5698-2001。
4.《首饰贵金属含量的测定 X 射线荧光光谱法》，GB/T18043-2013。
5.《首饰贵金属纯度的规定及命名方法》，GB11887-2012。
6.《贵金属覆盖层饰品》，QB T 2997-2008。
7.《珍珠分级》，GB/T 18781-2008 。
8.《金覆盖层厚度的扫描电镜测量方法》，GB/T 17722-1999。
9.《珍珠珠层厚度测定方法—光学相干层析法》，GB/T 23886-2009。
10. "Gems" by Robert Webster, (1962) Butterworths, London.
11. " Identifying man-made gems" by Michael O'Donoghue (1983) NAG Press Ltd, London.
12. "Gem Testing" by B.W. Anderson (1971) Van Nostrand Reinhold.
13. "Gemstones of North America" by John Sinkankas; (1965) Van Nostrand Co.
14. "Jade" by Lous Zara, (1969) Walker & Co., NY.
15. 张蓓莉，系统宝石学 [M]. 地质出版社，1997。
16. 施健，珠宝首饰检验 [M]. 中国标准出版社，1999。